大数据分析与应用 | 中级

· 阿里云计算有限公司 主编

参 编 王国珺 李 莉
刘永志 孙小丹
江 荔 徐彭娜
黄河清 赵佳旭
林峰

[质检]

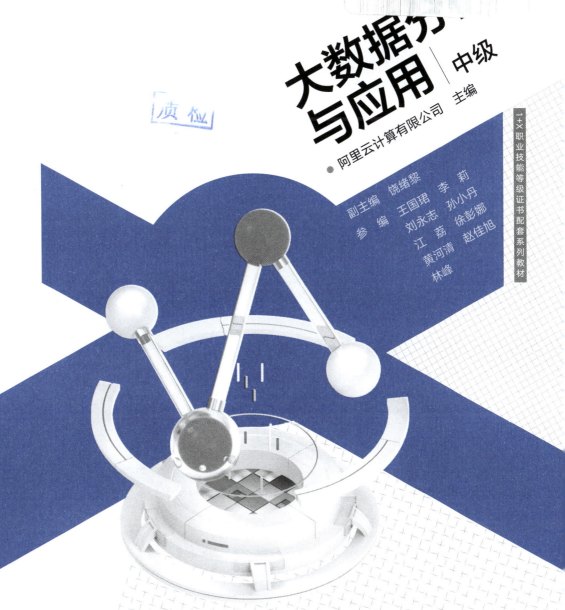

中国教育出版传媒集团
高等教育出版社·北京

内容提要

本书为1+X大数据分析与应用职业技能等级证书配套教材，依据1+X职业技能等级标准编写。本书通过对中级证书标准中涉及的大数据分析与应用的进阶知识及技能等进行深入分析和归纳，并充分考虑学习过程中的可操作性与学习效果，通过理论+实操结合的形式，使读者能够学以致用、举一反三。

本书主要介绍大数据分析与应用的进阶知识及技能，分为3篇共10章：第1篇数据分析基础，主要讲解大数据分析的基本概念与流程，以及大数据分析平台等；第2篇数据挖掘，主要讲解数据挖掘的概念和流程、数据预处理与特征工程、关联规则分析、分类分析、回归分析、聚类分析等；第3篇数据挖掘综合应用，通过构建商品推荐系统和O2O优惠券使用预测两个项目案例，使读者能够学以致用，加强对本书知识点及相关技能的掌握。

通过本书的学习，读者可掌握数据挖掘分析基础理论知识和基本技能，可完成基本的数据挖掘工作。本书配套视频、授课用PPT、程序源代码等数字化学习资源，学习者可登录"智慧职教"（www.icve.com.cn）平台进行学习。

本书为1+X大数据分析与应用职业技能等级证书配套教材，也是高等职业院校大数据技术专业教学用书。也可作为从事大数据分析与应用相关工作人员的自学参考书。

图书在版编目（CIP）数据

大数据分析与应用：中级／阿里云计算有限公司主编．--北京：高等教育出版社，2021.8（2023.2重印）
　　ISBN 978-7-04-055328-4

　　Ⅰ．①大…　Ⅱ．①阿…　Ⅲ．①数据处理-高等职业教育-教材　Ⅳ．①TP274

中国版本图书馆CIP数据核字（2021）第000198号

Dashuju Fenxi yu Yingyong

| 策划编辑 | 侯昀佳 | 责任编辑 | 傅　波 | 封面设计 | 赵　阳 | 版式设计 | 杨　树 |
| 插图绘制 | 于　博 | 责任校对 | 张　薇 | 责任印制 | 田　甜 | | |

出版发行	高等教育出版社	网　　址	http://www.hep.edu.cn
社　　址	北京市西城区德外大街4号		http://www.hep.com.cn
邮政编码	100120	网上订购	http://www.hepmall.com.cn
印　　刷	北京市白帆印务有限公司		http://www.hepmall.com
开　　本	787 mm×1092 mm　1/16		http://www.hepmall.cn
印　　张	21.75		
字　　数	480千字	版　　次	2021年8月第1版
购书热线	010-58581118	印　　次	2023年2月第2次印刷
咨询电话	400-810-0598	定　　价	56.00元

本书如有缺页、倒页、脱页等质量问题，请到所购图书销售部门联系调换
版权所有　侵权必究
物料号　55328-00

前　言

为深入贯彻落实《国家职业教育改革实施方案》《关于在院校实施"学历证书+若干职业技能等级证书"制度试点方案》等1+X证书制度试点工作的政策和文件要求，阿里巴巴（中国）有限公司依据教育部《职业技能等级标准开发指南（试行）》中的相关要求，以客观反映现阶段行业的水平和对从业人员的要求为目标，在遵循大数据分析相关技术规程的基础上，以专业活动为导向，以专业技能为核心，组织企业专家、院校学术带头人等开发了《大数据分析与应用职业技能等级标准》以及相关的配套系列教材。

随着信息技术的发展，如今大数据已经逐步渗透到各个行业领域。行业所产生的数据量呈现爆炸性的增长，因而如何利用这些大规模数据、从数据中分析挖掘更大的价值，以指导业务的发展，成为企业赢得竞争的关键。随之而来的是，各行各业对于数据分析人才的质量需求越来越高，数量需求越来越大。

大数据技术经过十多年的发展，目前相关的底层技术栈已相对成熟。中国信息通信研究院《大数据白皮书（2019）》指出，近年来大公司在大数据应用经验中围绕工具与数据的生产链条、数据的管理和应用等逐渐形成了能力集合，并通过这一概念来统一数据资产的视图和标准，通过云平台的方式对外提供一站式的通用数据加工、管理和分析服务。大数据基础设施向云上迁移是一个重要的趋势，各大云厂商均开始提供各类大数据产品以满足用户需求，如阿里云的大数据产品体系。企业和开发者无须自己搭建大数据集群，基于云上大数据平台即可完成大数据的分析工作，大大节约了成本，降低了应用的门槛。

本书以《大数据分析与应用职业技能等级标准（中级）》中的职业素养和岗位技术技能为重点培养目标，以大数据分析与应用专业技能为模块，以云上大数据平台为工具，以工作任务为驱动进行组织编写，使读者对大数据分析与应用的技术体系有更系统、更清晰的认识。

本书主要面向大数据分析与应用相关岗位，以高职高专院校大数据相关专业的学生为主体，用于指导其大数据技术的学习，也可供企业相关人员参考。

本书作为《大数据分析与应用职业技能等级标准（中级）》配套教材，主要介绍大数据分析与应用的进阶知识及技能，旨在带领读者了解和掌握数据挖掘的概念、流程、工具、方法，并能够学以致用、举一反三。

本书共分为 3 篇：

第 1 篇数据分析基础，主要讲解大数据分析的基本概念与流程，以及大数据分析平台等。

第 2 篇数据挖掘，主要讲解数据挖掘的概念和流程、数据预处理与特征工程、关联规则分析、分类分析、回归分析、聚类分析等。

第 3 篇数据挖掘综合应用，通过两个项目案例——构建商品推荐系统、O2O 优惠券使用预测，使读者能够学以致用，加强对本书知识点及相关技能的掌握。

本教材由阿里云计算有限公司担任主编，福州职业技术学院的 9 位老师参与编写，其中第 1 章由王国珺编写，第 2 章由李莉编写，第 3 章由刘永志编写，第 4 章由孙小丹编写，第 5 章由江荔编写，第 6 章由徐彭娜编写，第 7 章由黄河清编写，第 8 章由赵佳旭编写，第 9、10 章由林峰编写，饶绪黎负责全书统稿、校对。本教材内容素材及课程案例由阿里云提供。

本书为 1+X 大数据分析与应用职业技能等级证书配套教材，也是高等职业院校大数据技术专业教学用书。也可作为从事大数据分析与应用相关工作人员的自学参考书。

教师可发邮件至编辑邮箱 1548103297@ qq. com 获取教学基本资源。

由于编者水平有限，书中难免有不当之处，恳请读者不吝赐教并提出宝贵意见。

本书编写组

2021 年 5 月

目 录

第1篇 数据分析基础

第 2 篇　数 据 挖 掘

第3篇　数据挖掘综合应用

1

第 1 篇
数据分析基础

第1章 大数据分析概述

从计算机角度来讲，一切能输入到计算机中，计算机能识别、记录并通过程序处理的符号，可统称为数据，如记录自然现象中每天的天气情况和人类活动中的商品买卖行为等。这些数据通常会被编译成便于人机交流的信息展现方式，如文字、声音、图片、表格、影像、温度、体积、颜色等。从这些信息中通过技术手段抽取出关联关系或因果关系，发现其规律，帮助决策者对事务作出判定，就形成了知识，如通过多年的天气预报信息分析未来的天气情况，通过人们购物行为的信息分析个人购物的能力及可能感兴趣的商品等。大数据分析的核心任务即是从大量的数据形成的信息中发现其间蕴含知识，并结合人类的智慧作用于人们的生产、生活。

1.1 大数据

传统的计算机技术很难处理当今信息爆炸年代带来的巨量数据分析的工作，需要应用大数据的技术，结合数据分析的知识来完成大数据分析的工作。故在进入大数据分析之前，有必要了解下大数据的基本知识。通过大数据定义和特征确定大数据指定的具体范畴；通过理解大数据生产和数据结构理解大数据下的数据情况，以便有针对性地对数据进行处理；通过了解大数据下的应用情况、挑战、意义和发展趋势，加深理解大数据的性质，为后面大数据应用分析奠定概念性的理论基础。

1.1.1 大数据的概念

中国信息通信研究院于 2019 年 12 月发布的《大数据白皮书（2019）》中记录："根据国际权威机构 Statista 的统计和预测，全球数据量在 2019 年有望达到 41 ZB。"家用计算机通常磁盘存储容量为 500 GB 或 1 TB，内存存储容量为 8 GB 或 16 GB，其中 1 ZB $= 10^9$ TB $=$

10^{12} GB。由此可见，41 ZB 的数据量毫无疑问是巨大的，需要大量计算机协同方能完成这样大数据量的存储与计算工作，属于大数据概念的范畴。早在 1980 年，未来学家阿尔文·托夫勒就提出了大数据概念。但遗憾的是，大数据概念描述的版本并不统一。

有国外专业机构认为，大数据是指那些传统数据架构无法有效处理的新数据集。国外百科网站关于大数据的表述是，大数据即巨量数据、海量数据、大资料，指所涉及的数据量规模巨大到无法通过人工在合理时间内截取、管理、处理并整理成为人类所能解读的信息。百度百科的表达是，大数据是 IT 行业术语，是指无法在一定时间范围内用常规软件工具进行捕捉、管理和处理的数据集合，是需要新处理模式才能具有更强的决策力、洞察发现力和流程优化能力的海量、高增长率和多样化的信息资产。

以上无论哪一种说法都强调了数据量大且难以处理。为了更好地理解大数据的概念，需要进一步了解大数据具备的特征。

1.1.2　大数据的特征

麦塔集团（META Group）分析员道格·莱尼（Doug Laney）在 2001 年指出数据的挑战和机遇有 3 个方向：数量（Volume）、多样性（Variety）与速度（Velocity），合称"3V"，并将其作为大数据定义的参考依据。研究机构 IDC（国际数据公司）在 3V 基础上定义了第 4 个 V：价值（Value）。

1. 数量（Volume）

根据 IDC 的估测，数据一直都以每年 50% 的速度增长，人类在最近两年产出的数据量相当于之前产生的全部数据量。例如，一块典型个人计算机硬盘的容量多为太字节（TB）量级，截至目前，人类生产的所有印刷材料的数据量约为 200 PB，历史上全人类说过的所有话的数据量大约是 5 EB（1 EB = 1 024 PB），而现在一些大企业的数据量已经接近 EB 量级。

2. 多样性（Variety）

大数据来源多样，结构复杂，如地球与空间探测的科学数据，企业应用的交易记录、文档、文件，互联网产生的文本、图像、视频、点击流，物联网传感器产生的数据等。

3. 速度（Velocity）

以 2019 年双 11 天猫成交额 2 684 亿元为例，这期间最高峰值订单为 54.4 万笔/秒，单日处理数据量达到 970 PB。从数据的生成到消费，时间窗口非常小，可用于生成决策的时间非常短，具有一定的时效性，这就要求企业把握好对数据流的掌控，才能较好地处理大数据的应用过程。

4. 价值（Value）

以视频为例，一部 1 小时的视频，在连续不间断的监控中，有用数据可能仅有 1～2 秒，数据价值密度（单位数据所产生的有价值的信息量）低，商业价值高。从海量价值密度低的数据描述的信息中发现蕴含的知识，突出表现了大数据的本质特征。

此外，阿姆斯特丹大学的 Yuri Demchenko 等提出了大数据体系架构框架的 5V 特征，即在 4V 的基础上，增加了真实性（Veracity）。一方面要确保大量的数据的真实性、客观性，另一方面要通过对大数据的分析，真实地反映和预测事物的本来面目和蕴含的未来的发展趋势。依据中国电子技术标准化研究院 2018 年发布的《大数据标准化白皮书（2018）》中的描述，调查的受访者对于大数据特征的关注度如图 1-1 所示。

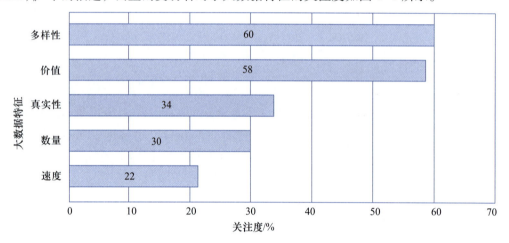

图 1-1 受访者对于大数据特征的关注度

图 1-1 描述了在大数据的几个特征中，"多样性"和"价值"被关注较多。"多样性"之所以最为被关注，在于数据的多样性使其在存储、应用等各个方面都发生了变化，针对多样化数据的处理需求也成为技术重点攻关方向。而"价值"则不言而喻，不论是数据本身的价值，还是其中蕴含的价值，都是企业、政府机关所希望获取的。因此，如何将如此多样化的数据转化为有价值的信息，是大数据所要解决的重要问题。

1.1.3 大数据的产生

产生这样大量的数据并不偶然，是多种因素驱动的结果。下面从 IT 与移动互联网的发展、政策法规的催动和数据的存储与计算的发展三方面进行描述。

1. IT 与移动互联网的发展

IT（Information Technology，信息技术），主要指用于管理和处理信息所采用的各种技术总称。移动互联网指移动通信终端与互联网相结合成为一体，方便用户使用手机等无线终端设备，通过速率较高的移动网络，在移动状态下（如乘坐地铁、公交车等）随时随地访向 Internet 以获取信息，使用商务、娱乐等各种网络服务。

随着信息技术的兴起，数据基于计算机存储、读取应用不断发展。而随着移动互联网的发展，通过手机、平板电脑等移动终端设备在线购物、办公、打车、浏览新闻、聊天、听歌、观影等也已经渗透到人们日常工作、生活当中。随着物联网、云计算等 IT 技术的发展，以及 3G 经 4G 到 5G 网络的发展，皆催动了数据量的激增。例如新浪微博 2019 年 Q3 财报显示，截至 2019 年 9 月底，微博月活跃用户达到 4.97 亿，日活跃用户增至 2.16 亿。当年国庆期间，近 6 000 家媒体在微博上发布了近 28 万条国庆相关视频内容，被用户广泛关注，整体播放量超过 86 亿。

2. 政策法规的催动

当今社会，大数据技术成为新的生产要素，是一个国家实力的新体现，是国家的重要资产。许多国家制定一系列政策法规，推动本国大数据技术在各行业中的应用与发展。

2009 年，美国宣布实施"开放政府计划"，开通"一站式"政府数据下载网站data. gov。2011 年，法国政府推出的公开信息线上共享平台 data. gouv. fr，上线当天发布的第一批资源中就包含 352 000 组数据。2012 年，世界上首个开放式数据研究所 ODI（The Open Data Institute）在英国政府的支持下建立；日本由 IT 战略本部发布电子政务开放数据战略草案，迈出了其政府数据公开的关键性一步；印度政府批准了国家数据共享和开放政策；澳大利亚政府发布《澳大利亚公共服务信息与通信技术战略 2012—2015》，强调应增强政府机构的数据分析能力从而促进更好的服务传递和更科学的政策制定。欧盟委员会于 2014 年发布《数据驱动经济战略》，聚焦深入研究基于大数据价值链的创新机制，提出大力推动"数据价值链战略计划"。

近年来，我国也相继出台了一系列相关政策推动大数据的技术、产业及其标准化的发展。国务院办公厅在 2015 年 7 月印发《关于运用大数据加强对市场主体服务和监管的若干意见》，肯定了大数据在市场监管服务中的重大作用。同年 8 月，国务院印发《促进大数据发展行动纲要》，系统部署大数据发展工作，并着重强调"建立标准规范体系"。2017 年，国务院办公厅发布了《政务信息系统整合共享实施方案》，明确了加快推进政务信息系统整合共享的"十件大事"。围绕国家政策，各部委和相关行业也出台了一系列政策来促进推动大数据在生态环境、国土资源、林业、交通运输、农业农村、水利、智慧城市等各领域中的应用。国家还设立了大数据综合试验区，旨在贯彻落实国务院《促进大数据发展行动纲要》，促进大数据技术的试验探索，推动我国大数据创新发展，起到示范带头、统筹布局、先行先试的作用。

3. 存储与计算的发展

存储主要指数据应用计算机存储器进行记录。其中计算机存储器是一种利用半导体、磁性介质等技术制成的存储数据的电子设备，电子设备中电子电路以二进制方式存储数据。半导体芯片技术参照着摩尔定律在不断发展。摩尔定律是指集成电路上可容纳的晶体管数目，约每隔 18 个月便会增加一倍，性能也将提升一倍，一定程度上体现了计算存储技术的发展速度。计算是一种将"单一或多个的输入值"转换为"单一或多个的结果"的一种思考过程。目前对大数据的存储与计算大多基于"内存 – 磁盘"访问模式，以及网络间的数据传输。硬件技术支撑的计算能力、内存容量、磁盘存储容量近年快速提升，同期软件技术关于分布式存储技术与分布式计算技术理论逐步成熟，如图 1-2 所示，初期基于单服务器存储与计算的模式已发展成基于服务器集群的计算模式。其中服务器作为硬件来说，通常是指那些具有较高计算能力，能够提供给多个用户使用的计算机。

图 1-2   数据存储与计算

服务器应用过程中，硬件中的资源进行存储与计算时通常得不到充分的利用，面对应用的巨量数据的服务器集群来讲，相对而言，浪费的资源较大，也不便于集群的管理。实际项目中，通常的做法是应用虚拟化技术提升服务器硬件的资源利用率，如图 1-3 所示。

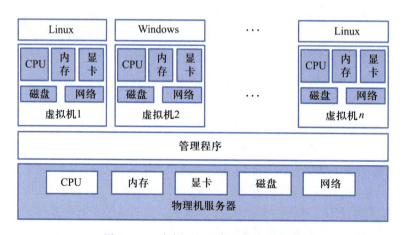

图 1-3   一台物理机服务器虚拟化过程

虚拟化技术起源于 20 世纪 60 年代末。当时美国 IBM 公司开发了一套被称作"虚拟机监视器"的软件。该软件作为计算机硬件层上面的一层软件抽象层，将计算机的各种实体资源（CPU、内存、磁盘空间、网络适配器等）予以抽象、转换后呈现出来并可供分割、组合为一个或多个虚拟机，并支持多用户对大型计算机的同时、交互访问。在计算机技术中，虚拟化是一种资源管理技术，打破了实体结构间的不可切割的障碍，使用户可以用比原本的配置更好的方式来应用这些计算机硬件资源。这些资源的新虚拟部分不受现有资源的架设方式、地域或物理配置所限制。一般所指的虚拟化资源包括计算能力和数据存储，在基于大数据情景下的云计算、物联网、人工智能等大数据相关项目中应用广泛。

　　大数据项目中，云存储是较流行的手段，它通过网络在线存储的模式，通常将数据存放在第三方托管的多台虚拟服务器上。基于云存储服务通过 Web 服务应用程序接口（API）或 Web 用户界面来访问数据，完成特定业务的计算，即云计算，它可共享软硬件资源和信息，并按需提供给计算机各种终端和其他设备，如图 1-4 所示。

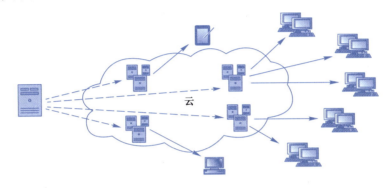

图 1-4　基于云技术的存储与计算

1.1.4　大数据的数据结构

　　随着企业信息化带来的多个应用系统的数据，加之互联网、物联网、云计算、5G 网络技术的发展，带来了电商、社交网络、工业传感器等多种业务数据的来源。这些数据类型丰富，按数据格式强度可分为结构化数据、非结构化数据和半结构化数据。

1. 结构化数据

　　结构化数据具有较强的结构模式，数据本质上是"先有结构，后有数据"，可以使用关系数据库描述与存储。例如用户信息表，首先基于关系库建立一个包含用户名、性别、出生日期、住址 4 个属性表的表，表中插入的每位用户的数据都具备这 4 个属性值。

2. 非结构化数据

　　非结构化数据的数据结构不规则，没有预定义的数据模型，并不能用数据库的二维逻辑很好地进行描述。例如存储在文本文件中的系统日志、图像、音频、视频等数据都属于非结构化数据。

3. 半结构化数据

介于结构与非结构之间，存在半结构化数据。它是一种弱化的结构化数据形式，具有一定的结构性，但并不符合结构化数据的严格模式，仍有明确的数据大纲，包含相关的标记，用来分割实体以及实体的属性，如 XML、JSON 等标记表现形式的数据。

在各种数据类型中，保存在关系数据库中的结构化数据只占少数，而图片、音频、视频、模型、连接信息、文档等非结构化和半结构化数据占比为 80% 左右，如目前企业数据中非结构化数据占比就超过 80%。非结构化数据年增长速度约为 63%，远超过结构化数据年增长速度（约 32%）。数据之间的频繁交互，相对于传统数据间的关系，关联性更强，如游客在旅途中上传的图片和日志，就与游客的位置、行程等信息有着很强的关联性。

1.1.5　大数据的应用与挑战

大数据已应用于电商、金融、制造、政府、教育、医疗、交通、能源等各个领域。例如在面对大量用户的商业应用中，以淘宝用户画像应用为例，系统可依据每位用户填写的属性信息、浏览商品痕迹、购物行为等给用户、相似人群、店铺等贴"标签"，依据这些"标签"完成精准的商品推荐、个性化服务，达到精准匹配、精准营销的目的。在工业的大数据应用中，需要面对企业信息化、工业自动化物联网和一些相关的生产关联的第三方数据（如煤矿涌水量预测项目中应用的第三方天气预报的数据），以此完成复杂的工业指标数据自动运行、传输、控制、优化、分析业务，去解决工业问题，以减少人力成本且帮助工业决策分析。在医疗的大数据应用中，记录患者从出生到死亡的健康档案，相对传统医疗可通过更加丰富的大量相似患者及个人诊疗历史记录数据，辅助专家更加精准地辨别与判定患者情况，可以有效提高疾病判断准确率，避免人工误判，减少医生工作量。在城市大数据应用中，包含城市中涉及的所有数据，如人口、自然、地理、服务等数据。以城市数据为基础资源，提升政府管控能力，助力城市治理中突出问题的解决，实现城市治理智能化、集约化、人性化，使城市变得更加聪明，市民生活更加美好。

无论哪一种应用，产生的数据形式多样、结构复杂，具备大数据"4V"或"5V"的特征。如何合理地从这样庞大的数据中采样，如何合理地存储增量的数据，提升数据质量，以及如何通过计算发现繁复数据中的因果关系与关联关系，具有很大的挑战性。这些挑战带来的最直接问题就是如何对不断增加的数据进行大数据存储与计算。为了解决这个问题，可引入分布式理论，通过网络将一组独立的计算机相互连接，实现计算机间传递消息进行通信和动作协调。以当前流行的主/从模式为例，演示巨量数据存储于分布式系统的过程，如图 1-5 所示。首先有一台主服务器作为整体数据文件存储的入口，负责将大数据文件拆分成等大小的片段，通过网络，将拆分后的片段以多副本的形式存储于众多从服务器中。

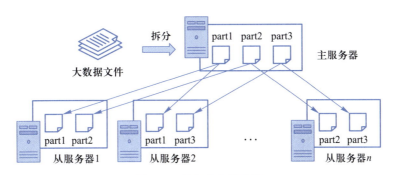

图 1-5　分布式存储演示

由主/从结构构成的集群中的服务器要求具有统一的时钟，便于系统间的事件的日志记录和系统的管理控制。多副本的存储保证了数据的完整性，即当一台服务器出现故障时，能够从其他服务器找到与故障服务器相同的数据。相对而言，分布式计算可以很好地解决大数据量计算和面对增量数据的计算问题，如图 1-6 所示。

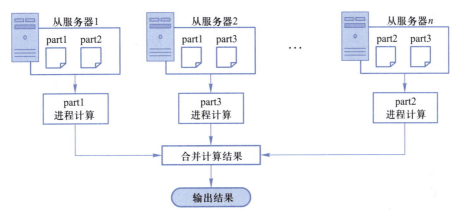

图 1-6　分布式计算演示

图 1-6 中，沿用图 1-5 中的演示，存储数据的大文件被分成 part1、part2、part3 三个片段，分别存储于 3 台不同的从服务器中。相应的，对这个大文件中数据的计算也是类似地按一定规则从相同/不同的服务器中选择 3 个片段，并在对应的从服务器中启用不同的进程进行计算后，将计算结果汇总合并为最终的结果，然后将结果输出至指定位置，如数据库、文件系统等。这便是分布式计算的一种演示过程。按业务需求来讲，分布式计算常见的有批处理计算、流式计算、图计算等。其中批处理计算主要强调将业务数据按批量的时间进行处理，如某网站按月增量进行统计处理计算。流式计算往往对时间要求很严格，即实时性要求较高，更强调数据随到随处理的特点，如实时交通、网约车等业务。近几年受到广泛关注的图计算模式，强调物件与物件之间的关系，将要计算的业务需要按图的关系，以图数据的逻辑表达形式和物理存储结构进行存储，如社交网络中寻找朋友的业务。

1.1.6　大数据的意义

我国作为数据大国,随着近年信息化的高速发展,在互联网、工业制造、金融、医疗等各个领域均有着庞大的数据基础,整体数据量大、数据品种丰富,这为我国大数据领域的发展提供了重要的基础支撑。当前大数据核心技术逐步突破,涉及行业不断拓展,产业应用逐渐深入,呈现出资源集聚、创新驱动、融合应用、产业转型的新趋势。这些庞大的数据在创造了巨大的商业与社会价值的同时,也催生了科学思维方面的变革。

1. 商业的变革

大数据作为新一代信息技术的重要标志,通过与实体经济深度融合,提升了产业的能效,加速了传统行业经营管理方式变革、服务模式和商业模式创新及产业价值链体系重构,最终有助于完成产业转型,使经营及决策有据可依,有助于构建决策模型,深入洞察客户,实现个性化营销和服务,挖掘数据中蕴含的知识,实现预测性营销。

2. 社会管理的变革

大数据重塑了传统的社会形态,应用大数据分析技术推动了国家治理模式的创新,提高了政府对社会的管理能力,推动了信息化发展模式的变革创新,开启了数字中国建设的新时代,让社会管理更智慧;城市管理更加精细、智能,如智能交通;公共服务更加个性化、智能化,如一站式办事;事件应对更高效、更智能,如新冠疫情防控。

3. 思维的变革

大数据应用分析过程中,治理是基础,技术是承载,分析是手段,应用是目的。目前大数据项目已经向智能化、智慧化方向发展。在以大数据驱动的人工智能时代,需要面对巨量数据的预处理后可用信息的抽取,进而将其加工成为有用的知识,建立大数据知识库,挖掘数据中潜在的价值。相对传统的科学计算模式来讲,思维模式发生了新的变革。

（1）总体性思维由样本变成全量

传统统计学中的样本对应数据量小,多采取随机采样模式,用尽量少的数据得到尽量多的信息。进入大数据时代后,丰富的数据更有助于清楚、全面地发现事物的本质,但同时也给随机采样带来困难,故数据采样转变为多而全的模式,能有效对应"增量"的数据,从较全的数据中挖掘尽量正确的信息。

（2）容错性思维由准确变为混杂

传统数据的统计分析中,多期望数据随机抽样尽量有代表性、精准、无误。然而进入大数据时代后,由于数据的多源异构性,数据采集中数据缺失、异常、格式不统一等是常见的现象,很难让数据达到精准,同时一些分析挖掘,如关联分析用户常常同时购买哪些商品，虽然看似牺牲了数据的精确性，但实际提高了关联分析的结果准确性。

（3）关联性思维变革

传统数据分析过程中，通常应用逻辑推理，由事件的因经过分析得到第 2 个事件的因果作用关系。大数据时代，由于数据量庞大，导致因果关系的判断往往耗费巨大，反而关联关系更容易获得，这与传统分析中由于数据量不足难以获得正确关联知识不同。但这并不说明大数据时代因果关系不重要，在大数据项目中，它们同样具有不可忽视的应用价值。

（4）自然思维转向智能化思维

大数据时代丰富全面的数据给信息智能化带来了契机。全面分析数据中的知识，建立专家库，应用推理建立智能模型，应用人类智慧，使项目具有类似人类一样的思维能力和预测未来的能力。

1.1.7 大数据的发展趋势

我国大数据产业规模稳步增长。根据中国信息通信研究院的数据，2017 年我国大数据产业规模为 4 700 亿元，同比增长 36%。大数据软硬件产品的产值约为 234 亿元人民币，同比增长 39%。2017 年我国数字经济总量达到 27.2 万亿元，同比名义增长超过 20.3%，占 GDP 比重达到 32.9%。在这其中，以大数据为代表的新一代信息技术对于数字经济的贡献功不可没。

大数据与实体经济融合提速，但不均衡现象突出。从行业角度看，金融、政务、电信、电商等行业发展融合效果好。从业务类型上看，主要集中在外围业务，如营销分析、客户分析和内部运营等，在产品设计、产品生产、企业供应链管理等核心业务方面的融合有待提高。从地域分布看，受经济分布、人才聚集、技术发展等因素影响，大数据应用主要分布在北京、上海、广东、浙江等东部发达地区，中西部地区发展水平较低，有待提高，且需求较大。

大数据与云计算、人工智能等前沿创新技术深度融合，实现超大规模计算、智能化与自动化和海量数据的分析，能在短时间内完成复杂度和精密度较高的信息处理。

1.2 大数据分析

相对传统数据分析来讲，大数据分析是艰难、复杂的事情，但也是有规律可循的。本节首先通过大数据分析的定义描述大数据分析的内容及分析的过程，然后介绍大数据分析产生的原因及应用的场景。

1.2.1   大数据分析的定义

大数据分析虽然目前尚没有明确的行业概念，但其实质上就是指从符合"4V"或"5V"特征的巨量数据中挖掘知识的过程，可用一张图来描述大数据分析的能力体系，如图 1-7 所示。

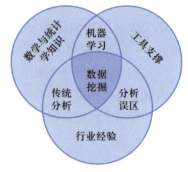

图 1-7 描述了数据挖掘知识过程依赖的 3 个基础：数学与统计学知识、行业经验和工具支撑。其中数学与统计学知识是大数据分析的理论基础，是将整理、描述、预测数据的手段、过程抽象为数据模型的理论知识。行业经验可在数据分析前确定分析需求，在分析中检验方法是否合理，以及在分析后指导应用，行业不同，应用也不相同。工具支撑主要指数据分析的工具，可将分析模型封装，使不了解技术的人也可实现数据建模，快速

图 1-7   大数据分析的能力体系

响应需求。传统分析中，在数据量较少时，多以人工为主，需要借助行业的经验，数据分析已经能够发现数据中包含的知识，包括结构分析、杜邦分析等模型，方法成熟，应用广泛。随着时代的进步，机器学习登上了历史的舞台，20 世纪 50 年代美国 Samuel 设计的跳棋程序是最早具有机器学习能力的程序，可在与人对弈过程中不断改变思路。机器学习主要指通过计算机自学习，发现数据规律，但结论不易控制，可用一个图形来描述机器学习的过程，如图 1-8 所示。

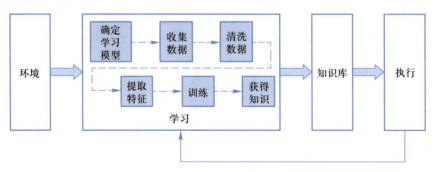

图 1-8   机器学习过程

其中"环境"是为学习提供的外部信息。"学习"是整个机器学习系统模式中的核心环节，它从环境中获取外部信息，经过经验确定学习模型，然后对数据依据业务及确定的模型的要求进行收集、清洗、提取特征等数据处理的操作，再经过数据训练，通过分析、综合、类比、归纳等思维获得需要的模型知识，将其放入"知识库"中，"执行"一系列的任务。随着数据量的增加，原有模型知识库中的结论可能并不适应当前业务，故可能存在需要重新学习与执行的过程。这些学习模型看似复杂，但实际工作中会有一些支撑数据

分析的工具（Python 分析工具包 Sklearn、Spark 大数据分析工具包 MLlib 等），将分析模型封装，使不了解技术的人也可实现数据建模，快速响应需求。

这里有个分析误区，即拥有了分析工具就能应用好学习模型。如果不了解分析模型的数学原理，会导致错误地使用模型，得出错误的分析结论，影响业务决策。因此需深入了解模型原理和使用限制。

将数学与统计学知识、行业经验和工具支撑有效结合，人们方可从巨量数据中挖掘出隐藏的知识，应用于生产与生活。

1.2.2　大数据分析的产生与发展

数据分析的数学基础在 20 世纪早期就已确立，如 1941 年 Abraham Wald 教授提出的著名的幸存者偏差（Survivorship Bias）概念被盟军军方采纳后挽救了成千上万飞行员的性命。随着数据库、商业智能、互联网的发展，催生的各种技术给大数据分析的产生与发展奠定了重要的基础。

1. 关系数据库

1970 年英国科学家埃德加·科德（Edgar Codd，1981 年图灵奖获得者）发表了论文《大型共享数据库的关系模型》（*A Relational Model of Data for Large Shared Data Banks*），开启了关系数据库的时代。以关系数据模型为核心，可将一组组相关的数据值或数据项（其中的各项数据项对应专属的一字节或多字节）组成的域进行关系数据的存储，并可建立一个或一组域所在文件的索引，提高关系数据的查询速度。该模型是大多数数据库系统的基础，基于关系数据库的系统开始大量地应用于企业业务，如材料需求计划（MRP）系统，就是关系数据库最早的主流商业用途之一，用于提高日常物料管理的效率。

2. 商业智能的出现

1958 年，IBM 公司研究员 Hans Peter Luhn 将商业智能（Business Intelligence，BI）定义为：能够理解所呈现的事实之间的相互关系，从而引导行动朝着预期目标前进的能力。在 20 世纪 70 年代，随着用于分析商业和操作性能的软件和系统的兴起，商业智能的受欢迎程度也越来越高。在 20 世纪 90 年代，高德纳集团（Gartner Group）发展了商业智能的概念，认为商业智能是提供使企业迅速分析数据的技术和方法，包括收集、管理和分析数据，将这些数据转化为有用的信息，然后分发到企业各处。为了将数据转化为知识，基于关系数据库建立的数据仓库、联机分析处理（OLAP）工具和数据挖掘等技术进一步推动了商业智能的发展。因此，从技术层面上讲，商业智能不是什么新技术，它只是数据仓库、OLAP 和数据挖掘等技术的综合运用。

3. 互联网的崛起

1991 年，Tim Berners-Lee 定义超文本规范，标志着万维网（World Wide Web）的诞生。1998 年，根据《存储系统的进化》一书中所说，从这一年开始数字存储比纸张成本更低。同年，网络搜索首次亮相，成为搜索互联网数据的工具，其中与大数据相关的技术（如 DFS、BigTable 等）也为后来大数据开源模型（如 Hadoop、HBase 等）的产生起到重要作用。2004 年，始于出版社经营者 O'Reilly 和 MediaLive International 之间的一场头脑风暴论坛，Web 2.0 诞生。同年，社交软件开始出现，催生了大数据的产生及基于大数据分析的实现。

2005 年始，Hadoop 这个开源框架被创建出来，专门用于存储和分析大数据集。自此一系列大数据工具也逐步引起人们的重视，如基于内存计算的 Spark 框架、实时框架 Storm、数据仓库 Hive 等。

4. 大数据催生的技术

计算机计算技术的发展与互联网、物联网的发展是大数据生产的根源，大数据反过来也促进了计算机技术的发展，如无线互联技术、数据抓取技术、并行处理技术、高容量存储技术和数据可视化技术等。值得一提的是，大数据存储与计算能力的提高，以及丰富的数据带来了人工智能技术的新一代应用高潮。2003—2006 年先后发布的著名的"GFS"和"MapReduce"两篇论文，给 Hadoop 的核心 HDFS、MapReduce 的产生带来灵感，到 2012 年，Hadoop 已成为应用广泛的成熟的企业级产品。MapReduce 虽然在离线的分布式计算统计中曾发挥重要的作用，但其基于复杂、交互性强的计算功能，显得磁盘访问过多，计算速度也慢，故在 2014 年，Spark 成为了下一代计算引擎应用的核心工具。

目前，基于存储层应用来讲，HDFS 已经成为大数据磁盘存储的事实标准，针对关系型以外的数据模型，开源社区形成了 NoSQL 数据库体系，其中 K-V（key-value）数据库代表工具 Redis、列式数据库代表工具 HBase 和 Cassandra、文档数据库 MongoDB、图数据库 Neo4j 已成为各个领域的领先者。基于计算处理引擎应用来讲，Spark 在逐步取代 MapReduce 成为大数据平台统一的计算平台，在实时计算领域 Flink 是 Spark Streaming 强力的竞争者。在数据查询和分析领域，形成了丰富的 SQL on Hadoop 的解决方案，Hive、HAWQ、Impala、Presto、Spark SQL 等技术与传统的大规模并行处理（Massively Parallel Processing，MPP）数据库竞争激烈。在数据可视化领域，敏捷商业智能分析工具 Tableau、QlikView 通过简单的拖曳来实现数据的复杂展示，是目前大受欢迎的可视化展现工具。

1.2.3　大数据分析的应用场景

信息化发展的今天，大数据分析技术已经成功应用于各行各业。

1. 城市治理

城市治理包括城市人口、自然地理、机构法人等基础数据管理，也包括一些城市事件感知与智能处理、社会治理与公共安全等公共服务数据的管理与分析工作。例如"ET 城市大脑"是依托阿里云大数据一体化计算平台基础，通过阿里云数据资源平台对包括企业数据、公安数据、政府数据、运营商数据等多方城市数据的汇集，借助机器学习和人工智能算法，面向城市治理问题打造的数据智能产品。通过"ET 城市大脑"，可以从全局、实时的角度发现城市治理中的问题并给出相应的优化处理方案，同时联动城市内各项资源调度，从而整体提升城市运行效率。

2. 电子商务

电子商务包括电子货币交换、供应链管理、网络营销、在线事务处理等数据的治理与分析，涉及互联网、电子邮件、数据库、手机终端 App 等信息应用技术。如在个性化营销中，分析顾客的行为，依据用户的特点，向不同的用户推销符合用户喜好的不同商品。亚马逊或淘宝也在商品推荐中应用了大数据分析技术，通过智能机器学习算法分析用户的活动，结合用户的特点并将其与数百万其他用户比较，以确定用户可能想要购买的东西或下一次可能的消费。

3. 医疗影像处理

随着医学成像技术的不断进步，近几十年中 X 光、超声波、计算机断层扫描（CT）、核磁共振（MR）、数字病理成像、消化道内窥镜、眼底照相等新兴医学成像技术发展突飞猛进，各类医学图像数据也爆炸性增加，给临床领域或医生诊断等带来数据层面上的可靠参考。例如：通过专家系统应用深度学习算法和人类医学专家的帮助，在心血管、肿瘤、神经内科、五官科等领域建立了多个精准深度学习医学辅助诊断模型，取得了良好的进展；在传统临床领域，计算机分析日益增长的图像数据，辅助医学图像的判读和诊断，有效提高阅片效率，避免人工误判，降低医生工作量和压力。

4. 制造领域

制造业通过感应器采集不同类型的数据获得如声音、振动、压力、电流、电压和控制器的数据，作为设备诊断和健康管理分析工具的输入项。如华为物流供应链应用中，构建智能分布式优化算法库进行自动识别运输方案、智能路径优化技术和成本优化统计分析，聚焦于降低物流运输成本，解决了人工方式效率低、成本高和无法实现实时、快速设计最为合适的供应链物流的问题，大量减少人力投入，快速实现了供应链路径优化。

5. 自然语言处理

自然语言处理主要指计算机处理人类书面或口头表达的语言的能力，这种能力可应用于机器翻译、语音识别、聊天机器人、会话搜索等业务中。例如：百度翻译可利用计算机技术处理汉语、英语、日语、韩语、泰语等 28 种语言，可以将其中的一种语言自动翻译为另外一种语言；客服机器人通过对客户提出的问题进行句法、语义分析，可以 24 小时在线实时回复用户提问，将客服机器人作为人工客户服务的补充，其为公众服务的能力相较传统的纯人工客服可以得到明显提高。

除此之外，大数据分析在社会公共安全的重点人群身份识别、互联网中恶意软件分析、打击洗钱行为、区分合法交易和欺诈交易以及在线搜索分析等方面都得到了较成功的应用。

1.3   数据统计分析理论基础

在大数据分析中，知识反映了客观世界事物之间的关系，不同事物或者相同事物间的不同关系形成了不同的知识。实际生活中，面对的大多数情况都是知识的不确定性问题，概率是不确定性知识表示最常用的一种描述方法。如一个推销员每天向 100 个人推销商品时成功的概率是 30%。针对本例子，简单的概率描述体现了推销员出售商品的成功率，但并不能体现推销员的收益情况，如果记录出推销人群的个人属性和成功销售与否的业绩时，就形成了一个简单的概率分布情况，同时可以分析出该推销员的赢利情况了。那么，如果该推销员能够事先依据用户属性数据体现的概率分布情况估计出易购买商品的用户群体，进行有针对性的推销，则会大大增加营收的利润，当然也要通过假设检验的知识去验证这个结论的可能性。

依据推销员业绩的历史数据，应用回归分析可判定未来的营销情况，同时应用方差分析度量营销数据和其数学期望之间的偏离程度，对推销员的未来业绩情况做预测可帮助管理层人员决策分析。在进行营销数据分析过程中，如果参与模型计算的有效属性过多会增加模型的计算复杂度，有时也会影响模型的泛化过程，应用主成分分析与因子分析对众多属性进行降维也是一个不错的办法。本节将逐一介绍概率和分布、参数估计、假设检验、回归分析、主成分分析与因子分析的内容。

1.3.1   概率和分布

概率是描述特定事件发生的可能性大小的一种数值度量，用它来表示知识的不确定性，也方便应用这种数值参与大数据分析模型的计算，是一种广泛应用的方法。概率分布，主要用于描述随机变量取值的概率规律。如在 100 个人中推销成功率为 30%，即用概率描述了推销成功的可能性大小。但若要全面了解不同人群的推销情况，如知道了被推销的 100 个人的职业和年龄，还知道被推销成功的 30 个人的职业与年龄实际情况，以此可以了解针对不同人群推销时的全部可能结果及各种可能结果发生的概率，这便是简单的概率分布的一种描述了。

为了便于概率的描述，用 $P(A)$ 和 $P(B)$ 分别描述事件 A 和 B 的概率，用 $P(\Omega)$ 表示事件的全集概率，其中满足 $P(\Omega)=1$，且每个事件都满足概率大于或等于 0。例如事件 Ω 代表要向 100 个人推销的事件，A 代表有 30 个人被推销成功的事件，那么 $P(A)=30\%$。如果用 B 表示 Ω 中 70 个人推销未成功的事件，那么此时事件 B 是事件 A 的对立事件，此时表述的是必有一个发生的两个互斥事件，亦称"逆事件"，可用 A' 表示，此时 $P(A')=1-P(A)$。对于不同事件间概率的描述除了逆事件外，还常用互斥事件、穷举事件、相交事件等来表述事件间的关系，具体描述如下。

互斥事件：亦称互不相容事件，描述了不可能同时发生的事件，如事件 A 与事件 B 的交集为空，即事件 A 与事件 B 互斥，可表示为 $P(A\cap B)=\varnothing$。

穷举事件：将所有可能事件发生的概率加在一起为 1，如在只有 A 和 B 两个事件情况下，可表示为 $P(A\cup B)=1$。

相交事件：表述同时发生的事件，可表示为 $P(A\cap B)$，如图 1-9 所示。

此时，$P(A\cap B)$ 的概率表示为 A 事件发生的情况下 B 发生的概率，可用 $P(B\,|\,A)$ 描述，用公式形式可表述为

$$P(B\,|\,A)=\frac{P(A\cap B)}{P(A)}$$

该公式描述的是事件在另外事件已经发生条件下发生的概率，即条件概率。扩展一下思路，考虑对一复杂事件的概率求解问题转化为在不同情况下发生的简单事件的概率的求和问题。例如，描述 $\{A_1,A_2,\cdots,A_n\}$ 为整个样本空间中 A 的所有子事件，它们构成一个完备事件组且都有正概率，如图 1-10 所示。

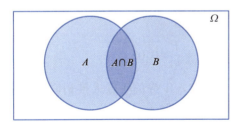

图 1-9　相交事件

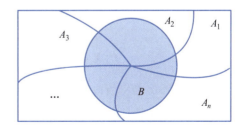

图 1-10　全概率

图 1-10 中，整个事件 B 分解为 $A_1,A_2,\cdots,A_n$ 与 B 不相交合，即全概率思路，此时相对 B 事件的全概率公式可表述为

$$P(B)=P(A_1)P(B\,|\,A_1)+P(A_2)P(B\,|\,A_2)+\cdots+P(A_n)P(B\,|\,A_n)$$

其中，$P(A_i>0)$，i 为 $\{1,2,3,\cdots,n\}$。在全概率的基础上，假设已知 A 的情况下，求取基于条件 B 下每个 A_i (i 为 $1,2,3,\cdots,n$) 的可能性，可推断出贝叶斯公式

$$P(A_i \mid B) = \frac{P(B \mid A_i)P(A_i)}{P(B)}$$

将其进行推广、变形，即得到贝叶斯公式

$$P(A \mid B) = \frac{P(B \mid A)P(A)}{P(B)}$$

其中，$P(A)$ 为"先验概率"，即在 B 事件发生之前对 A 事件概率的一个判断。$P(A \mid B)$ 称为"后验概率"，即在 B 事件发生之后对 A 事件概率的重新评估。贝叶斯公式由英国数学家贝叶斯（Thomas Bayes）提出，用来描述两个条件概率之间的关系。以分类为例应用贝叶斯公式判断"一个推销员面对一位收入中等的年轻人推销成功与否的可能性"问题。首先将问题用公式进行描述，其中 X 表示数据分布的属性，即 $X = \{x_1 = \text{age}, x_2 = \text{income}\}$，$C$ 表示推销成功与否的结论，即 $C = \{C_1 = \text{推销成功}, C_2 = \text{推销失败}\}$，要求解的问题是 $X = (\text{age} = \text{年轻人}, \text{income} = \text{收入中等})$ 时 C 的判断。

此时可先了解符合条件的概率分布情况，首先最大化 $P(X \mid C_i)P(C_i)$，$i = 1, 2$。每个类的先验概率 $P(C_i)$ 可以根据训练元组计算，得到如下结果。

$$P(C_1 = \text{推销成功}) = 3/10$$
$$P(C_2 = \text{推销失败}) = 7/10$$

接下来，计算针对每一个属性 C_i 中 X 的概率分布情况。

$$P(\text{age} = \text{年轻人} \mid C_1 = \text{推销成功}) = 1/3$$
$$P(\text{age} = \text{年轻人} \mid C_2 = \text{推销失败}) = 1/7$$
$$P(\text{income} = \text{收入中等} \mid C_1 = \text{推销成功}) = 2/3$$
$$P(\text{income} = \text{收入中等} \mid C_2 = \text{推销失败}) = 1/5$$

然后认为事件间相互独立，则应用贝叶斯定理求得：

$$P(X \mid C_1 = \text{推销成功}) = \frac{2}{3} \times \frac{1}{3} \times \frac{3}{10} = \frac{1}{15} \approx 0.067$$

$$P(X \mid C_2 = \text{推销失败}) = \frac{1}{5} \times \frac{1}{7} \times \frac{7}{10} = \frac{1}{50} = 0.02$$

由于 $0.067 > 0.02$，所以认为一个推销员面对一位收入中等的年轻人推销时，如果一定要在成功与失败中选择一个结果，那么成功的可能性相对较大。

通过该例能够体会到概率表述了汇总统计量的情况，简单明了，但风险也大，因为它们很有可能会掩盖数据的真相。可以通过数据的分布更真实地分析数据信息中蕴含的内容，如本例应用的是离散型数据分布知识，应用贝叶斯公式的数据分析推断出某类人是否会被推销成功的判定。相对于离散型数据分布来讲，分布的表现形式还有连续型数据分布。这些分布也有较成功的分布模式供用户参考使用，例如离散型数据分布代表二项分

布、多项分布、伯努利分布、泊松分布等，连续分布型数据分布代表正态分布、均匀分布、指数分布、卡方分布、F 分布等。

1.3.2　参数估计

继续讨论"一个推销员面对一位收入中等的年轻人推销成功与否的可能性"问题的求解过程。如果该数据集属性继续增加，数据量也递增，应用贝叶斯公式计算 $P(X \mid C_i)$ 的开销是很大的，为了降低计算 $P(X \mid C_i)$ 的开销，1.3.1 节求解过程中应用了类条件独立的朴素假设，由此可以用 $P(\text{age} \mid C_i)$ 和 $P(\text{income} \mid C_i)$ 的乘积估计 $P(X \mid C_i)$，以便找出最大化 $P(X \mid C_i)P(C_i)$ 的类 C_i。由于模型间元组估计时用的是乘积，那么有可能会出现这样一个极端的问题，假设 $P(\text{income}=\text{收入中等} \mid C_2=\text{推销失败})=0$，即零概率的问题，那么在进行 $P(X \mid C_2)$ 估计时，无论其他属性的概率分布如何，其结果皆为 0，这并不是我们想看到的结果。此时可以引入避免零概率的方法，如拉普拉斯估计法，我们可以对同一属性（如income）的计数都加 1，例如对原有 $P(\text{income}=\text{收入中等} \mid C_2=\text{推销失败})=0/70$，计为 1/70，这样就避免了零概率的问题。该例的整体计算过程中实现了通过估计总体分布的数据特征进行统计推断的实现过程，估计过程中某些参数或函数是未知的，对其进行了估计，我们把这类问题称为参数估计问题。参数估计是统计推断的一种，它可以从数据集中抽取样本来估计总体分布中未知参数的估计量，或在不确定性程度下指出所求的估计量的精度。从估计形式角度可划分为点估计和区间估计两种。

点估计是在抽样推断中不考虑抽样误差，直接以抽样指标代替全体指标的一种推断方法。设 $x_1, x_2, \cdots, x_n$ 是来自总体 X 的样本，用统计量 $\hat{\theta}=\hat{\theta}(x_1, x_2, \cdots, x_n)$ 的取值作为 θ 的估计值，称为 θ 的点估计。这里如何构造统计量并没有明确的规定，只要它满足一定的合理性即可。主要考虑如何给出估计（估计的方法问题）和如何对不同的估计进行评价（即估计的好坏判断标准）的问题。例如前面的案例"一个推销员每天向 100 个人推销商品时成功的概率是 30%"中的 30% 是通过用推销成功的人数与每天推销的 100 个人做比值求得的均值 $\bar{X}$，也可求取样本均方差 σ^2，以此理解各推销成功率的分散程度。$\bar{X}$ 和 σ^2 都是点估计中隶属于矩估计的应用，除此之外，常用的点估计方法还有极大似然估计、最小二乘估计等。

点估计中通过求取样本的均值 $\bar{X}$ 得到每天向 100 个人推销的成功率为 30%。在该值的求解过程中，即使尽量确保样本无偏，使样本尽量能代表总体的情况，求得的值也能在一定程度上说明问题，但当抽取的样本不同时，可能计算的结果会有所偏差，或当数据量增加时，求取的值也可能随之变化，如新计算的值有可能变成 29%、31% 等。如果我们依据销售统计量样本均值的抽样分布，确定一个误差范围，求取成功率的区间，如每天推销的成功率在 [25%,35%] 区间，似乎更加理想，如图 1-11 所示。

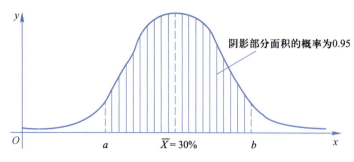

图 1-11   销售成功样本均值的抽样分布

图 1-11 中通过 (a,b) 这个置信区间决定了该区间包含的总体均值的置信水平为 95%，为了求出 a 和 b 的值，可通过抽样分布的期望和方差求出围住区间的值，这便是区间估计的思路。区间估计是抽样推断中根据抽样指标和抽样误差，按给定的概率值去估计全体指标的可能范围的一种推断方法。其中这个给定的概率值称为置信水平，这个建立起来的包含待估计参数的区间称为置信区间，置信区间越大，置信水平越高。用公式对区间估计进行表述时，首先设 θ 是总体的一个参数，其参数空间为 Θ，$x_1, x_2, \cdots, x_n$ 是来自该总体的样本，对给定的一个 α（$0<\alpha<1$），若有两个统计量 $\hat{\theta}_L = \hat{\theta}_L(x_1, x_2, \cdots, x_n)$ 和 $\hat{\theta}_U = \hat{\theta}_U(x_1, x_2, \cdots, x_n)$，若对任意的 $\theta \in \Theta$，有 $P_\theta(\hat{\theta}_L \leq \theta \leq \hat{\theta}_U) \geq 1-\alpha$，则称随机区间 $[\hat{\theta}_L, \hat{\theta}_U]$ 是 θ 的置信水平为 $1-\alpha$ 的置信区间，或简称 $[\hat{\theta}_L, \hat{\theta}_U]$ 是 θ 的 $1-\alpha$ 置信区间。$\hat{\theta}_L$ 和 $\hat{\theta}_U$ 分别称为 θ 的（双侧）置信下限和置信上限。这里置信水平 $1-\alpha$ 的含义是指在大量使用该置信区间时，至少有 $100(1-\alpha)\%$ 的区间含有 θ。置信水平的大小是根据实际需要选定的，通常可取置信水平 $1-\alpha = 0.95$ 或 0.9 等。

在构建置信区间时，首先需要选择参与计算样本的数据皆构建在置信区间内，求出其抽样分布，计算选择区间中包含该统计量的概率，即置信水平，求出置信区间的上下限。对于一些常用的分布，可直接查看总体统计量、总体分布以及各种条件直接代入统计量或估计量即可求出置信区间了，如表 1-1 所示。其中，c 取决于置信水平，一般置信区间的计算式为统计量±误差范围，误差范围=c×统计量的标准差。

表 1-1   几种置信区间的快捷算法

总体统计量	总体分布	条　件	置 信 区 间
μ	正态	σ^2 已知 n 可大可小 $\bar{x}$ 为样本均值	$\left(\bar{x} - c\dfrac{\sigma}{\sqrt{n}},\ \bar{x} + c\dfrac{\sigma}{\sqrt{n}} \right)$
μ	非正态	σ^2 已知 n 很大（至少 30） $\bar{x}$ 为样本均值	$\left(\bar{x} - c\dfrac{\sigma}{\sqrt{n}},\ \bar{x} + c\dfrac{\sigma}{\sqrt{n}} \right)$

续表

总体统计量	总体分布	条 件	置 信 区 间
μ	正态/非正态	σ^2 已知 n 很大（至少 30） $\bar{x}$ 为样本均值 s^2 为样本方差	$\left(\bar{x}-c\dfrac{s}{\sqrt{n}},\ \bar{x}+c\dfrac{s}{\sqrt{n}}\right)$
p	二项	n 很大（至少 30） p_s 为样本比例 $q_s=1-p_s$	$\left(p_s-c\sqrt{\dfrac{p_s\cdot q_s}{n}},\ p_s+c\sqrt{\dfrac{p_s\cdot q_s}{n}}\right)$

1.3.3 假设检验

假设检验与参数估计一样，也是推断统计中重要的话题，但它与参数估计关注的角度不同。参数估计强调通过抽取样本信息推断出未知的总体参数，而假设检验是利用样本数据对某个事先做出的统计假设按照某种设计好的方法进行检验，判断此假设是否成立。例如一个有经验的老推销员给大家介绍一种成功概率达到 50% 的推销方法，如果一个新人应用这个方法去推销，结果一天向 100 个人推销只成功了 35 人，即成功概率为 35%，那么是否说明老推销员在吹牛呢？还是哪里出了问题？很明显，新推销员在应用老推销员介绍的方法时没有达到期望的值。这时我们可以依据老推销员的断言，查找证据，去验证老推销员的断言是否属实。这就是假设检验的思想，以下是具体的实验过程。

首先，确定一个原假设和一个备择假设。其中原假设就是老推销员断言应用他的方法成功率为 50%，用 H_0 表示。备择假设就是新推销员推销的成功率小于 50%，用 H_1 表示。检验过程从 H_0 是正确的开始，如果能够有足够的证据驳回这个断言，那么就可能断定 H_1 是正确的。然后，可依据历史性的推销数据的概率分布确定一个能进行检验的统计量，如应用二项式分布描述推销涉及人数与成功概率分布的情况，假设以 5% 的显著水平来检验 H_0，由于 H_1 是 < 符号，所以可选用左侧检验方法，然后计算结果。如果结果大于 5%，则说明没有充分的证据驳回原假设；如果结果小于 5%，要进一步判断属于哪一类错误。

1.3.4 回归分析

回归分析是处理两个或两个以上变量之间互相依赖的定量关系的一种统计方法和技术，变量之间的关系并非确定的函数关系，可通过一定的概率分布来描述，通常用于预测分析。回归分析按照涉及业务相关属性特征（自变量）的维度多少，可分为一元回归分析和多元回归分析；按属性特征与求解结果（因变量）之间的关系类型，可分为线性回归分析和非线性回归分析。其中线性回归分析是根据一个或一组自变量的变动情况预测与其相关关系的某随机变量的未来值的一种方法。非线性回归是回归函数关于未知回归系数具有非线性结构的回归,例如回归模型的因变量是自变量的一次以上函数形式,或回归规律的图形表现为形态各异的各种曲线。如果用 Y 表示回归模型的预测值,用 x 表示影响因素变量值,一般认为回归分析中反映 Y 和 x 之间的关系最重要的数字特征是 Y 数学期望与 x 的关系。$\mu(x)=E(Y)$ 即为 Y 对 x 的回归函数,回归分析的重要内容就是估计 $\mu(x)$,然后利用估计的结果作预测与控制,例如最小二乘估计、岭回归估计、极大似然估计等。以一元线性回归为例展示回归分析的求解过程,如图 1-12 所示。

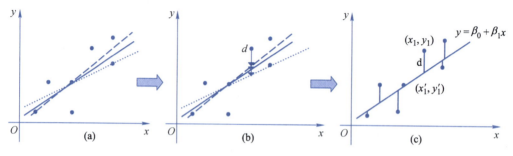

图 1-12　一元线性回归思路

图 1-12 中以散点图的形式描述了 $Y=\{y_1,y_2,\cdots,y_m\}$ 与 $x=\{x_1,x_2,\cdots,x_m\}$ 的对应关系,且 Y 与 x 拥有明显的线性关系。试图寻找一条符合 $y=f(x)=\beta_0+\beta_1 x+\varepsilon$ 方程的直线能描述 Y 与 x 的关系,以便将来通过 x 的值求取它的预测值 Y,其中 $f(x)$ 确定线性关系,β_0 和 β_1 是回归系数,ε 代表随机误差(扰动项)。能代表 Y 与 x 关系的直线如图 1-12(a)所示,可以画出无数条(图中画了 3 条)。为了能寻找其中最具代表性的直线,可关注样本点 x 中每个值与预估直线的距离,如图 1-12(b)中的 d 所示。我们可先令线性回归的前置假设条件件随机误差项均值为 0,为了能使样本点与估计方程求取的预测值间距离最小,求取估计方程,取出 β_0 和 β_1 的值,可应用最小二乘估计法。根据观察数据,寻找参数 β_0、β_1 的估计值 $\hat{\beta}_0$、$\hat{\beta}_1$,使观测值和回归预测值的离差平方和达到极小,其中估计值 $\hat{\beta}_0$、$\hat{\beta}_1$ 称作回归参数 β_0、β_1 的最小二乘估计。

Y 与 x 之间是否存在线性关系,即 β_1 是否等于 0,要使用 t 检验进行判断。t 检验是用于两个样本(或样本与群体)平均值差异程度的检验方法。它是用 t 分布理论来推断差异发生的概率,从而判定两个平均数的差异是否显著。对于求解的线性方程 $y=f(x)=\beta_0+\beta_1 x_1$,或应用 F 检验来检验回归方程的显著性。回归平方和 $\mathrm{SSR}=\sum_{i=1}^{n}(\hat{y}_i-\bar{y})^2$ 越大,回归效果越好,据此构造 F 统计量,其中 $\hat{y}$ 表示预测的值,$\bar{y}$ 表示均值。在回归模型 $y=f(x)=\beta_0+\beta_1 x_1+\varepsilon$ 中,假定 ε 的期望值为 0,是方差相等且服从正态分布的一个随机变量。但是,若关于 ε 的假定不成立,此时所做的检验以及估计和预测也许站不住脚。确定有关 ε 的假定是否成立的方法之一是进行残差分析。以一元线性回归为例,残差是真实值与回归拟合值的差,可表示为 $e_i=y_i-\hat{y}_i$。以自变量 x 为横轴,残差为纵轴,制作残差图,如图 1-13 所示。图 1-13（a）中残差随着自变量 x 的变化在 0 附近随机变化，且变化幅度不大，故描述变量 Y 与 x 之间的回归模型是合理的；图 1-13（b）中的变化表明变量之前并非线性关系，所选的回归模型不合理，应考虑曲线回归或多元回归模型；图 1-13（c）中 ε 的方差是不同的，对于较大的 x 值，相应的残差也较大，违背了 ε 的方差相等的假设。

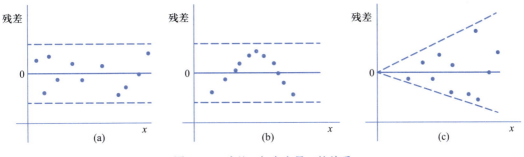

图 1-13　残差 e 与自变量 x 的关系

如果线性回归方程研究的自变量有两个或两个以上，称之为多元线性回归，它的回归方程的一般形式为：

$$y=f(x_1,x_2,\cdots,x_p)+\varepsilon=\beta_0+\beta_1x_1+\beta_2x_2+\cdots+\beta_px_p+\varepsilon$$

其中，$f(x_1,x_2,\cdots,x_p)$ 确定线性关系，随机误差 ε 是扰动项，$\beta_0,\beta_1,\beta_2,\cdots,\beta_p$ 是回归系数。

线性回归的应用很广泛，例如在加利福尼亚大学尔湾分校（UCI）网站上公开的波士顿房价数据预测，应用最小二乘估计法时，每次抽样预测的结果为 70% 左右。线性模型虽然易理解也好用，但其变化却很丰富。因此，在回归应用中，有时为了提高模型的泛化能力，可试着采用多次线性函数建立模型的方式，如在波士顿房价数据预测中应用多元二次多项式模型，使最后的预测结果在原有基础上提升了 10% 左右。

在线性回归方程基础上进行变形，使 y 基于指数分布变化，标记为 $\ln(y)=\beta_0+\beta_1x$，即 $y=e^{\beta_0+\beta_1x}$，使原有线性方程式 $\beta_0+\beta_1x$ 向 y 逼近，即对数线性回归的思想。如果想基于回归实现分类功能，比较通用的手段就是将回归分析值 y 转换为离散值，如在对数线性回归的基础上加入单位阶跃函数思想，通过极大似然估计法来估计回归方程的系数，然后实现分类的功能。分类与回归不同，它没有逼近的概念，最终正确结果只有一个，错误的就是错误的，正确的就是正确的，不会有相近的概念。

回归分类的方法有很多，其中逻辑回归模型是非常具有代表性的回归分类模型。由于零值不能直接被取对数，故对数线性回归模型应用时要注意这样的问题，或选用其他模型。泊松分布是一种概率与统计学中常见的离散概率分布，由二项分布推导而来，当二项分布的 n 很大而 p 很小时，泊松分布可作为二项分布的近似，其中 λ 为 np。泊松回归假设反应变量 Y 是泊松分布，并假设它期望值的对数可被未知参数的线性组合建模，是用来为计数资料和列联表建模的一种回归分析。泊松回归模型有时（特别是当用作列联表模型时）又被称作对数线性模型，但两者对因变量的分布假设和参数估计方法不同。泊松回归模型常常应用于因变量是计数变量的情形，这类变量一般只能取有限范围内的非负整数，可能还存在很多为零的数据。而零不能直接被取对数，这给对数线性模型带来了障碍。

1.3.5　主成分分析与因子分析

无论主成分分析还是因子分析的目标皆是用较少的彼此之间不相关的综合变量来代替原来较多的变量，且尽可能多地反映原来变量的信息。

1. 主成分分析

主成分分析的基本思想是把原有的多个指标转化成少数几个代表性较好的综合指标，这些综合指标之间保持独立，避免出现重叠信息，且能够反映原来指标大部分的信息（一般选择贡献值累计 85% 以上），以达到对高维变量空间进行降维处理和简化数据结构的作用。假设所讨论的实际问题中，有 p 个指标，把这 p 个指标看作 p 个随机变量，记为 x_1，$x_2, \cdots, x_p$，主成分分析就是要把这 p 个指标的问题，转化为讨论 m 个新的指标 F_1，$F_2, \cdots, F_p (m<p)$，按照保留主要信息量的原则充分反映原指标的信息，并且相互独立。主成分分析通常的做法是，寻求原指标的线性组合 F_i，表达式如下。

$$F_1 = a_{11}X_1 + a_{21}X_2 + \cdots + a_{p1}X_p$$
$$F_2 = a_{12}X_1 + a_{22}X_2 + \cdots + a_{p2}X_p$$
$$\cdots\cdots$$
$$F_p = a_{1p}X_1 + a_{2p}X_2 + \cdots + a_{pp}X_p$$

其中，F_i 满足如下条件。

- 每个主成分的系数二次方和为 1，即 $a_{1i}^2 + a_{2i}^2 + \cdots + a_{pi}^2 = 1$。
- 主成分之间相互独立，即无重叠的信息，即
$$\mathrm{Cov}(F_i, F_j) = 0, i \neq j, \quad i, j = 1, 2, \cdots, p$$
- 主成分的方差依次递减，重要性依次递减，即
$$\mathrm{Var}(F_1) \geqslant \mathrm{Var}(F_2) \geqslant \cdots \geqslant \mathrm{Var}(F_p)$$

主成分分析的求解步骤可表述如下。

① 对原始数据进行标准化。

对于 $X = (x_1, x_2, \cdots, x_n)'$，设 $E(X_i) = \mu_i$，$\mathrm{Var}(X_i) = \sigma_{ii}$，则标准化变量 $X_i^* = \dfrac{X_i - \mu_i}{\sqrt{\sigma_{ii}}}$。

② 求样本均值 $\overline{X} = (\overline{x_1}, \overline{x_2}, \cdots, \overline{x_n})'$ 和样本协方差矩阵 S。

③ 求 S 的特征根。具体做法是求解特征方程 $|S - \lambda I| = 0$，其中 I 是单位矩阵，解得 n 个特征根 $\lambda_1, \lambda_2, \cdots, \lambda_n (\lambda_1 \geqslant \lambda_2 \geqslant \cdots \geqslant \lambda_n)$。

④ 求特征根 λ_i 所对应的单位特征向量 $\boldsymbol{\alpha}_i (i = 1, 2, \cdots, n)$，解得 $\boldsymbol{\alpha}_i = (a_{1i}, a_{2i}, \cdots, a_{ni})'$。

⑤ 写出主成分的表达式：$F_i = a_{1i}(x_1 - \overline{x_1}) + a_{2i}(x_2 - \overline{x_2}) + \cdots + a_{ni}(x_n - \overline{x_n})$。

⑥ 计算累计方差贡献率 $\lambda_i \left/ \sum\limits_{i=1}^{n} \lambda_i \right.$，根据累计方差贡献率（一般取 85%）选取前 k 个

主成分（$k<n$）。

2. 因子分析

因子分析是主成分分析的推广，把每个研究变量分解为几个影响因素变量，将每个原始变量分解成两部分因素，一部分是由所有变量共同具有的少数几个公共因子组成的，另一部分是每个变量独自具有的因素，即特殊因子。因子分析的目的之一即是要使因素结构简单化，希望以最少的共同因素（公共因子），能对总变异量做最大的解释，因而抽取的因子越少越好，但抽取因子的累积解释的变异量越大越好。在因子分析的公共因子抽取中，应最先抽取特征值最大的公共因子，其次是次大者，最后抽取公共因子的特征值最小，通常会接近 0。因子分析模型中首先设一组变量 $X_1, X_2, \cdots, X_n$ 可表示为 $X_i = \mu_i + a_{i1}F_1 + \cdots + a_{im}F_m + \varepsilon_i (m \leqslant p)$ 或

$$\begin{bmatrix} X_1 \\ X_2 \\ \vdots \\ X_n \end{bmatrix} = \begin{bmatrix} \mu_1 \\ \mu_2 \\ \vdots \\ \mu_n \end{bmatrix} + \begin{bmatrix} \alpha_{11} & \alpha_{12} & \cdots & \alpha_{1m} \\ \alpha_{21} & \alpha_{22} & \cdots & \alpha_{2m} \\ \vdots & \vdots & \ddots & \vdots \\ \alpha_{n1} & \alpha_{n2} & \cdots & \alpha_{nm} \end{bmatrix} \begin{bmatrix} F_1 \\ F_2 \\ \vdots \\ F_m \end{bmatrix} + \begin{bmatrix} \varepsilon_1 \\ \varepsilon_2 \\ \vdots \\ \varepsilon_n \end{bmatrix} = \mu + AF + \varepsilon$$

其中，$F_1, F_2, \cdots, F_m$ 为公共因子，是不可观测的变量，它们的系数称为因子载荷；系数矩阵 A 为因子载荷矩阵；ε_i 是特殊因子，为不能被前 m 个公共因子包含的部分。

虽然因子分析与主成分分析都是以"降维"为目的，都是从协方差矩阵或相关系数矩阵出发，但主成分分析模型是原始变量的线性组合，是将原始变量加以综合、归纳，仅仅是变量变换；而因子分析是将原始变量加以分解，描述原始变量协方差矩阵结构的模型；只有当提取的公因子个数等于原始变量个数时，因子分析才对应变量变换。主成分分析中每个主成分对应的系数是唯一确定的，而因子分析中每个因子的相应系数即因子载荷不是唯一的。因子分析中因子载荷的不唯一性有利于对公因子进行有效解释，而主成分分析对提取的主成分的解释能力有限。

因子分析的求解步骤可表述如下。

① 对原始数据进行标准化，计算相关系数矩阵。

② 可应用主成分、主轴因子等方法计算因子载荷矩阵，进行因子提取。

③ 通过正交旋转或斜交旋转使提取出的因子具有可解释性。由于因子载荷矩阵是不唯一的，所以应该对因子载荷矩阵进行旋转。目的是使每个变量在尽可能少的因子上有比较高的载荷，让某个变量在某个因子上的载荷趋于 1，而在其他因子上的载荷趋于 0，即使载荷矩阵每列或行的元素二次方值向 0 和 1 两极分化。

④ 计算因子得分。通过各种方法求解各样本在各因子上的得分，为进一步分析奠定基础。如果要使用这些因子做其他的研究，如把得到的因子作为自变量来做回归分析，对样本进行分类或评价，这就需要对公共因子进行测度，即给出公共因子的值。

1.4   大数据分析的流程与常用技术

简单的数据统计分析可以帮助人们更加了解数据要表达的内容，如老推销员推销的成功率和他的断言是否可信等。但如果希望深入地探索数据的规律和蕴含的知识，难免需要通过对大量数据的分析方可达到。例如分析淘宝用户购买商品行为时，首先需要收集大量用户的历史购买信息，然后从这些信息中通过大数据分析发现商品间的关联关系，从而分析出买某种商品的用户同时买另一种商品的可能性。如果想从大量的杂乱无章的数据中分析其中隐含的规律和知识，首先需要拥有一套具备能支撑巨量数据分析的大数据平台，然后借助这个平台完成大数据分析的过程，这个过程中涉及的常用技术有大数据采集、数据预处理、数据存储与管理、数据分析、数据挖掘和数据可视化等。

1.4.1   数据采集技术

数据采集主要研究如何在真实世界中，依据研究对象建模要求，从相关数据源中通过推或拉的方式获取数据的过程。在采集过程中要充分考虑生成数据对象本身的性质，依据其特点，应用合适的方法，在当前有限的资源内尽量获取能体现业务需求信息的全部数据。由于数据产生方式不同，表现形式不同，所以采集数据时面向的对象众多，如网络爬虫、无线客户端 App、传感器、数据库、第三方数据等。如何从众多不同本质的对象中将分散、零乱、不同设备的数据抽取到大数据分析平台，通常是一个复杂的过程，简单通过手工编写程序实现是一个成本巨大的工程。现有的 ETL（Extract-Transform-Load，抽取-转换-装载）技术成为数据采集的首要一步，借助其封装的强大连接功能，将数据源与大数据分析平台连接，以此实现数据的导入与导出的功能，如图 1-14 所示。

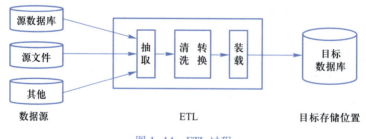

图 1-14   ETL 过程

图 1-14 中，数据源指数据的来源，ETL 是数据处理的过程，目标存储位置是指 ETL 处理好的数据需要存储的位置。其中 ETL 是数据采集技术的核心部分，主要包括抽取、清洗转换和装载三部分。其中，数据的抽取是从不同的数据源获取数据的过程，这部分需要

在调研阶段做大量的工作，清楚了解各个数据源业务，然后挑选合适的抽取方法实现数据的获取过程；清洗转换主要指将抽取阶段所获取数据中的脏数据、不完整数据等进行过滤、转换，完成按业务规则进行数据的计算和聚合的过程；装载是较简单的过程，主要指将清洗转换后的数据直接写入指定的目标数据库中。

目前较流行的 ETL 工具有 Informatica PowerCenter、IBM DataStage、Kettle、阿里云 DataX、Flume 和 Kafka 等。此外，一些用户也采用 SQL 或 SQL 与 ETL 工具结合的方式完成数据的采集过程。

1.4.2　数据预处理技术

数据预处理主要研究如何将数据处理成研究对象建立的模型所需要的数据形式，常用的手段有数据清洗、数据集成、数据归约和数据变换等。

1. 数据清洗

数据清洗主要针对缺失数据、错误数据、噪声数据、冗余数据等进行处理，包括对原始数据中出现的噪声进行修复、平滑或者剔除，包括异常值、缺失值、重复记录、错误记录等，同时过滤掉不用的数据，包括某些行或某些列，缺失的数据按规则进行填充等。

2. 数据集成

数据集成通常指对不同数据源中的数据进行合并整理，并存放在一个一致的数据存储中，如将与业务主题相关的指标、维度、属性关联在一起存放于一张用于数据库宽表。数据集成过程中涉及很多细节的问题，例如识别和匹配相关实体及数据、统一元数据定义、统一数据取值和冗余数据处理等。

3. 数据归约

数据归约的目标是使通过数据压缩、数据汇总等手段归约后的数据集能产生与规约前数据集近乎相同的分析效果。规约过程尽可能在保持数据原貌的前提下，最大限度地精简数据量，主要包括属性选择和数据抽样两种方法。

4. 数据变换

数据变换是指对数据进行变换处理，使数据更适合当前任务或者算法的需要，通常的手段有光滑、聚集、数据泛化、特征构造等。常见的变换方式有简单函数的变换、数据规范化和连续值离散化等。

1.4.3　数据存储与管理技术

数据存储与管理技术主要研究如何将获取的数据进行编制、存储、索引和查询。早期数据量不大且多以结构化数据为主，故数据存储与管理技术多以关系数据库、数据仓库为主。随着数据量的增加，数据结构也变得更加复杂，半结构化数据和非结构化数据的处理得到人们的关注，NoSQL 数据库技术与分布式平台管理技术逐渐成熟。

1. 分布式文件系统（HDFS）

分布式文件系统（Hadoop Distributed File System，HDFS）是开源工具 Hadoop 的核心模块之一，可以用来部署在低廉的服务器硬件上。HDFS 基于分布式理论构建，具有高容错性、可扩展性等特点，封装性很好，使用户可以在不了解分布式底层细节的情况下，开发分布式程序，充分利用集群的威力高速运算和存储。HDFS 采用主/从（mater/slave）架构，其中主服务器是中心服务器，负责管理文件系统的命名空间以及客户端对文件的访问。从服务器是集群中的一般服务器，每台服务器拥有独立的守护进程，负责管理它所在节点上的存储，是分析数据的实际存储位置。HDFS 公开了文件系统的命名空间，用户能够以文件的形式在上面存储数据。整个集群可以拥有成千上万台服务器，但主服务器只有一台，它和众多台从服务器一起，相互配合完成大数据平台上数据的存储与读取工作。

2. 分布式列存数据库 HBase

HBase 是一个构建在 HDFS 上的分布式列存储系统，用于海量结构化、半结构化数据存储。HBase 的目标是可在普通的商用服务器的硬件集群上处理达到数十亿行×数百万列的非常大的表，并且可以实现对大数据进行随机的、实时的读/写访问的操作，弥补了HDFS 虽然擅长大数据存储但不适合小条目存取的不足，更加方便了项目数据读取的应用。HBase 具有高可靠、高性能、水平扩展、可伸缩、面向列的特点。

3. 内存数据库 Redis

内存数据库抛弃了磁盘数据管理的传统方式，主要指将数据尽量放在内存中直接操作的数据库。相对于磁盘来讲，内存的数据读写速度要高出几个数量级，同时，内存数据库设计的体系结构相对基于磁盘存储的传统数据库来讲，在数据缓存、快速算法、并行操作方面都进行了相应的改进，数据处理速度比传统数据库的数据处理速度要快很多。Redis 是一个开源的，可基于内存亦可持久化的日志型、Key-Value 内存数据库。Redis 最初只能单机运行，没有内置的方法可以方便地将数据库分布到多台机器上，只支持列表结构。其发展到如今，可以支持字符串、列表、散列等多种结构，具有丰富的附加功能，且支持多机运行（包括复制、自动故障转移以及分布式数据库），是功能强大的开源 Key-Value 数据库。它的性能极高，可达到 110 000 次/秒的读速度和 81 000 次/秒的写速度。它可以简单地将数据拆分到不同服务器上，随着机器数量的上升，数据能够简单地进行切割划分，重新分配存储到每台机器上。其对于拥有巨量数据但结构简单的业务拥有一定的优势，例如大量的数据相关消息的发布与订阅的业务。

4. 消息分发和存储 Kafka

Kafka 是由 Apache 软件基金会开发的一个开源流处理平台，是一种高吞吐量的分布式发布订阅消息系统，是可划分的、多订阅者、冗余备份、持久性的日志服务，主要用于处理流式数据，具有高吞吐量、分布式和易扩展的特点，支持在线、离线业务。与其他消息传递系统相比，Kafka 具有更好的吞吐量、内置分区、支持数据副本和容错能力，这使得它非常适合运行大规模消息处理应用程序。

1.4.4　数据分析处理技术

数据分析处理技术是大数据处理平台的核心功能，主要应用分布式计算框架来实现。分布式计算实现了将大任务分成众多小任务，用分而治之的形式完成了大数据量的统计计算问题。计算过程不仅要求分布式计算框架能提供合理的计算模型和简单的编程接口，而且要求扩展性良好、高容错能力和可靠的输入输出，这样才能很好地应付不断增加的数据和框架相关软硬件带来的不可靠性，缓解数据访问的瓶颈压力。依据业务数据的特性来分，数据处理方式通常有两种模式：离线数据处理和实时数据处理。

1. 离线数据处理

离线数据主要指计算过程中需要成批处理的静态数据，这些数据在计算过程中不会发生变化。离线数据处理的典型计算框架有 MapReduce、Hive、Spark 等。

MapReduce 是 Hadoop 的核心模块之一，该框架能够容易地编写应用程序，这些应用程序能够运行在由上千个商用机器组成的大集群上，并以一种可靠且具有容错能力的方式并行地处理太字节（TB）级别的海量数据集。MapReduce 采用分而治之的思想，整个计算过程分成 Map 和 Reduce 两个阶段：Map 阶段把复杂的任务分解为若干"简单的任务"来处理；Reduce 阶段对 Map 阶段的结果进行汇总。

Hive 是基于 Hadoop 的一个数据仓库工具，用来进行数据提取、转化、加载，是一种可以存储、查询和分析存储在 Hadoop 中的大规模数据的机制。Hive 数据仓库工具能将结构化的数据文件映射为一张数据库表，并提供 SQL 查询功能，能将 SQL 语句转变成 MapReduce 任务来执行，实现简单的业务统计。同时，Hive 的 SQL 为用户提供了面向开发人员的 API 接口，可供工程师依据业务需求定义特定分析功能集成至 Hive 工具内。Hive 不能提供在线事务处理、实时查询功能和记录级的更新，但 Hive 能很好地处理不变的大规模数据集上的批量任务。因此，Hive 最大的价值在于其可扩展性、可延展性，并且拥有良好的容错性和低约束的数据输入格式，适用于传统的数据仓库任务。

Spark 是加州大学伯克利分校 AMP 实验室开源的类 Hadoop MapReduce 的通用并行框架，可用于离线计算、交互式查询、流式计算、机器学习等。但与 MapReduce 基于磁盘计算的框架不同，Spark 是基于内存并行计算，在处理分布式任务时，采用的是基于 RDD 计算的模型，使用有向无环图调度程序，查询优化器和物理执行引擎，实现批处理和流数据的高性能。Spark 将数据尽量一直缓存在内存中，直到计算得到最后的结果，再将结果写入到磁盘，所以在多次运算的情况下，Spark 是比较快的，根据其官网给出的数据，比 MapReduce 快 10 ~ 100 倍。Spark 应用广泛，提供了支持多种语言（如 Scala、Java、Python、R 等）的 API，使得用户开发 Spark 程序十分方便。为了便于应用，Spark 提供了一系列面向不同应用需求的组件，主要有 Spark SQL、Spark Streaming、MLlib、GraphX。其中，Spark SQL 提供了类 SQL 的查询，返回 Spark - DataFrame 的数据结构；Spark Streaming 主要用于处理线上实时时序数据；MLlib 提供机器学习的各种模型和调优；GraphX 则提供了基于图的算法。

2. 实时数据处理

实时数据处理是指计算机对现时数据在其发生的实际时间内进行收集和处理的过程。实时数据是一种带有时态性的数据，带有严格的时间限制，一旦处于有效时间之外，数据将变得无效。实时处理的典型计算框架有 Spark Streaming、Storm 等。

Spark Streaming 是 Spark 核心 API 的扩展，能实现高吞吐、可容错的实时流处理。Spark Streaming 支持的编程语言丰富、编程简单，框架封装层级高，封装性好，可以共用批处理逻辑。但从本质上讲其仍属于微批处理操作，虽然可以满足一般情况下的实时数据处理要求，但对于 Storm 这样的工具，其时间延迟相对较大，稳定性相对较差，机器性能消耗大。

Storm 是开源的分布式实时大数据处理框架，是实时计算工具中应用较广泛较成功的一款工具。Storm 集成了队列和数据库技术，Storm 拓扑消耗数据流并以任意复杂的方式处理这些流，然后在计算的每个阶段之间重新划分流。Storm 框架简单、学习成本低，毫秒级延迟，实时性很好，而且工具已经较成熟稳定。但 Storm 编程成本高，逻辑与批处理完全不同，无法共用代码，Debug 比较复杂。

1.4.5　数据挖掘技术

数据挖掘是指从大量的数据中通过算法搜索隐藏于其中信息或知识的过程，应用计算机科学、信息论、微积分、矩阵、概率论、统计和模式识别等知识，对多维数据进行切片、分块、旋转等动作剖析数据，从而能多角度、多侧面地观察数据。数据挖掘过程可分为建立拥有特定属性的数据模型和在无属性的数据间寻找某种关系两种。其中分类、预测类问题属于前一种，而关联规则和聚类分析属于后一种。

分类是指在给定数据基础上构建分类函数或分类模型，该函数或模型能够把数据归类为给定类别中某一类别，典型算法有决策树、朴素贝叶斯、支持向量机等。

预测是通过分类或估值来进行，通过分类或估值的训练得出一个模型，如果对于检验样本组而言该模型具有较高的准确率，可将该模型用于对新样本的未知变量进行预测。

关联规则的目的是发现哪些事情总是一起发生，可以说是支持度与信任度分别满足给定阈值的规则，典型算法有 Apriori、FP-Growth 等。

聚类也就是将抽象对象的集合分为相似对象组成的多个类的过程。聚类过程生成的簇称为一组数据对象的集合，典型算法有 K-means、K-medois、CLARANS 等。

时间序列预测法是一种历史引申预测法，也就是将时间序列反映的事件发展过程进行引申外推，预测发展趋势的一种方法。

1.4.6　数据可视化技术

数据可视化技术主要指利用计算机图形学和图像处理技术，将数据转换为图形或者图像在屏幕上显示出来进行交互处理的理论方法和技术。数据可视化旨在借助图形化手段，清晰有效地传达与沟通信息。数据可视化随着平台的拓展、应用领域的增加，表现形式不断变化，从原始的 BI 统计图表，到诸如实时动态效果、地理信息、用户交互等，数据可视化的概念边界不断扩大。

数据可视化常用的方法如下。

（1）统计图表

指标看板、饼图、直方图、散点图、柱状图等传统 BI 统计图表。

（2）2D、3D 区域

使用地理空间数据可视化技术，往往涉及事物在特定表面上的位置，如点分布图，可以显示诸如在一定区域内的犯罪情况。

（3）时态

时态可视化是数据以线性的方式展示，最为关键的是时态数据可视化有一个起点和一个终点，如用散点图显示诸如某些区域的温度信息。

（4）多维

可以通过使用常用的多维方法来展示二维或多（高）维度的数据。例如饼图可以显示诸如政府开支。

（5）分层

分层方法用于呈现多组数据，这些数据可视化通常展示的是大群体里面的小群体，如树状图。

（6）网络

在网络中展示数据间的关系，它是一种常见的展示大数据量的方法。

1.5　本章小结

本章为大数据相关基础知识的介绍。

1.1 节主要介绍大数据的基本概念，详细介绍了大数据的基本概念、"4V"或"5V"的特征，以及大数据产生的过程、应用与挑战、意义和发展趋势；描述了大数据相关技术与以往的不同，大数据的应用更广泛、更深入，带来的价值更大，并且发展前景广阔。

1.2 节主要介绍大数据分析的基本概念，介绍了大数据的分析过程、数据处理过程、数据挖掘概念、大数据分析产生过程和应用的场景；介绍了进入大数据时代后数据分析思路的转变；以及计算机与数学和业务结合后机器学习的工作过程。

1.3 节主要介绍了大数据分析的基础理论知识，包括知识分析过程中不确定性描述的关键知识，如概率与分布、估计、假设检验，并通过举例介绍了每个知识点的应用过程；介绍了回归分析的概念，及概率分布、估计、假设检验的应用；最后介绍了数据分析中常用的降维技术——主成分分析与因子分析的知识。

1.4 节主要介绍了大数据分析流程中的数据采集、数据预处理、数据存储与管理、数据分析、数据挖掘和数据可视化技术，并针对每一个技术介绍常用的工具，以便于学习与理解。

1.6　本章习题

（1）什么是大数据？

（2）大数据情景下科学计算模式发生了哪些变革？

（3）简述什么是大数据分析。

（4）简述大数据分析的应用场景。

（5）简述概率与分布的联系与区别。

（6）简述估计的作用及点估计与区间估计的基本思想。

（7）简述你对回归分析的理解。

（8）简述你对主成分分析与因子分析的理解。

（9）简述大数据分析的流程。

第 2 章　大数据分析平台

常见的大数据分析平台为企业级大数据分析平台，用于对规模巨大的数据进行分析，实现 BI 分析、画像推荐、智能预测等功能，并提供兼顾性能与成本的企业级算力解决方案，为不同规模企业提供更经济的算力，节约企业成本。本章主要对常见的大数据平台进行概述，并选取阿里云平台上核心的 MaxCompute、Dataworks、Quick BI、DataV 和 PAI，对其概念、功能应用及基本操作进行详解。

2.1　常用大数据分析平台

大数据平台是一个对海量数据进行采集、存储、计算、统计、分析处理的一系列技术融合的信息技术平台，依据企业的数据分析需求，整合当前主流的、成熟的各种具有不同侧重点的大数据处理分析框架和工具，实现对海量数据中有价值信息的挖掘和分析，满足企业的业务应用和决策支持需求。通常意义上讲，大数据分析平台包括如下模块。

① 数据源：包括结构化、非结构化、日志类数据、流式数据等。

② 数据采集：从单个或多个数据源，搜集、抽取待分析数据。

③ 数据存储：将采集后的数据，经过系统的清洗、转换、分类等操作，储存在大数据分析平台系统中，为数据分析过程提供数据支持。

④ 数据处理和分析：对存储在系统中的数据进行处理和分析，数据处理分析的快慢是检验大数据分析平台性能的重要指标。数据分析系统得出数据分析的结果，可用于业务应用。

⑤ 数据展示：数据可视化过程，将分析的结果优质、高效地展现在用户和受众面前。

大数据平台处理的数据通常是太字节量级，甚至是 PB 或 EB 量级，其涉及的核心技术主要有分布式计算、高并发处理、高可用处理、集群、一致性、实时性计算等。

目前基于 Hadoop 的大数据分析平台的应用比较普遍，它的特征如下：

① 实现了在大量的由廉价个人计算机组成的集群中对海量数据进行分布式计算。

② Hadoop 框架中最核心的设计是 HDFS 和 MapReduce。HDFS（Hadoop Distributed File System）是一个源于谷歌 GFS，具有高度容错性的分布式文件系统。MapReduce 基于映射（Map）和规约（Reduce）的处理概念，是一套运行于分布式系统上用于大规模数据集并行计算的编程模型。

③ Hadoop 家族还包含各种开源组件，比如 Yarn、ZooKeeper、HBase、Hive、Sqoop、Impala、Spark 等。

如图 2-1 所示，Hadoop 大数据分析平台系统（以下简称 Hadoop 系统）的最底层是数据采集与预处理。日志数据和数据库数据用常见工具 Flume 和 Logstash 采集，实时数据和流式数据常用 Strom、Spark streaming、Flink 等工具处理；HBase 和 Kudu 是分布式、面向列的开源数据存储，基于内存、可持久化的 Redis 存储系统，再用 Hive（HQL）、Pig、Impala、Spark 等进行数据挖掘分析；最上层是数据应用，是 Hadoop 系统分析结果的消费者，如商业智能、企业报表等。

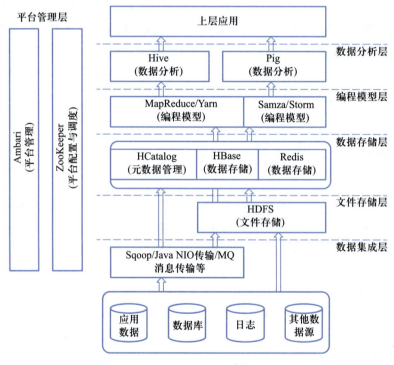

图 2-1　Hadoop 大数据分析平台系统架构

2.2　阿里云大数据平台

阿里云大数据平台，从 2009 年在阿里内部开始孵化，2015 年在阿里云的公共云和专有云上推出 1.0 版本，服务于各类企业、政府以及各类组织机构的大数据平台建设，2019

年已经更新至 v3.0 版本。在阿里巴巴集团内部，数加平台承载着近 99% 的数据业务构建，每天都有数万名数据和算法工程师、产品经理、运营师、分析师在使用，是阿里云重要的 PaaS 平台产品，为企业提供数据集成、数据开发、数据仓库、数据质量管理、数据挖掘、数据可视化等全方位的产品服务，一站式开发管理的界面，帮助企业专注于数据价值的挖掘和探索。

　　本节从平台产品和开源体系的对应关系、平台产品说明和平台的优势特征三方面来介绍阿里云大数据平台。

1. 阿里云大数据平台产品和开源大数据生态的对应关系，见表 2-1

表 2-1　阿里云产品与开源体系对应表

功　　能	开源大数据体系	阿里云大数据体系
数据仓库	HBase、Hive	MaxCompute
分布式计算	MapReduce	MaxCompute
数据接入、同步	Logstash、Sqoop	阿里云数据集成、DataHub
流式、实时计算	Storm、Spark Streaming	阿里云实时计算
图算法	GraphX	Maxcompute Graph
机器学习	Mahout、Spark MLLib	PAI
任务调度	Oozie	DataWorks
数据分析及可视化展示	Kibana、Grafana	Quick BI、DataV

2. 阿里云大数据平台产品说明，如图 2-2 所示

图 2-2　阿里云大数据平台产品说明

3. 阿里云大数据平台优势特征

（1）大数据基础服务

是阿里云大数据服务的基石，解决数据的存储、通信、计算问题。通过阿里云大数据平台，用相同数据标准将数据进行正确的关联，进而可以进行上层数据分析及应用。包含的产品有 MaxCompute、DataWorks、分析型数据库（云原生数据仓库 AnalyticDB MySQL 版）、流计算和数据集成等。企业可以通过这些产品，快速搭建数据仓库。

（2）数据分析及展现

使用业内领先的分析、可视化工具帮助用户实现从数据中发现业务问题、实现现有信息的预测分析和可视化，帮助用户更好地回顾分析历史数据，快速获得切实有效的业务见解，包含的产品有数据大屏 DataV、Quick BI、画像分析、关系网络分析等。利用 Quick BI 和 DataV 可设计多样化的数据、图表展现方式，应用于大屏、个人计算机和移动端设备，而且能实现将结果报表分享给其他应用。

（3）数据应用

构建用户、计算和数据的巧妙连接，为企业提供更聪明的运营服务。数加平台提供的数据应用产品具备智能模块和学习功能，能更深入地了解客户和市场，帮助企业颠覆传统商业运营模式，包含推荐引擎、公众趋势分析、企业图谱、营销引擎等产品。

（4）人工智能

通过阿里云机器学习平台 PAI 以及人工智能 API，可为企业提供机器学习、自然语言处理、图像识别处理、语音识别与合成等服务。

利用阿里云大数据产品进行数据处理的典型架构如图 2-3 所示。

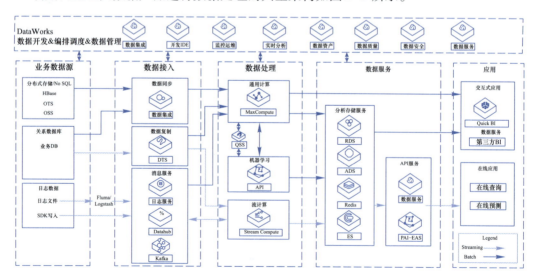

图 2-3　典型阿里云大数据平台架构

2.3　阿里云大数据计算服务 MaxCompute

　　大数据计算服务 MaxCompute，由阿里云自主研发，提供针对太字节/拍字节级数据、实时性要求不高的分布式处理能力，应用于数据分析、数据挖掘、商业智能等领域。目前，阿里巴巴的数据业务都运行在 MaxCompute 平台上。本节将介绍 MaxCompute 平台的概念和功能应用，并讲解平台的基本操作步骤。

2.3.1　MaxCompute 概述

　　大数据计算服务（MaxCompute，原名 ODPS）是一项计算服务，能提供快速、完全托管的艾字节（EB）级（1 EB = 1 024 PB，1 PB = 1 024 TB，1 TB = 1 024 GB）数据仓库解决方案。MaxCompute 致力于批量结构化数据的存储和计算，提供海量数据仓库的解决方案及分析建模服务，通常和 DataWorks 一起构建大数据分析平台。DataWorks 是阿里云一站式大数据开发环境，可以作为 MaxCompute 管理工具，2.4 节将详细介绍。

　　MaxCompute 提供完善的数据导入方案以及多种经典的分布式计算模型，不用考虑分布式计算和维护细节，就可以完成大数据分析。

　　MaxCompute 支持 SQL 语法，兼容 Hive 语法，降低了 MaxCompute 的使用和学习成本。

　　MaxCompute 还支持 MapReduce、Graph 多种计算模型，实现了大规模数据的存储、多模型计算、高弹性扩展，同时也具备了免运维和高安全性的特点。

　　MaxCompute 的具体功能如下。

　　（1）支持多种数据类型

　　① MaxCompute 可以用表的形式存储数据，支持多种数据类型，并对外提供 SQL 查询功能。用户可以使用传统的 SQL、HQL 语句通过 MaxCompute 处理太字节、拍字节级别的海量数据。

　　② 用户自定义函数 UDF。在 MaxCompute 平台内置函数的基础上用户还可以通过创建自定义函数来满足不同的计算需求。

　　③ MapReduce。MaxCompute MapReduce 是 MaxCompute 提供的 Java MapReduce 编程模型，并提供相应的 Java 编程接口，可以简化传统 MapReduce 程序开发，提高运行效率。

　　④ Graph。Graph 功能是一套面向迭代的图计算处理框架，使用图进行建模，图由点（Vertex）和边（Edge）组成，点和边包含权值（Value）。通过迭代对图进行编辑、演化，最终求解出结果，典型应用算法有 PageRank、单源最短距离算法、K 均值聚类算法等。

　　⑤ MaxCompute Spark。MaxCompute 提供的兼容开源 Spark 的计算服务，为用户提供快速处理能力。

（2）拥有强大的编译器

MaxCompute 支持脚本语言开放和强大的 IDE 功能，可以实现错误实时恢复和错误行列号显示，从而提高用户的体验性。

（3）拥有较强的兼容性

MaxCompute 对开源的 Hive 具有非常强的兼容能力，用户可以通过设置"SET odps. sql. hive. compatible＝ true；"打开 Hive 兼容模式。MaxCompute 不仅兼容 Hive 的语法结构，对 Hive 的数据类型、语义以及 UDF 和 StorageHandler 兼容也较好。MaxCompute 具有包容的生态圈，用户可以从其他平台上迁移过来，实现完整统一的计算系统。

（4）提供丰富的扩展能力

MaxCompute 平台提供丰富的扩展能力让用户更方便地扩展 SQL，脚本模式和参数化视图能够让用户用脚本方式开发复杂的逻辑，从而实现复杂的功能。

此外，MaxCompute 还提供给开发者基本功能工具包 SDK，当前支持 Java SDK 及 Python SDK。MaxCompute 也提供了功能强大的多租户安全服务，含用户认证、授权管理、标签安全、空间和跨空间安全策略，为用户的数据安全提供保护。

2. 3. 2　MaxCompute 基本操作

MaxCompute 提供了功能强大的安全服务，为用户的数据安全提供保护。

MaxCompute 所有的操作都是基于表，因此 MaxCompute 的使用从安装配置环境后建表开始。MaxCompute 的基本操作过程如图 2-4 所示。

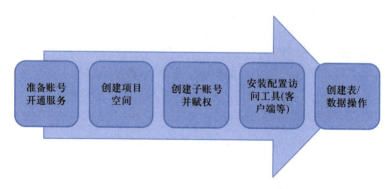

图 2-4　MaxCompute 基本操作过程

1. 准备账号开通服务

在使用 MaxCompute 前，需要先注册阿里云账号，并开通 MaxCompute、DataWorks 服务。MaxCompute 管理控制台即为 DataWorks 管理控制台，因此在创建项目前，也需要开通 DataWorks 服务。DataWorks 工作空间模式分为简单空间模式和标准空间模式，用户选择基础版本，可以免费试用，如图 2-5 所示。

图 2-5　开通 DataWorks 服务

2. 创建项目空间

项目空间是 MaxCompute 的基本组织单元，它类似于传统数据库的 Database 或 Schema 的概念，是进行多用户隔离和访问控制的主要边界。其中包含多个对象，如表（Table）、资源（Resource）、函数（Function）和实例（Instance）等。一个用户可以同时拥有多个项目空间的权限，通过安全授权，可以在一个项目中访问另一个项目中的对象，实现数据的分享。

进入"DataWorks 控制台"。创建项目空间共有两种方式。第 1 种方式：单击控制台"概览"菜单项→快速入口下的"创建工作空间"按钮，如图 2-6 所示；第 2 种方式：单击"工作空间列表"菜单项，选择区域，单击"创建工作空间"按钮，如图 2-7 所示。

图 2-6　创建工作空间方式 1

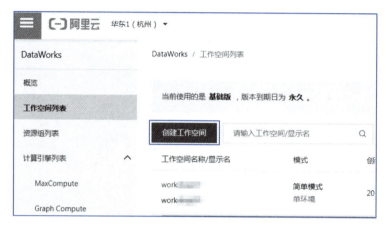

图 2-7 创建工作空间方式 2

DataWorks 的工作空间分为简单模式和标准模式。

（1）简单模式

一个 DataWorks 工作空间对应一个 MaxCompute 项目空间，无法设置开发和生产环境，只能进行简单的数据开发，无法对数据开发流程以及表权限进行强控制。

（2）标准模式

一个 DataWorks 工作空间对应两个 MaxCompute 项目空间，可以设置开发和生产双环境，提升代码开发规范，并能够对表权限进行严格控制，禁止随意操作生产环境的表，保证生产表的数据安全。

工作空间的基本配置界面如图 2-8 所示。

图 2-8 工作空间的基本配置

按照界面提示，对工作空间进行配置，选择引擎（如 MaxCompute），如图 2-9 所示。然后单击"下一步"按钮即可。

图 2-9　选择引擎

3. 创建子账号并赋权

使用主账号创建 RAM 子账号，并赋予子账号权限，使用 RAM 子账号登录 DataWorks 控制台。

4. 安装配置访问工具

MaxCompute 常见的使用方式主要有 4 种，分别是 API/SDK 定制开发、CLT 客户端工具、DataWorks 平台结合和第三方 IDE 插件支持，具体如图 2-10 所示。

5. MaxCompute 的客户端

接下来主要介绍 MaxCompute 客户端的使用方式。MaxCompute 客户端是一个 Java 程

使用方式	使用场景及优势
API/SDK：以RESTful API或Java SDK、Python SDK的方式提供离线数据处理服务	定制开发，满足个性化需求，与外部系统对接
CLT（Command Line Tool）：运行在Window/Linux下的客户端工具，通过CLT可以提交命令完成Project管理、DDL、DML等操作	本地上传下载数据、项目空间管理；灵活、易用
DataWorks：提供了上层可视化ETL/BI工具，用户可以基于DataWorks完成数据同步、任务调度、报表生成等常见操作	团队分工协作数据开发全流程，高效、安全
IDE插件：eclipse插件、IDEA插件、RStudio插件，扩展IDE对MaxCompute的支持	使用第三方IDE对接MaxCompute，提升本地开发、调试效率

图 2-10　MaxCompute 常见使用方式

序，需要 JRE 环境才能运行，下载并安装 JRE 1.6 以上版本（JRE 1.7 或以上版本，建议优先使用 JRE 1.7/1.8，其中 JRE 1.9 已经支持，JRE 1.10 暂时还不支持）。

① 进入阿里云客户端安装页面 https://help. aliyun. com/document_detail/142260. html，单击界面上的"客户端"超链接进行下载。

② 解压下载的安装文件，得到 bin、conf、lib、plugins 这 4 个文件夹。

③ 配置客户端配置文件，具体配置可参考链接：https://help. aliyun. com/document_detail/142260. html。

④ 运行客户端。运行 bin 目录下的 MaxCompute 客户端，Linux 系统下运行 ./bin/odpscmd，Windows 下运行 ./bin/odpscmd. bat，出现如下信息，表示运行成功，如图 2-11 所示。

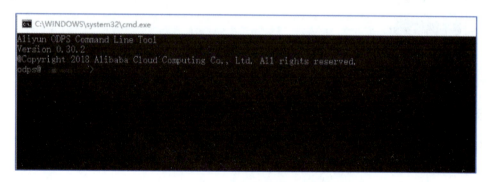

图 2-11　客户端运行成功

⑤ 本地数据上传/下载。MaxCompute 客户端提供 Tunnel 命令实现本地数据的上传/下载，基本语法如下：

```
TUNNEL <subcommand> [options] args
```

例 2-1：下载数据

```
TUNNEL DOWNLOAD  -c  GBK  tmp_table  D:\tmp_table.csv
```

例 2-2： 上传数据

```
TUNNEL UPLOAD  -c  GBK  D:\dim_map.csv  dim_map
```

6. 创建表/数据操作——MaxCompute SQL

MaxCompute SQL 使用类似 SQL 的语句进行数据操作，适用于海量数据（吉字节、太字节、艾字节级别）、离线或实时性要求不高的批量计算的场合。MaxCompute SQL 支持常用的 SQL 语法，如数据定义语言（DDL）、数据操纵语言（DML）、数据查询语言（DQL）等，可以看作对标准 SQL 的支持，但是不能简单等同于数据库。它在很多方面并不具备数据库的特征，不支持事务、主外键约束、索引等。目前在 MaxCompute 中允许的最大 SQL 长度是 2 MB。

MaxCompute 将 SQL 语句的关键字作为保留字。在对表、列或是分区命名时，如若使用关键字，需给关键字加 "``" 符号进行转义，否则会报错。保留字不区分大小写。

MaxCompute SQL 使用示例：

① 创建表。

```
CREATE TABLE table_name(字段 1 类型 描述,字段 2 类型 描述…);
```

② 创建内部表，并指定分区字段。

```
CREATE TABLEtable_name(字段 1 类型 描述,字段 2 类型 描述…) partitioned by（分区字段 1 类型 描述…)
```

③ 添加列。

```
ALTER TABLE table_name ADD columns（列名 类型 描述,列名 类型 描述…);
```

④ 更改表名。

```
ALTER TABLE table_name1 RENAME TO table_name2;
```

⑤ 删除表。

```
DROP TABLE table_name IF EXISTS table_name;
```

⑥ 查询表。

```
SELECT 字段 1,字段 2,…FROM table_name;
```

2.4　一站式大数据平台 DataWorks

DataWorks 是一个提供了大数据 OS 能力，并以 All-in-One-Box 的方式提供专业高效、安全可靠服务的一站式大数据智能云研发平台。同时满足用户对数据治理、质量管理需求，赋予用户对外提供数据服务的能力。本节将介绍 DataWorks 平台的概念和功能应用，并讲解平台的基本操作步骤。

2.4.1　DataWorks 概述

DataWorks（数据工场，原大数据开发套件）是阿里云数加重要的 PaaS 平台产品，它提供全面托管的工作流服务，一站式开发管理的界面，帮助企业专注于数据价值的挖掘和探索。DataWorks 支持多种计算和存储引擎服务，包括离线计算 MaxCompute、开源大数据引擎 E-MapReduce、实时计算（基于 Flink）、机器学习 PAI、图计算服务 Graph Compute 和交互式分析服务等，并且支持用户自定义接入计算和存储服务。

使用 DataWorks，可以对数据进行传输、转换和集成等操作，从不同的数据存储引入数据，并进行转化和开发，最后将处理好的数据同步至其他数据系统。DataWorks 具有全面托管、高质量转化和同步、可视化开发、全流程监控等特点，提供全链路智能大数据及 AI 开发和治理服务，具体如下所示。

（1）拥有全面托管的调度

DataWorks 提供强大的调度功能，支持根据时间、依赖关系，进行任务触发的机制；支持每日千万级别的任务，根据 DAG 关系准确、准时地运行；支持分钟、小时、天、周和月多种调度周期配置。提供完全托管的服务，用户无须关心调度的服务器资源问题。DataWorks 还提供隔离功能，确保不同用户之间的任务不会相互影响。

（2）支持数据转化与同步

DataWorks 支持离线同步、新建 Shell 节点、ODPS SQL、ODPS MR 等多种节点类型，通过节点之间的相互依赖，对复杂的数据进行分析处理，数据转化与同步如下所示：

● 数据转化：依托 MaxCompute 强大的能力，保证了大数据的分析处理性能。

● 数据同步：依托 DataWorks 中数据集成的强力支撑，支持超过 20 种数据源，提供稳定高效的数据传输功能。

（3）可视化开发

DataWorks 提供可视化的代码开发和工作流设计器页面，无须搭配任何开发工具，简单拖曳和开发，即可完成复杂的数据分析任务。

（4）全流程监控

运维中心提供可视化的任务监控管理工具，支持以 DAG 图的形式展示任务运行时的全局情况。用户可以方便地配置各类报警方式，任务发生错误时可及时通知相关人员，保证业务正常运行。

2.4.2　DataWorks 基本操作

通常数据平台开发流程包括数据产生、数据收集与存储、数据分析与处理、数据提取和数据展现与分享，具体如图 2-12 所示。

① 数据产生：业务系统产生的结构化数据，通常存储在 MySQL、Oracle、RDS 等数据库中。

② 数据收集与存储：利用 MaxCompute 的海量数据存储与处理能力来分析业务数据，需要通过预设的调度过程将数据集成和同步到 MaxCompute 中。

③ 数据分析与处理：对 MaxCompute 上的数据进行加工（MaxCompute SQL、MaxCompute MR）、分析与挖掘等处理，从数据中发掘出高质量的有价值信息。

④ 数据提取：将分析与处理后的结果数据，同步或导出至其他（业务）系统，为其他应用提供信息数据内容。

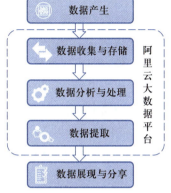

图 2-12　数据平台开发流程

⑤ 数据展现和分享：通过报表、可视化图表（如数字地图）等多种动、静态可交互图表来展现与分享大数据分析结果。

DataWorks 数据处理涉及的模块有数据开发模块、数据管理模块、发布管理模块和运维中心模块。数据开发和数据管理模块由开发者角色负责，2 个模块包含 3 个核心功能：数据输入、数据加工和数据输出；发布管理模块由部署和运维角色共同负责，主要工作是发布代码；运维中心模块由运维角色负责，这个模块的任务是生产调度和生产运维。

注：在数据开发过程中，需项目管理员单击"项目管理"按钮→"数据源配置"按钮来新增数据源供开发使用。

DataWorks 的应用流程如图 2-13 所示。

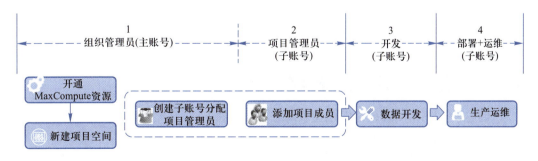

图 2-13　DataWorks 应用流程

1. 组织管理员（主账号）

使用已注册的账号登录 DataWorks 平台，用主账号（组织管理员）创建工作空间，并赋权子账号，不同角色账号的操作模块不同。登录已创建的 MC_test1 项目空间。

2. 项目管理员（子账号）

创建 RAM 子账号：使用阿里云账号登录 RAM 控制台（https://ram. console. aliyun. com/ overview），在左侧导航栏的人员管理菜单下，单击"用户"按钮，然后单击"新建用户"按钮（可一次性创建多个 RAM 用户），在文本框中输入"登录名称"和"显示名称"。在访问方式区域下，选中"控制台密码登录"单选按钮，最后单击"确认"按钮。

建立相应 RAM 子账号的访问密钥，如果需要子账号创建 DataWorks 工作空间，需要授予账号 AliyunDataWorksFullAccess 权限。具体创建过程参考链接：https://help. aliyun. com/document_ detail/74248. html。

主账号建立完 RAM 子账号后，可以登录数加控制台，复制 RAM 用户账号登录链接提供给子账号，如图 2-14 所示，子账号通过这个登录链接登录 DataWorks 控制台。

图 2-14　RAM 用户登录链接

3. 数据开发

例 2-3：MaxCompute SQL 创建表操作

① 登录客户端。

运行客户端工具 bin 目录下的 MaxCompute 客户端（Linux 系统下运行 ./bin/odpscmd，Windows 下运行 ./bin/odpscmd. bat）登录。首先确认进入的项目空间名称是否正确。本例中项目空间名称为 MaxCompute_DOC，如果不是该项目，可以使用如下命令切换至该项目。

```
USE MaxCompute_DOC；
```

切换成功显示如下。

```
odps@ MaxCompute_DOC>
```

② 创建表。MaxCompute SQL 创建表的基本格式如下。

```
CREATE TABLE [IF NOT EXISTS] table_name
[(col_name data_type [COMMENT col_comment], …)]
[COMMENT table_comment]
[PARTITIONED BY (col_name data_type [COMMENT col_comment], …)]
[LIFECYCLE days]
[AS select_statement]
```

本节中，创建两张表：bank_data 表和 result_table 表。bank_data 用于存储业务数据，result_table 用于存储数据分析后产生的结果。

bank_data 建表语句如下。

```
CREATE TABLE IF NOT EXISTS bank_data
(
  age               BIGINT COMMENT '年龄',
  job               STRING COMMENT '工作类型',
  marital           STRING COMMENT '婚否',
  education         STRING COMMENT '教育程度',
  default           STRING COMMENT '是否有信用卡',
  housing           STRING COMMENT '房贷',
  loan              STRING COMMENT '贷款',
  contact           STRING COMMENT '联系途径',
  month             STRING COMMENT '月份',
  day_of_week       STRING COMMENT '星期几',
  duration          STRING COMMENT '持续时间',
  campaign          BIGINT COMMENT '本次活动联系的次数',
  pdays             DOUBLE COMMENT '与上一次联系的时间间隔',
  previous          DOUBLE COMMENT '之前与客户联系的次数',
  poutcome          STRING COMMENT '之前市场活动的结果',
  emp_var_rate      DOUBLE COMMENT '就业变化速率',
  cons_price_idx    DOUBLE COMMENT '消费者物价指数',
  cons_conf_idx     DOUBLE COMMENT '消费者信心指数',
  euribor3m         DOUBLE COMMENT '欧元存款利率',
  nr_employed       DOUBLE COMMENT '职工人数',
  y                 BIGINT COMMENT '是否有定期存款'
);
```

运行上述建表语句即可，成功后会看到"OK"字样。

```
ID = 201901100
OK
odps@ MaxCompute_DOC>
```

result_table 建表语句如下。

```
CREATE TABLE IF NOT EXISTS result_table
(
  education    STRING COMMENT '教育程度',
  num          BIGINT COMMENT '人数'
);
```

③ 查看表操作。

当创建表成功之后，可以通过如下命令格式查看表的信息。

```
DESC <table_name>;
```

其中，table_name 是查看表的名字。例如，查看上述示例中 bank_data 表的信息命令如下。

```
DESC bank_data;
```

④ 删除表操作。

删除表的基本格式如下。

```
DROP TABLE [IF EXISTS] table_name;
```

删除 bank_data 表的信息命令如下。

```
DROP TABLE IF EXISTS bank_data;
```

例 2-4： DataWorks 创建表并上传数据案例

（1）创建表 bank_data 的过程如下

① 进入数据开发页面。用子账号登录 DataWorks 控制台，在左侧导航栏，单击"工作空间列表"按钮，单击相应工作空间后进入数据开发。鼠标悬停至 图标，选择"Max-Compute"引擎；也可以打开相应的业务流程，右击"MaxCompute"，在快捷菜单中选择"新建表"命令。

② 在"新建表"对话框中的"表名"文本框中，输入表名为"bank_data"，单击"提交"按钮。

③ 在表的编辑页面，单击"DDL 模式"按钮。

④ 在"DDL 模式"的编辑区域输入"建表语句"，可参考例 2-3，单击生成表结构。

⑤ 在确认操作对话框，单击"确认"按钮。

⑥ 生成表结构后，在基本属性文本框输入"表的中文"名，并分别单击"提交到开发环境"和"提交到生产环境"按钮。

（2）本地数据上传至 bank_data

DataWorks 支持本地和云端数据导入操作：

● 将保存在本地的文本文件数据上传到工作空间的表中。

● 通过数据集成模块将业务数据从多个不同的数据源导入到工作空间。

本地文本文件上传的限制如下：

● 文件类型：仅支持 .txt 和 .csv 格式。

● 文件大小：不超过 30 MB。

● 操作对象：导入分区表时，分区不允许为中文。

以导入本地文件 banking.txt 至 DataWorks 为例，操作如下：

在数据开发页面，单击"导入"按钮图图标。

① 在"数据导入向导"对话框，至少输入 3 个字母来搜索需要导入数据的表，单击"下一步"按钮。

② 选择数据导入方式为"上传本地数据"，单击"选择文件"后的"浏览"按钮。选择本地数据文件，配置导入信息见表 2-2。

表 2-2　配置导入信息表

参　　数	描　　述
选择数据导入方式	默认上传本地文件
选择文件	单击"浏览…"，选择本地需要上传的文件
选择分隔符	包括逗号、Tab、分号、空格、|、#和 & 等分隔符，此处选择逗号
原始字符集	包括 GBK、UTF-8、CP936 和 ISO-8859，此处选择 GBK
导入起始行	选择导入的起始行，此处选择 1
首行为标题	根据自身需求，设置首行是否为标题。本示例无须选中首行为标题
数据预览	可以在此处进行数据预览 （说明：如果数据量过大，仅展示前 100 行和前 50 列的数据。）

③ 单击"下一步"按钮。

④ 选择目标表字段与源字段的匹配方式，本示例选中"按位置匹配"单选按钮。

⑤ 单击"导入数据"按钮。

4. 部署与运维

（1）数据节点开发

在 DataWorks 中，ODPS SQL 节点、Shell 节点和 PyODPS 节点等各类节点的开发过程大同小异，根本区别在于各不同类型节点的数据处理实现方法。

本小节选用 ODPS SQL 节点进行开发，开发过程如下。

① 选择或新建业务流程。单击相应工作空间后，单击左侧导航栏图按钮，鼠标悬停至图图标，在其下拉列表中选择"业务流程"，在"新建业务流程"对话框中的"业务名称"和"描述"文本框输入相应名称和描述（注意：业务名称不能超过 128 个字符），新建一个业务流程。

② 新建或选择已有的 ODPS SQL 节点。双击业务流程名称进入开发面板，鼠标单击"ODPS SQL 节点"菜单项并拖拽至右侧的开发面板。在"新建节点"对话框中，输入节点名称 insert_data，单击"提交"按钮。

③ 编写符合语法的 SQL 代码。在 ODPS_SQL 节点的 insert_data 中，通过 SQL 代码，

查询不同学历的单身人士贷款买房的数量并保存结果，以便后续节点继续分析或展现。
SQL 语句如下：

```
INSERT OVERWRITE TABLE result_table    --插入数据至 result_table 中。
SELECT education
     , COUNT(marital) AS num
FROM bank_data
WHERE housing = 'yes'
     AND marital = 'single'
GROUP BY education
```

④ 当前界面测试运行、检查语法逻辑错误、输出结果。在 insert_data 节点的编辑域中输入 SQL 语句后，单击"保存"按钮，防止代码丢失，单击"运行"按钮，查看运行日志和结果。

⑤ 配置节点调度信息、依赖关系（非手工流程）。在业务流程中，虚拟节点通常作为整个业务流程的控制器，是整个业务流程中所有节点的上游。通常设置业务流程中的虚拟节点依赖整个工作空间的根节点。

- 以同样的操作新建虚拟节点，命名为"start"。
- 双击虚拟节点名称，单击右侧的"调度配置"面板。
- 在调度依赖区域，单击"使用工作空间根节点"按钮，设置虚拟节点的上游节点为工作空间根节点。
- 单击工具栏中的▣按钮。

⑥ 保存、提交节点任务。运行并调试 ODPS_SQL 节点 insert_data 后，返回业务流程页面，单击▣按钮再提交对话框，选择需要提交的节点，在文本框"备注"输入备注信息，并选中"忽略输入输出不一致的告警"复选框，最后单击"提交"按钮。

⑦ 发布到生产、测试（非单一项目）。目前任务的时间属性支持月、周、天、小时和分钟 5 种配置方式，目前能支持的最短时间为 5 分钟。具体配置如图 2-15 所示。

如图 2-15 所示，周期运行的任务依赖关系的优先级大于时间属性，即任务在时间属性指定的某个时间点到达时，并不一定能直接运行，任务实例运行还要确认上游依赖是否全部运行成功。

- 上游依赖的实例没有全部运行成功并且定时运行时间已到，则实例仍为未运行状态。
- 上游依赖的实例全部运行成功并且定时运行时间还未到，则实例进入等待时间状态。
- 上游依赖的实例全部运行成功并且定时运行时间已到，则实例进入等待资源状态准备运行。

DataWorks 中关于节点的参数设置见表 2-3。

图 2-15 任务调度配置-时间属性

表 2-3 节点参数设置表

参 数 类 型	设 置 方 式	适 用 类 型	参数编辑框示例
系统参数 bdp. system. bizdate 和 bdp. system. cyctime	在调度系统中运行时，无须在编辑框设置，可直接在代码中引用 ${bdp. system. bizdate} 和 ${bdp. system. cyctime}，系统将自动替换这两个参数的取值	全部节点类型	无
自定义参数	在代码中引用${key1}，${key2}，然后在"参数"编辑框以如下方式设置"key1 = value1 key2 = value2"	除 Shell 外的其他节点类型	常量参数：param1 = "abc"，param2 = 1234；变量参数：param1 =$ [yyyymmdd]，结果将基于 bdp. system. cyctime 的取值计算
	在代码中引用 $1 $2 $3，然后在"参数"编辑框以如下方式设置："value1 value2 value3"	Shell 类型	常量参数："abc"，1234；变量参数：$ [yyyymm-dd]，结果将基于 bdp. system. cyctime 的取值计算

（2）数据管理

数据管理为用户提供组织内全局数据视图、用户可以对组织内数据进行分权管理、元数据信息详情、数据生命周期管理和数据表/资源/函数权限管理审批等操作。具体功能以及管理模块权限如图 2-16 所示。

功能模块	权限点	组织管理员	项目管理员	开发
权限管理	权限审批与收回	—	√	—
管理配置	类目导航配置	√	√	√
数据管理	自己创建的表删除	√	√	√
数据管理	自己创建的表类目设置	√	√	√
数据管理	自己收藏的表查看	√	√	√
数据管理	新建表	√	√	√
数据管理	自己创建的表取消隐藏	√	√	√
数据管理	自己创建的表结构变更	√	√	√
数据管理	自己创建的表查看	√	√	√
数据管理	自己申请的权限内容查看	√	√	√
数据管理	自己创建的表隐藏	√	√	√
数据管理	自己创建的表生命周期设置	√	√	√
数据管理	非自己创建的表数据权限申请	√	√	√

图 2-16 任务调度配置

（3）运维中心

运维中心仅对开发、运维、项目管理员角色的人员开放。

● 开发：进行单个工作流/节点测试、补数据、暂停和重运行任务，查看任务运行日志等操作，还可配置监控报警。

● 运维：单个工作流/节点测试、补数据、暂停和重运行任务等操作，经常处理任务异常。同时，还可进行批量修改工作流/节点属性、批量杀任务及批量重运行、配置监控报警等干预性操作。

● 项目管理员：在运维中心模块中拥有与运维人员同等的操作权限。

运维中心包括运维大屏、周期任务运维、手动任务运维和智能监控。其中智能监控模块是 DataWorks 任务运行的监控及分析系统。根据监控规则和任务运行情况，智能监控决策是否报警、何时报警、如何报警以及向谁报警。智能监控会自动选择最合理的报警时间、报警方式以及报警对象。

基线预警和事件告警：

● 通过设定基线监控任务，即监控范围。

● 设定报警策略。

● 智能判定报警时机和对象、自动升级报警。

自定义提醒：

● 轻量级监控功能。

- 自行设定报警对象、条件、方式以及频次。
- 触发条件包括完成、出错、未完成、超时。

其他：

- 值班表功能，即可以设置某个值班表某个人在某个时间段内接收报警。
- 值班表支持循环规则配置。

智能监控包括基线实例、基线管理、事件管理、规则管理和报警信息等功能，智能监控旨在降低配置成本、杜绝无效报警，自动覆盖所有重要任务。

2.5　BI 平台 Quick BI

Quick BI 提供海量数据实时在线分析，使用拖曳式操作，具有丰富的可视化效果，帮助用户轻松自如地完成数据分析、业务数据探查。Quick BI 不仅是业务人员看数据的工具，更是数据化运营的助推器，解决大数据应用"最后一公里"的问题。本节将介绍 Quick BI 平台的特性和功能应用，并讲解平台的基本操作步骤。

2.5.1　Quick BI 概述

Quick BI 是阿里云旗下产品，是一个基于云计算并致力于大数据高效分析与展现的轻量级自助商业智能（Business Intelligence，BI）工具服务平台。Quick BI 通过对数据源的连接和数据集的创建，对数据进行即时的分析与查询；通过电子表格或仪表板功能，以拖曳的方式进行数据的可视化呈现。Quick BI 的应用示例，见图 2-17。

（1）Quick BI 的具体功能特性

① 极速建模：用户只需通过简单的 3 步单击即可完成数据集的创建。

② 数据分析能力：产品提供专业的电子表格功能，用户可以在线完成多数据联合分析并形成报表（如日报、周报、月报），支持超 300 个常规的数据分析函数。

③ 丰富的可视化：支持柱状图、折线图、条形图、面积图、饼图、气泡地图、色彩地图、仪表盘、雷达图、散点图、漏斗图、指标看板、矩阵树图、LBS 地图、极坐标图、词云图、树图、来源去向图和交叉表等四十余种常用图表，实现数据可视化。

④ 多用户协作：所有对象在线化，企业用户之间以群空间的方式进行业务组织，实现成员协同操作，完成业务数据的联合分析。

⑤ 多维数据分析：基于 Web 页面的工作环境，类似于 Excel 的拖曳式操作方式，一键导入、实时分析，可以灵活切换数据分析的视角，无须重新建模。

⑥ 灵活的报表集成方案：将阿里云 Quick BI 制作的报表嵌入到自有系统中，直接在自有系统访问报表，并实现免登录。

图 2-17　Quick BI 的应用示例

（2）常见应用场景

Quick BI 是在大数据构建和管理之上，直接解决业务场景问题，支持全局数据监控和数据化运营，Quick BI 通常在大数据分析平台实现数据分析、数据展现。

① 数据即时分析与决策：主要解决企业业务人员取数难的问题；解决报表产出效率低、维护难的问题；解决图表设计成本高、使用复杂的问题。

② 报表与自有系统集成：使用简单方便，满足不同岗位的数据报表需求；与内部系统集成，并可结合数据分析，极大提高可视化数据信息传播效率；统一系统入口，避免多系统，利于管理和维护。

③ 交易数据权限管控：轻松实现行级别权限管理；轻松实现多样化的业务需求；跨源数据集成及计算性能保障。

Quick BI 在 2018 年 9 月迭代版本至 3.0 以上后，增加了 OSS 存储、SAP IQ、SAP HA-NA 和 VERTICA 等数据源。OLAP 引擎和查询加速引擎，提供基于大数据平台的高性能查询分析服务。从客户角度出发，将 BI 流程简单化，将复杂的技术隐藏在背后。

2.5.2　Quick BI 基本操作

Quick BI 拥有简单易用的可视化操作和灵活高效的多维分析能力，精细化数据洞察可为商业决策提供高质量的数据信息支持。Quick BI 基本操作过程如图 2-18 所示。

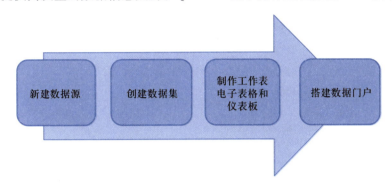

新建数据源　　创建数据集　　制作工作表电子表格和仪表板　　搭建数据门户

图 2-18　Quick BI 基本操作过程

1. 新建数据源

Quick BI 支持的数据源有云数据源、自建数据库下的数据源和探索空间，数据源对应的具体产品分布见表 2-4。

表 2-4　数据源详细表

数　据　源	产　品
云数据源	MaxCompute、MySQL、Hive SQL Server、Analytic DB、PPAS HybridDB for MySQL& PostgreSQL
自建数据库下的数据源	MySQL、SQL Server Oracle、Hive
探索空间	CSV 文件、Excel 文件 Data IDE

数据源添加步骤如下。

① 用阿里云账号登录 Quick BI 控制台，在数据源管理页面，单击"新建数据源"按钮，在添加数据源页面，选择数据源类型/种类（数据源标签）。

② 在添加数据源页面，配置所需要的数据源连接信息，具体如图 2-19 所示和见表 2-5。

图 2-19 数据源配置信息

表 2-5 数据源配置参数表

名 称	描 述
显示名称	数据源列表显示名称
数据库地址	写主机名或 IP 地址即可
端口号	填写正确的端口号即可
数据库	连接数据库名称
用户名	数据库对应的用户名
密码	数据库对应密码

③ 单击"连接测试"按钮,进行数据源连通性测试。

④ 测试成功后,单击"添加"按钮,完成数据源添加。

2. 创建数据集

数据集添加步骤如下。

① 单击"工作空间"按钮 →"数据源"按钮,选择数据源(数据源已有)。

② 单击"上传文件"按钮,选择相应的数据表。一次只能上传一个文件,一般上传文件后会自动跳转到仪表板编辑页面。如果有多个文件需要上传,可以退出仪表盘编辑页面并重复步骤②。

③ 创建数据集，当文件的状态为同步完成时，表示数据源连接完成，如图 2-20 所示。

图 2-20　数据源连接成功

④ 实际应用中，根据图表的展示需要，往往需要编辑对应的数据集，数据集中所包含的字段自动划分为维度和度量，如图 2-21 所示。根据实际需要，编辑数据的维度字段和度量字段，并用系统提供的工具栏，将编辑好的数据保存和刷新。

图 2-21　数据集编辑页面

3. 制作工作表、电子表格和仪表板

（1）制作电子表格

① 编辑好的数据集保存后，可以开始制作电子表格，也可在电子表格管理页面，单击"新建电子表格"按钮。

② 在电子表格编辑页面，单击数据集，在数据集选择区内切换已有的数据集，在维度和度量列表中找到对应的字段，并添加到行和列中，如图 2-22 所示；单击"更新"按钮，添加的字段内容会自动显示在表格中，如图 2-23 所示。

注意：如果想要互换行列，可以单击 ⊞ 按钮进行行列互换，在单击"更新"按钮后才会生效。

③ 电子表格配置区选择要制作的数据图表，并且根据展示需要，设置单元格的颜色、字体和数据格式等多种操作；电子表格展示区，按照单元格展示和引用数据，完成数据的再加工。

图 2-22   添加行列

图 2-23   数据显示

④ 单击"保存"按钮,第 1 次保存电子表格时,会弹出电子表格的"保存"对话框,在其中需要填写电子表格名称和存放位置,填写完后单击"确定"按钮,完成电子表格创建。

（2）制作仪表板

① 单击"工作空间"面板→"仪表板"菜单项，进入仪表板管理页面，单击"新建仪表板"按钮，并选择仪表板的显示模式，有常规和全屏两种模式。

② 可以在以下 3 个区域，对仪表板进行基本的操作，如图 2-24 所示。

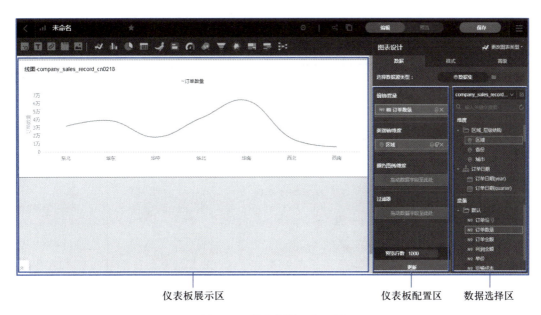

图 2-24　仪表板的 3 个区域

● 数据集选择区

在数据集选择区内切换已有的数据集，每一个数据集的数据类型都会按照系统的预设，将字段分别列在维度和度量的列表中。根据数据图表所提供的数据要素，在列表中选择需要的维度和度量字段。

● 仪表板配置区

在仪表板配置区选择需要制作的数据图表，并且根据展示的需要，编辑图表的显示标题、布局和显示图例。通过高级功能，可关联多张图表，多视角展示数据分析结果。另外通过过滤功能过滤数据内容，也可以插入一个查询控件，帮助用户查询图表中的关键数据。

● 仪表板展示区

在仪表板展示区，通过拖曳的方式，调换图表的位置，还可以根据需要切换图表的样式，比如将柱状图切换成气泡地图，系统会根据不同图表的构成要素，将缺失或错误的要素信息展示给用户。仪表板还为用户提供了引导功能，让用户可以快速掌握如何制作仪表板。

4. 搭建数据门户

数据门户也叫数据产品，是通过菜单形式组织的仪表板、电子表格、数据填报、自助取数和外部链接的集合。通过数据门户可以制作复杂的带导航菜单的专题类分析数据可视化产品。

① 单击控制台的一个工作空间，在左侧导航栏中，单击数据门户，进入数据门户管理页面，单击"新建数据门户"按钮。

② 在数据门户编辑页面对数据门户进行设置，完成后单击"保存"按钮，如图 2-25 所示。

图 2-25　数据门户设置

2.6　数据大屏 DataV

DataV 旨在帮助非专业的工程师通过图形化界面轻松搭建专业水准的可视化应用。DataV 创建出的基于数据生成的看板，能将数据由单一的数字转化为各种动态的可视化图表，将数据生动、友好地展示给用户，满足会议展览、业务监控、风险预警和地理信息分析等多种业务的展示需求。本节将介绍 DataV 平台的概念和功能应用，并讲解平台的基本操作步骤。

2.6.1　DataV 概述

相比于传统图表与数据仪表盘，如今的数据可视化致力于用更生动、友好的形式，即时呈现隐藏在瞬息万变且庞杂数据背后的业务洞察。在零售、物流、电力、水利、环保等多个领域，通过交互式实时数据可视化应用来帮助业务人员发现并诊断业务问题，成为大数据解决方案中不可或缺的重要组成部分。

DataV 操作简单，通过拖曳的形式实现数据可视化，完成工业级的数据可视化项目开发。基于高性能的三维渲染引擎，实现对数据立体化的动态展现；丰富的炫酷图表组件可以帮助客户搭建专业级的可视化应用。

DataV 的具体功能概述如下。

（1）丰富的场景模板

DataV 综合运用色彩、布局和图表的关系，体现出数据之间的层次与关联。DataV 提供指挥中心、地理分析、实时监控、汇报展示等多种场景模板，呈现的可视化作品拥有高水平的设计水准。

（2）多数据类型分析

DataV 包含多种图表组件，支撑多种数据类型的分析展示，除了业务展示的常规图表外，还能够绘制含有海量数据的地理轨迹、地理飞线、热力分布、地域区块、3D 地图、3D 地球，实现地理数据的多层叠加。DataV 针对拓扑关系、树图等异形图表也可可视化展示。

（3）图形化搭建工具

DataV 提供多种业务模块级别而非图表组件的工具，以所见即所得的配置方式，使用者不必具有编程能力，通过拖曳方式，即可创造出专业的可视化应用。

（4）多分辨率适配发布

DataV 具备多分辨率适配与灵活的发布方式，可以满足用户不同场景下的使用，针对拼接的可视化应用端的展示做了分辨率优化，能够适配非常规的拼接分辨率。创建的可视化应用可以发布分享，对外展示数据业务。

2.6.2　DataV 基本操作

DataV 的应用可以直接采用系统提供的模板也可以自建模板，本小节以搭建企业销售实时监控可视化应用为例，演示如何使用 DataV 提供的模板来开发可视化应用项目，基本操作过程如图 2-26 所示。

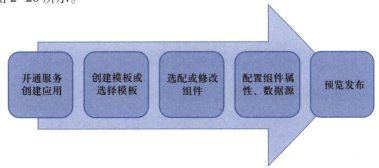

图 2-26　数据门户设置

1. 开通服务，创建应用

① 登录 DataV 控制台，阅读相关协议，并选中"同意使用协议"复选框，单击"立即开通"按钮。

注意：DataV 为用户提供 7 天的企业版免费试用机会，在试用期间用户也可以新购买 DataV 任一正式版本。如果已经开通服务，可直接在控制台上进行操作。

② 在服务开通页面，单击"购买"按钮。也可以单击产品控制台，直接进入 DataV 企业版控制台进行试用。

③ 在购买页面，选择产品版本和购买时长。产品版本包括了企业版和专业版，各版本的功能有所差异。可单击各版本页签查看版本功能，然后根据具体需求，选择合适的版本进行购买。最后单击"立即购买"按钮。

购买成功后，可进入 DataV 数据可视化控制台，开始基于模板制作可视化应用，或者使用空白画布制作可视化应用。本小节搭建的企业销售实时监控可视化应用是基于模板制作。

2. 创建模板或选择模板

① 在可视化页面中，单击"新建可视化"按钮，如图 2-27 所示。

图 2-27　新建可视化

② 选择一个合适的模板，此处以选择实时销售数据模板为例，单击"创建项目"按钮，如图 2-28 所示。

③ 在"创建数据大屏"对话框中的"可视化应用名称"文本框，输入名称。

④ 单击"创建"按钮，应用创建成功后会跳转到应用编辑器页面，即可看到一款设计精良且具有展示企业销售相关数据功能的模板，如图 2-29 所示。

图 2-28　创建项目

图 2-29　企业销售模板

3. 选配或修改组件

① 在左侧图层栏中，单击选中某一组件。

② 在右侧的配置面板中，根据实际需要调整并修改组件的样式配置，如图 2-30 所示。

③ 根据需求，使用同样的方式调整其他组件的配置。

4. 配置组件属性、数据源

本节以添加并配置标题为例，具体步骤如下。

图 2-30 修改组件

① 添加"文字"→ 选择"通用标题"组件，如图 2-31 所示。

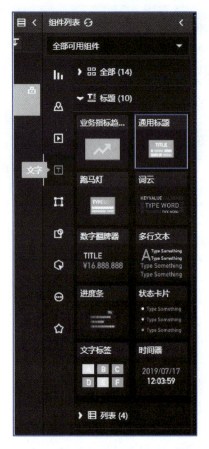

图 2-31 选择标题

② 配置通用标题的样式，修改图表尺寸、图表位置和文本样式，如图 2-32 所示。

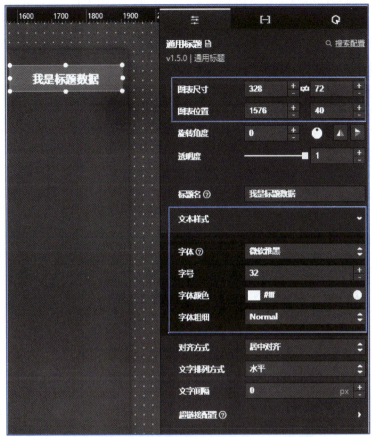

图 2-32　配置标题样式

③ 配置通用标题的数据源，将 value 的值修改成标题名称，如图 2-33 所示。

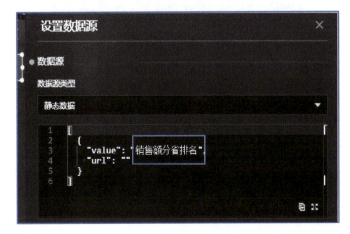

图 2-33　配置数据源

④ 重复以上操作，继续添加其他的通用标题组件。

其他组件配置信息可参考官网文档：https://help. aliyun. com/document_detail/87836. html。

5. 预览发布

① 单击画布编辑器右上角的"预览"按钮，预览可视化应用。预览成功后，可按照以下步骤发布可视化应用。

② 单击画布编辑器右上角的"发布"按钮，如图 2-34 所示。

图 2-34　发布按钮

③ 在"发布"对话框中单击"发布大屏"按钮。

④ 单击"分享链接"右侧的"复制"按钮，如图 2-35 所示。

图 2-35　复制链接

⑤ 打开浏览器，将复制的链接粘贴到地址栏中，可以在线观看发布成功的可视化应用，发布应用如图 2-36 所示。

图 2-36 发布应用

2.7 机器学习平台 PAI

PAI 起初是一个定位于服务阿里集团的机器学习平台，PAI 服务了淘宝、支付宝、高德等部门的业务。随着 PAI 在阿里云的业务的不断发展，2018 年 PAI 平台正式商业化，目前已经在公有云积累了数万的企业客户以及个人开发者，是目前国内领先的云端机器学习平台之一。本节将介绍 PAI 平台的概念和功能应用，并讲解平台的基本操作步骤。

2.7.1 机器学习平台 PAI 概述

机器学习指机器通过统计学算法，对大量的历史数据进行学习从而生成经验模型，利用经验模型指导业务。机器学习大致可以分为三类：有监督学习（Supervised Learning）、无监督学习（Unsupervised Learning）和增强学习（Reinforcement Learning）。

阿里云机器学习平台 PAI（Platform of Artificial Intelligence）是构建在阿里云 MaxCompute 服务平台之上，集数据处理、建模、离线预测和在线预测为一体的机器学习平台。为机器学习算法开发者提供了丰富的 MPI、PS、BSP 等编程框架和数据存储接口，同时提供了基于 Web 的可视化控制台，降低了使用门槛。PAI 平台上手简单、算法丰富并支持深度学习。

PAI 跟 DataWorks 是无缝结合的，能实现 SQL、UDF、UDAF、MR 等多种数据处理。基于 PAI 平台上训练模型，生成的模型可以通过 EAS 部署到线上环境，并支持周期性调度，也可以发布到 DataWorks 与其他上下游任务节点打通依赖关系。另外调度任务区分生产环境以及开发环境，可以做到数据安全隔离，即数据保存在 MaxCompute 或 OSS 上，数据建模在 PAI 平台完成。本小节将以心脏病预测案例实验为例，介绍如何将机器学习实验加载至 DataWorks 平台节点中。

PAI 的具体功能概述如下：

1. 可视化建模和分布式训练

PAI 平台将 200 余种经典算法进行封装，包含的算法如图 2-37 所示，PAI 让用户通过拖曳的方式建模，从而解决用户对底层算法原理难理解和代码难实现的问题。PAI-Studio 根据算法的不同特点选用 MapReduce、MPI、ParameterSever、Flink 等不同框架进行实现，真正做到成熟、稳定、简单和易用。同时，在调参方面，平台采用自动调参引擎 PAI-AutoML，AutoML 不仅包含基于 Parallel Search 思想的 Grid search、Random search 两种传统调参模式，还包含基于 Population Based Training 理论原创的 Evolutionary Optimizer 调参模式，这种调参方式可以渐进式地帮助用户以最小代价探寻最优参数组合。

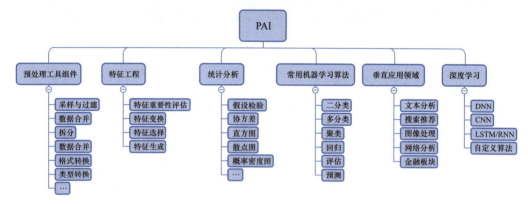

图 2-37   PAI 的算法

2. 交互式 AI 研发

PAI-DSW 交互式建模平台基于原生 JupyterLab 做了大量定制化工作，可以实现交互式的建模工作。支持用户绑定自己的云端存储资源，同时底层可以灵活动态地选用不同类型的 GPU 机器。另外 DSW 还提供了可视化深度学习神经网络开发功能以及 GPU 资源可视化功能，DSW 内置了大量的开源数据集以及模型文件供开发者使用，支持用户安装 Python 依赖文件。如果想使用弹性的 GPU 资源，快速构建深度学习代码，DSW 是最合适的选择。

3. 自动化建模

PAI-AutoLearning 自动化建模平台为用户提供低门槛的偏场景化的机器学习建模服务，目前该平台已内置了图像分类、推荐召回两款经典的机器学习业务场景，用户只需要在产品中做些基础的配置，无须对机器学习建模理论有深入的了解即可完成模型训练。

4. 在线预测服务

PAI-EAS 模型在线服务引擎提供了机器学习模型在线服务功能，支持基于异构硬件（CPU/GPU）的模型加载和数据请求的实时响应。用户通过多种部署方式将模型发布成为在线的 Restful API 接口，同时平台提供资源监控、弹性扩缩、蓝绿部署和版本控制等特性可以支撑用户以最低的资源成本获取高并发、稳定的在线算法模型服务。

PAI 训练的模型直接存储在 MaxCompute 中，可以配合阿里云的其他产品使用，如图 2-38 所示。

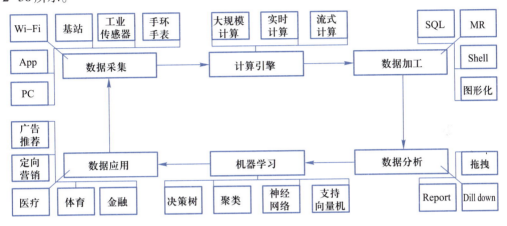

图 2-38　PAI 训练模型流程

用户可以将 Studio、DSW、Autolearning 服务生成的模型一键式地发布到 PAI-EAS，形成 Restful 服务，通过 EAS 服务与用户自己的业务系统打通，解决模型和客户业务"最后一公里"的问题。

2.7.2　机器学习平台 PAI 基本操作

阿里云机器学习平台 PAI 为用户提供算法开发、分享、模型训练、部署和监控等一站式算法服务，PAI 的可视化建模可以基于模板也可以新建，具体操作过程如图 2-39 所示。

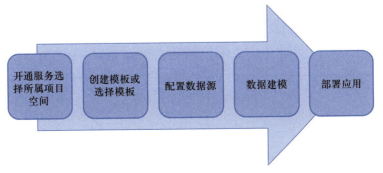

图 2-39　PAI 基本操作过程

1. 开通服务，选择所属项目空间

① 登录阿里云账号，进入机器学习产品页面，单击"立即开通"按钮，如图 2-40 所示。

② PAI 目前有 4 个购买菜单，PAI 后付费包含 PAI - Studio（可视化建模）、PAI - DSW（Notebook 建模）、PAI - EAS（模型在线服务）的一键式开通，如图 2-41 所示。开通 PAI-EAS 资源组预付费和 PAI-EAS 资源组后付费后，用户可以选择将模型服务部署在公共资源组上还是部署在用户创建的专属资源组中。

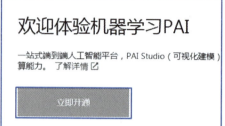

图 2-40 PAI 开通服务

图 2-41 PAI 付费选项

③ 开通成功后，单击"前往 PAI 管理控制台"按钮，如图 2-42。

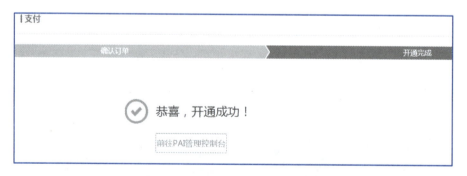

图 2-42 PAI 成功开通服务

④ 在 PAI 管理控制台的"可视化建模"菜单项中可以创建 3 种项目：PAI-Studio 项目、PAI-DSW 项目、PAI-EAS 项目，本节以创建 PAI-Studio 项目为例，其他项目创建过程可参考链接：https://help.aliyun.com/document_detail/65439.html。

在左侧列表选择"模型开发和训练"下拉列表，进入"Studio-可视化建模"菜单项，单击"创建项目"按钮，如图 2-43 所示。

图 2-43　创建项目

右侧出现项目创建弹窗，需要按照指示依次完成账号实名认证、Accesskey 创建以及 MaxCompute 的购买和开通。其中 MaxCompute 的开通建议选择按量付费，与 PAI 付费模式保持一致。填写项目名称，单击"确定"按钮即可。

2. 创建模板或选择模板

① 创建完项目之后，单击"进入机器学习"按钮即可开始使用。

② 单击左边菜单栏的"首页"选项，进入产品首页，选择"新建"→"新建空白试验"选项，也可以选择模板创建。

③ 选择一个模板创建。单击"从模板创建"按钮开始创建模板，单击"查看文档"按钮可以看到详细的案例说明。模板包含完整的实验流程以及数据，可以帮助用户快速上手使用，如图 2-44 所示。

图 2-44　模板列表

3. 配置数据源

① 进入机器学习平台，单击"数据源"菜单项，创建表如图 2-45 所示。

② 选择相应的数据源，并创建与之匹配的字段。建议使用 TXT 格式上传，CSV 格式易出现特殊字符。

③ 单击左边菜单栏的"组件"菜单项，打开"源/目标"文件夹，向画布中拖入"读数据表"组件，在右侧表选择栏填入对应的 MaxCompute 表名，如图 2-46 所示。切换到字段信息栏，可以查看输入表的字段名、数据类型和前 100 行数据的数值分布。右击组件，在弹出的菜单中可进行修改、运行、查看数据和日志操作。

4. 数据建模

在明确任务、目标并且掌握数据实际情况前提下，即完成商业理解任务、数据理解任务前提下，开始机器学习的数据建模过程。

① 数据预处理。

② 选择特征。

③ 选择模型进行数据训练。

④ 模型评估。

⑤ 应用部署及再学习、再训练。

本小节先使用心脏病预测案例模板建模，用户可以参照文档进行进一步的学习。模板创建需要 10 秒钟左右，创建成功后如图 2-47 所示。

图 2-45　创建表

图 2-46　模板列表

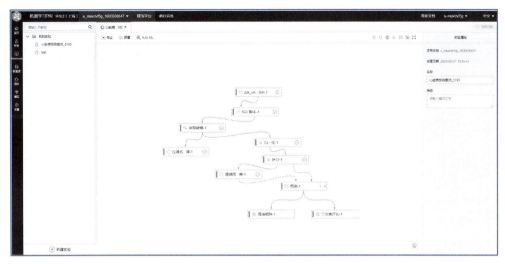

图 2-47　心脏病预测案例

5. 部署应用

单击"运行"按钮开始实验，如图 2-48 所示。可以右击每个组件观察实验产出数据或者模型。

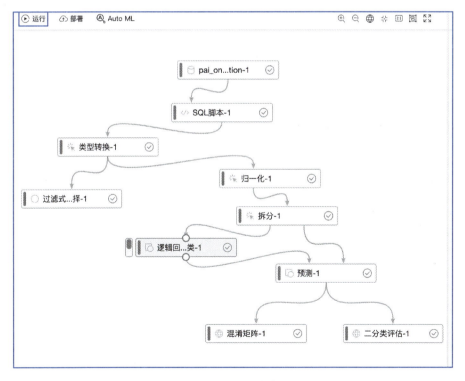

图 2-48　运行案例

生成模型可通过 PAI EAS 部署成在线服务。

2.8　实战案例——基于阿里云大数据平台构建数据仓库

2.8.1　案例说明

实验手册 01
基于阿里云大数据平台构建数据仓库

　　本实验模拟电信公司 CRM、BOSS 等业务模型，利用阿里大数据产品 MaxCompute、DataWorks 和 Quick BI 等构建数据仓库系统。通过该实验基本了解构建数据仓库过程中的业务分析、概念、逻辑、物理建模的概念和具体实现，并且学会在 MaxCompute 系统中建立层次化数据仓库的方法。

　　每个步骤的具体操作过程可参考本书配套电子资源实验手册里面的详细介绍，书中仅讲解关键步骤。

2.8.2　数据接口层开发

　　数据接口层，是作为数据库到数据仓库的一种过渡，一般与源数据结构保持一致，是以便降低 ETL 工作复杂度的临时中间层。本案例的数据接口层是将不同的 10 张数据表做初步整合，通过开发平台的数据导入功能，将数据上传到 MaxCompute 对应的表中，作为实验的数据源。"模拟构建数据仓库实验一接口层 . TXT" 为本实验一所有表的 SQL 建表脚本。

　　本小节以创建 ODS_CUST_MSG_MM（客户数据）表和导入数据源为例，其他用户表的操作步骤同客户数据表一致。

　　（1）创建 ODS_CUST_MSG_MM 表的过程

　　① 在 MaxCompute 开发界面，展开左侧菜单栏，单击"临时查询"图标，右击"新建"图标→"新建 ODPSSQL"菜单项。

　　② 在弹出对话框中的"节点名称"文本框输入"接口层客户生成脚本"，在"目标文件夹"下拉列表中选择"临时查询"，单击"提交"按钮，如图 2-49 所示。

新建节点	✕
节点类型：	ODPS SQL
节点名称：	接口层客户生成脚本
目标文件夹：	临时查询

提交　取消

图 2-49　"新建节点"对话框

③ 建表。在编辑区域输入 SQL 代码，代码参考文本"模拟构建数据仓库实验—接口层 . TXT"，单击"运行"按钮，成功后单击"保存"按钮，如图 2-50 所示。

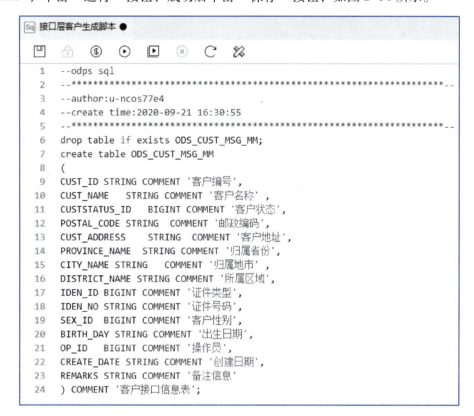

```
--odps sql
--**************************************************************--
--author:u-ncos77e4
--create time:2020-09-21 16:30:55
--**************************************************************--
drop table if exists ODS_CUST_MSG_MM;
create table ODS_CUST_MSG_MM
(
CUST_ID STRING COMMENT '客户编号',
CUST_NAME    STRING COMMENT '客户名称' ,
CUSTSTATUS_ID   BIGINT COMMENT '客户状态',
POSTAL_CODE STRING  COMMENT '邮政编码',
CUST_ADDRESS    STRING  COMMENT '客户地址',
PROVINCE_NAME   STRING COMMENT '归属省份',
CITY_NAME STRING   COMMENT '归属地市' ,
DISTRICT_NAME STRING COMMENT '所属区域',
IDEN_ID BIGINT COMMENT '证件类型',
IDEN_NO STRING COMMENT '证件号码',
SEX_ID  BIGINT COMMENT '客户性别',
BIRTH_DAY STRING COMMENT '出生日期',
OP_ID   BIGINT COMMENT '操作员',
CREATE_DATE STRING COMMENT '创建日期',
REMARKS STRING COMMENT '备注信息'
) COMMENT '客户接口信息表';
```

图 2-50　建表代码

（2）数据初始化过程

单击实验中的"附件下载"菜单项，下载原始数据集，并采用文本文件方式上传数据。表 ODS_CUST_MSG_MM 对应的数据源附件是 ODS_CUST_MSG_MM. csv。

① 在"数据开发"菜单栏下，单击"导入"按钮，选中下载到本地的数据文件，如图 2-51 所示。

② 选择下载的数据源文件，配置导入信息。设置数据文件的分隔符、字符集、根据实际情况设定"导入起始行"和首行是否为标题，再单击"下一步"按钮，如图 2-52 所示。

③ 按名称匹配字段。

④ 文件导入后，系统将返回数据导入成功的条数或失败的异常信息。可在代码编辑区域输入脚本"select ＊ from ODS_CUST_MSG_MM"查看表中数据，验证是否导入成功。

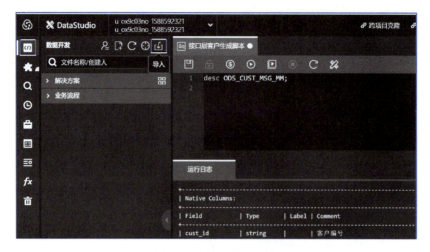

图 2-51　导入本地文件

图 2-52　"数据导入向导"对话框

2.8.3　数据仓库层开发

数据仓库是一个面向主题、集成相对稳定、反映历史变化的数据集合,用于支持管理决策。数据仓库逻辑建模,根据数据仓库概念模型中的各个主体域进行细化,根据业务定义、分类和规则,定义其中的实体并描述实体之间的关系,产生实体关系图(ER图),常见方法为三范式建模和维度建模。

1. 数据仓库层设计

① 设计仓库基础层 DWD：根据 ODS 层数据全量、增量提交生成的全量明细数据，如图 2-53 所示。

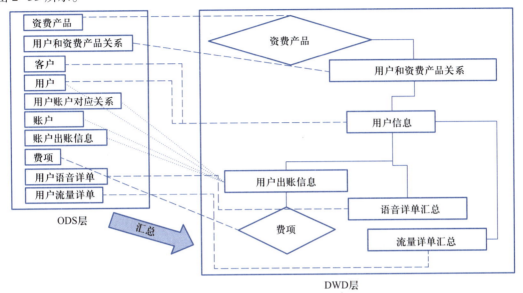

图 2-53　仓库数据基础层 DWD 设计

② 设计仓库中间层 DWB/DWS：对 DWD 层进行轻度清洗、转换，汇总聚合生产的 DWB 层数据，如图 2-54 所示。

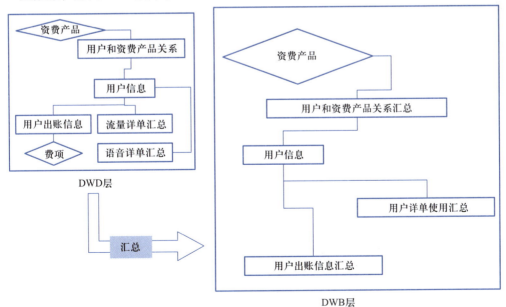

图 2-54　仓库数据中间层 DWB 层设计

③ 设计仓库应用层汇总 ST 层：DWB 层数据进行粗粒度的聚合汇总，生成业务需要的事实数据。

2. 数据仓库物理建模

数据仓库物理建模，将 ER 图转换成维度建模，其步骤为：
① ER 图分成独立的业务处理，对每个业务单独建模。
② ER 图中，包含数字型事实，设计成事实表。
③ 剩下的实体非规范化处理，设计成维度表。

3. 数据仓库开发实现

选择"业务流程"→"新建业务流程"菜单项，根据所需选择左侧不同类型节点，拖入画布。依次选择 1 个"虚拟节点"以及 5 个"ODPSSQL"节点，虚拟节点作为此业务流程的初始控制节点，其余分别处理 DWD 层的 5 个数据表的处理节点（3 个月表 2 个日表，注意参数形式），节点的创建可以参考实验步骤 1.3 中"DWD_OFFER_PLAN_MM"节点的创建过程，5 个节点分别如下：

- 用户和资费产品关系 DWD_OFFER_PLAN_MM。
- 用户出账信息实体 DWD_ACCT_BALANCE_MM。
- 用户实体 DWD_PRODUCT_MSG_MM。
- 语音详单实体（月累计）DWD_CALL_INFO_MD。
- 流量详单实体（月累计）DWD_GPRS_INFO_MD。

最终 DWD 层的数据结果如图 2-55 所示。

图 2-55   DWD 层的数据结果

4. DWS\DWB 数据处理流程

在 DWD 上面的业务流程中拖入"ODPSSQL"节点，处理详单汇总，并用连线设置依赖，节点命名为"DWB_CALL_INFO_MM"，双击节点，编辑处理逻辑，根据实验手册设置相应参数，保存、提交、运行，在"测试时间"文本框中输入时间（注意是月份），执行完成，并检查结果，数据导入向导如图 2-56 所示。

参考上述步骤，配置参数、测试运行，核查数据，分别再创建"DWB _ ACCT_ BALANCE_MM"节点和"DWS_PRODUCT_MSG_MM"节点。

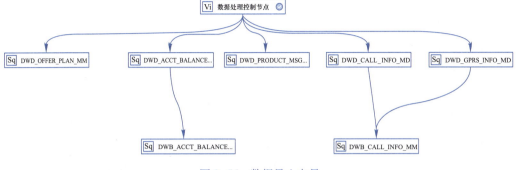

图 2-56 数据导入向导

5. 仓库应用层 ST 处理流程

处理客户汇总信息实体 st_cust_info_mm 和 st_offer_info_mm，代码可参考文本"模拟搭建数据仓库实验二应用层 ST.txt"，参数的配置和信息的调度具体可参考实验手册内容，结果如图 2-57 所示。

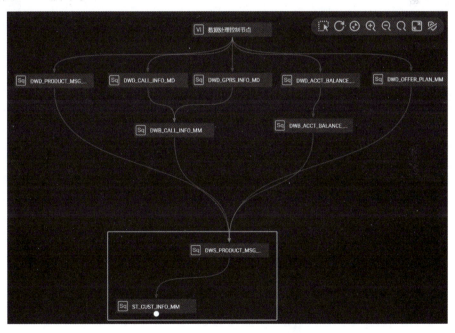

图 2-57 st_cust_info_mm 实体

2.8.4 数据应用层开发

数据应用层是根据应用需求对数据仓库的数据进行抽取，采用维度建模和星形架构对数据进行粗粒度的聚合汇总，为前端应用做数据服务，如企业报表、主题分析等。本实验的数据应用层开发步骤如下。

（1）数据源连接

打开管理控制台，展开左侧菜单，单击"产品与服务"菜单项，在"大数据（数加）"列表下选择"Quick BI"服务。创建数据源，根据实验资源中的项目名称、AccessKey ID（AKID）、AccessKey Secret（AKSecret）进行数据源连接，如图2-58所示。

图2-58   数据源连接

（2）创建数据集

单击数据源MaxCompute，搜索表名"ST_CUST_INFO_MM"并选中表，单击后面的"创建数据集"图标，从数据源找到具体的表作为数据集，再实现数据集应用，如图2-59所示，具体步骤可参考实验手册数据应用开发内容。

（3）数据钻取分析

① 编辑数据集（采用上步实验创建的数据集）。

② 设定级联钻取字段。

③ 创作钻取分析仪表板。

在数据集页面，单击"新建仪表板"按钮，进入仪表板编辑界面，在画布上编辑1个"查询控件"和3个"饼图"，具体步骤可参考实验手册内容，数据钻取分析的效果呈现如图2-60所示。

图 2-59　数据集创建

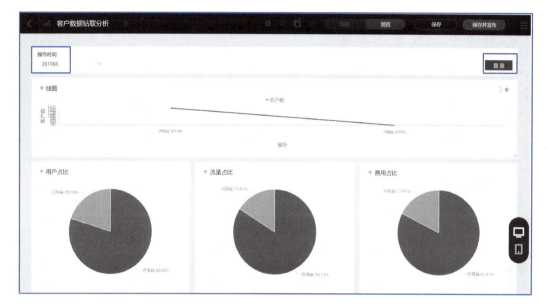

图 2-60　数据钻取分析

（4）数据关联查询

① 创建数据集，参照前面实验创建数据集操作，编辑相应的数据集字段，设置关联，配置关联信息：数据集字段、关联方式、关联的维表以及维表字段，单击"确认"按钮。

② 新建仪表板，最终的客户套餐分析效果呈现如图 2-61 所示，步骤依次为：

● 选中数据集，单击"新建仪表板"按钮，进入仪表板配置页面。

● 调整页面布局，可以添加控件和图表。

● 编辑查询条件控件。

● 编辑柱图。

● 编辑交叉表。

● 保存预览。

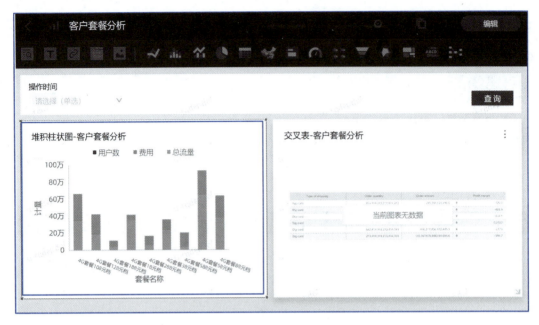

图 2-61   客户套餐分析

2.9   本章小结

　　本章主要介绍常用大数据分析平台和阿里云大数据平台，并讲解了阿里云大数据平台上常用的 5 个产品，包括 MaxCompute、DataWorks、Quick BI、DataV 和 PAI。通过本章学习，读者应该对阿里云大数据平台有所了解，理解每个平台的概念和功能应用知识点，熟练掌握每个平台的基本操作过程。最后介绍如何利用阿里大数据产品 MaxCompute、Data-Works 和 Quick BI 等构建数据仓库系统，读者应学会按照实验手册步骤构建基于阿里云大数据平台的数据仓库。

2.10   本章习题

　　（1）简述阿里云大数据平台产品和开源大数据生态的对应关系。

　　（2）简单说明阿里云大数据计算服务 MaxCompute 产品的功能。

　　（3）简述如何构建基于阿里云大数据平台的数据仓库。

第 2 篇

数据挖掘

第 3 章　数据挖掘概念及流程

　　数据挖掘（Data Mining，DM）与人们的生活息息相关。如果把数据比作矿产资源的话，数据挖掘就是从矿产中挖掘出有用的资源，进而为人们的生活提供服务和为决策者提供决策支持。通过对数据的挖掘，能够提升人们的生活品质，也能为现代企业带来更高效和更稳健的管理方式。本章将对数据挖掘技术进行介绍，为后面的学习提供铺垫，首先介绍数据挖掘的定义、挖掘算法概述和常用挖掘工具，然后通过数据获取、数据预处理、分析建模和建模评估介绍了数据挖掘的流程，最后给出了数据挖掘的应用场景。

3.1　数据挖掘概述

　　传统的数据通常指用数字或文字记录的结构化内容，而在当今的大数据时代，涌现出了大量的非结构化的数据，如人与人之间看不见的社交关系，移动设备发射的 GPS 位置信息，网络传播的图像信息、视频信号，可穿戴设备采集的健康数据等。对这些各种各样的数据采集、挖掘、运用，是数据挖掘的重要内容。如何从数据中获取有用的信息就需要用到数据挖掘技术，本节将从数据挖掘定义、常用算法和常用的挖掘工具出发，详细地介绍数据挖掘相关知识。

3.1.1　数据挖掘的概念

　　本节从数据挖掘定义出发，给出了数据挖掘的最具有代表性的定义：学术界和商业界的定义；然后介绍了数据挖掘的一般步骤和数据挖掘的特点；最后简要概述了数据挖掘能解决的问题。

1. 数据挖掘的定义

　　不同领域对数据挖掘的定义各有不同，一般认为最具有代表性的两个领域为学术界和商业界。

　　学术界对数据挖掘的定义为：通过相关算法从大量的数据中搜索隐藏于其中信息的过程，是数据库知识发现（Knowledge-Discovery in Databases，KDD）中的一个步骤。数据挖掘通常与计算机科学有关，并通过统计、在线分析处理、情报检索、机器学习、专家系统（依靠过去的经验法则）和模式识别等诸多方法来实现上述目标。

　　商业界对数据挖掘的定义为：是对存储于数据仓库中的大量数据，通过查询和抽取方式获得以前未知的有用信息、模式、规则的过程。数据挖掘是一个过程，而非单纯的数学建模。

　　从这两个定义中可以发现，数据挖掘的重点在于从已知的数据中得到未知的、有用的信息。数据挖掘就是从存放在数据库、数据仓库或其他信息库中的大量的数据中"挖掘"有用知识的过程。数据挖掘的一般步骤为：数据清理→数据集成→数据选择→数据变换→数据挖掘→模式评估→知识表示。

2. 数据挖掘的特点

　　① 数据挖掘是一个以数据为中心的，循序渐进的，螺旋式的数据探索过程。数据挖掘涉及业务理解、数据理解、数据准备、建立模型、方案评估、方案实施等多个阶段，如图 3-1 所示。

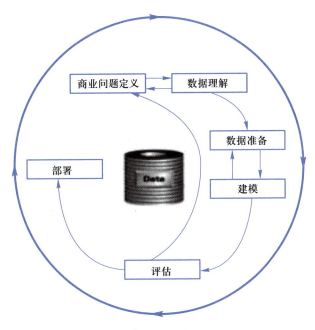

图 3-1　数据挖掘流程

　　② 数据挖掘是各种分析方法的集合。可以通过数据库查询语言、多维度在线处理、机器学习、可视化等方法来实现对数据的分析。

③ 数据挖掘具有分析海量数据的能力，主要依赖于数据库技术以及丰富的数据建模算法达到处理和分析海量数据的能力。

④ 数据挖掘的最终目的是辅助决策。

3.1.2 数据挖掘能解决的主要问题

通常来说，数据挖掘主要解决 4 类问题：关联、分类、聚类和预测。

1. 关联问题

在大千世界中，事物间往往都存在着千丝万缕的联系，人类为了了解事物，就要善于发现其中的联系。例如，一群用户购买了很多产品，其中哪些产品被同时购买的概率比较高？买一个产品的同时买另外哪个产品的概率比较高？这就需要用到数据挖掘中的关联分析，关联分析是发现事物联系的主要技术。

在研究关联的问题中，一种情况是用户购买的所有产品是一次性购买的，关联分析的重点就是用户购买的产品之间关联性，例如，用户一次性购买了面粉、肉、葱、姜、蒜和酱油等。另一种情况是用户购买的产品的时间是不同的，关联分析时需要突出时间的先后顺序，如先买了什么，后买了什么。例如，用户第一天购买了温度计，第二天购买了红糖、姜和感冒药等。

2. 分类问题

分类问题属于预测性的问题，但是又与普通预测问题不同，区别在于其预测的结果是类别（如 X、Y、Z 三类），而不是一个具体的数值（如 40、60、80……）。例如，你和朋友在路上走着，迎面走来一个外国人，你对朋友说："我猜这个人是英国人。"那么这个问题就属于分类问题。如果你对朋友说："我猜这个外国人的年龄不小于 30 岁。"那么这个问题就属于预测问题。

有一种特殊的分类问题，称为"二分"分类问题，也称为 0-1 问题，该分类意味着预测的结果只有两类：是-否、好-坏、高-低……之所以说它很特殊，主要是因为解决这类问题时，只需关注其中一类的概率即可，因为另一个类的概率可以求出。如 $X=1$ 的概率为 $P(X=1)$，那么 $X=0$ 的概率 $P(X=0)=1-P(X=1)$。

3. 聚类问题

聚类主要解决的是把一群对象划分成若干个类的问题。划分的依据是聚类问题的核心，所谓"物以类聚，人以群分"。聚类问题容易与分类问题混淆，因为常说这样的话："根据用户的消费记录，把用户分为 4 个类，第一个类的主要特征是……"，实际上这是一个聚类问题，但是在表达上容易引起误解，误认为这是个分类问题。

分类问题与聚类问题有本质的区别：分类问题是预测一个未知类别的事物属于哪个类

别，而聚类问题是根据选定的指标，对事物进行划分，它不属于预测问题。在商业案例中聚类也是一个常见的问题，例如，需要选择若干个指标（如价值、成本、使用的产品等），对已有的用户群进行划分，特征相似的用户聚为一类，特征不同的用户分属于不同的类。

4. 预测问题

分类问题属于预测，但此处说的预测问题不包含分类问题。一般来说预测问题主要指预测变量的取值为连续数值型的情况，例如，天气预报预测明天的气温变化、企业预测下一年度的利润增长率、电信运营商预测下一年的收入和用户数量等。

解决预测问题，更多的是采用统计学相关知识，例如回归分析和时间序列分析。回归分析是一种非常经典的统计方法，它的主要目是研究目标变量与影响它的若干相关变量之间的关系，通过 $Y=aX_1+bX_2+\cdots$ 的拟合算式来揭示变量之间的关系。通过这个关系式，在给定一组 X_1、$X_2\cdots$ 的取值之后就可以预测未知的 Y 值。

3.2 数据挖掘常用算法和工具

本节主要介绍这两类常用数据挖掘算法，以及常用的数据挖掘工具。

3.2.1 数据挖掘常用算法

数据挖掘常用算法主要分为两类：无监督学习和有监督学习，如图 3-2 所示。

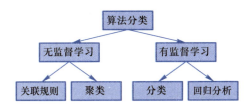

图 3-2 数据挖掘分类

1. 无监督学习（Unsupervised Learning）

根据类别未知（没有被标记）的训练样本解决模式识别中的各种问题，称之为无监督学习。输入的数据集没有被标记，也没有确定的结果。样本数据集类别未知，需要根据样本间的相似性，对样本集进行分类（聚类）。常用的方法是距离方法，通过类内距离最小化，类间距离最大化来实现。非监督学习目标不是告诉计算机怎么做，而是让计算机自己去学习怎样做。

对无监督学习来说，就是事先没有任何训练数据样本，需要直接对数据进行建模。它通过对没有概念标记的训练集进行学习，以发现训练集中隐藏的结构性知识。这里的训练集的概念标记是不知道的，因此训练样本的歧义性最高。关联和聚类是无监督学习最典型的应用。

（1）关联规则

在自然界中当某个事件发生时，其他事件也会跟着发生，称这种联系为关联。反映事件之间依赖或关联的知识称为关联型知识（又称依赖关系）。

关联分析的目的是找出隐藏于数据库中的关联网。有时并不知道数据库中数据的关联函数，即使知道也是不确定的，因此关联分析生成的规则是带有可信度的。关联规则挖掘发现，大量数据中项集之间存在着有趣的关联。关联规则挖掘在数据挖掘中是一个重要的学习内容，最近几年已被业界所广泛研究。

关联规则算法常见的 4 类划分方式分别是基于变量类型的方法、基于抽象层次的方法、基于数据维度的方法、基于时间序列的方法。典型算法有 R. Agrawal 等提出的 AIS 算法、Apriori 算法；M. Houtsma 等提出的 SETM 算法；J. Park 等提出的 DHP 算法；A. Savasere 等提出的 Partition 算法；H. Toivonen 提出的 Sampling 算法；韩嘉炜提出的 FP-Growth 算法。第 5 章将详细讲解关联规则相关的算法及应用。

（2）聚类

在自然科学和社会科学中，存在着大量的聚类问题。将物体或抽象对象的集合分成由类似的对象组成的多个类的过程被称为聚类（Clustering）。由聚类所生成的簇（Cluster）是一组数据对象的集合，这些对象与同一个簇中的对象彼此相似，与其他簇中的对象相异。聚类分析是将一组对象划分成簇，使簇内对象相似性尽量大，而簇间对象相似性尽量小。

聚类分析常见的 5 大类算法包括划分法、层次法、基于密度的方法、基于网格的方法、基于模型的方法。

① 划分法（Partitioning Methods）：给定一个由 n 个元组或记录组成的数据集，构造 k 个分组，每个分组代表一个聚类，$k \leqslant n$。k 个分组满足下列条件：一是每个分组至少包含一个对象；二是每个数据记录属于且仅属于一个分组。代表算法有 K-means、K-medois、CLARANS。

② 层次法（Hierarchical Methods）：对给定的数据集进行层次分解，直到满足某种条件位置。具体可分为"自底向上"的凝聚法和"自顶向下"的分裂法两种方法。代表算法有 BIRCH、CURE、CHAMELEON。

③ 密度法（Density-Based Methods）：不是基于距离，而是基于密度。能克服基于距离的算法只能发现"类圆形"聚类的缺点。代表算法有 DBSCAN、OPTICS。

④ 网格方法（Grid-Based Methods）：首先将数据空间划分成有限个单元的网格结构，所有的处理都以单元为对象。优点是处理速度很快。代表算法有 STING、CLIQUE、WAVE-CLUSTER。

⑤ 模型方法（Model-Based Methods）：给每个聚类假定一个模型，然后去寻找数据对给定模型进行最佳拟合。给定模型可能是数据点在空间中的密度分布函数或其他。

第 8 章将详细介绍聚类分析相关的算法及应用。

2. 有监督学习

有监督学习（Supervised Learning）通过已有的训练样本（即已知数据以及其对应的输出）来训练，从而得到一个最优模型，再利用这个模型将所有新的数据样本划分为相应的输出结果，对输出结果进行简单的判断从而实现分类的目的，那么这个最优模型也就具有了对未知数据进行分类的能力。监督学习中只要输入样本集，机器就可以从中推演出目标变量的可能结果。如协同过滤推荐算法，通过对训练集进行监督学习，并对测试集进行预测，从而达到预测的目的。

（1）分类

分类是数据挖掘中的一个重要内容。分类的目的是获得一个分类函数或分类模型（也常称作"分类器"），该模型能把数据库中的数据项映射到某一个给定类别，如图 3-3 所示。分类可用于提取描述重要数据类的模型或预测未来的数据趋势。可以分为学习阶段和分类阶段，学习阶段是利用分类算法分析训练数据集得到模型或分类器；分类阶段是通过检验测试集来评估分类的准确率，如果准确率可以接受，则该规则可以用于新的数据分类。

图 3-3　分类算法

分类包含的主要算法如下：

① 决策树：决策树是一种经典的分类算法。它采用自顶向下、递归的、各个击破的方式构造决策树。树的每一个结点上通过信息增益度量选择属性，可以从所生成的决策树中提取出分类规则。

② K 最近邻：最初由 Cover 和 Hart 于 1968 年提出，是一个理论上比较成熟的方法。该方法的思路非常简单直观：如果一个样本在特征空间中的 k 个最相似（即特征空间中最邻近）样本中的大多数属于某一个类别，则该样本也属于这个类别。该方法在分类决策上只依据最邻近的一个或者几个样本的类别来决定待分类样本所属的类别。该算法较适用于样本容量比较大的类域的自动分类，而那些样本容量较小的类域采用这种算法比较容易产生误分。

③ 支持向量机（SVM）：由 Vapnik 等人于 1995 年提出，具有相对优良的性能指标。该方法是建立在统计学习理论基础上的机器学习方法。通过学习，SVM 可以自动寻找出那些对分类有较好区分能力的支持向量，由此构造出的分类器可以最大化类与类的间隔，因而有较好的适应能力和较高的分准率。该方法只需要由各类域的边界样本的类别来决定最后的分类结果。SVM 法对小样本情况下的自动分类有着较好的分类结果。

④ 随机森林：由 Leo Breiman 和 Adele Cutler 提出。随机森林是一个包含多个决策树的分类器，并且其输出的类别是由个别树输出的类别的众数而定。

⑤ 朴素贝叶斯：是在贝叶斯算法的基础上进行了相应的简化，即假定给定目标值时属性之间相互条件独立。也就是说没有哪个属性变量对于决策结果来说占有着较大的比重，也没有哪个属性变量对于决策结果占有着较小的比重。虽然这个简化方式在一定程度上降低了贝叶斯分类算法的分类效果，但是在实际的应用场景中，极大地简化了贝叶斯算法的复杂性。

（2）回归分析

回归分析指利用数据统计原理，对大量统计数据进行数学处理，并确定因变量与某些自变量的相关关系，建立一个相关性较好的回归方程（函数表达式），用于预测今后因变量变化的分析方法。根据因变量和自变量的个数分为一元回归分析和多元回归分析；根据因变量和自变量的函数表达式分为线性回归分析和非线性回归分析。

回归分析法的步骤如下：

① 根据自变量与因变量的现有数据以及关系，初步设定回归方程。

② 求出合理的回归系数。

③ 进行相关性检验，确定相关系数。

④ 在符合相关性要求后，即可根据已得的回归方程与具体条件相结合，来确定事物的未来状况，并计算预测值的置信区间。

3.2.2 数据挖掘常用工具概述

在数据挖掘过程中，有大量的工具可供使用，比如采用人工智能、机器学习以及其他技术等来挖掘有用的数据。数据挖掘是一个过程，只有将数据挖掘工具提供的技术和实施经验与企业的业务逻辑和需求紧密结合，并在实施的过程中不断地磨合，才能取得成功，因此在选择数据挖掘工具的时候，要全面考虑各种因素，主要包括以下几点：

① 可产生的模式种类的数量：分类、聚类、关联等。

② 解决复杂问题的能力。

③ 操作性能。

④ 数据存取能力。

⑤ 和其他产品的接口。

常用的数据挖掘工具有阿里云的机器学习平台 PAI、SAS、Stata、Python、SPSS、Weka、R 语言和 MATLAB 等，简述如下。

阿里云机器学习平台 PAI 详见前文。

SAS 是一个模块化、集成化的大型应用软件系统。它由数十个专用模块构成，功能包括数据访问、数据储存及管理、应用开发、图形处理、数据分析、报告编制、运筹学方法、计量经济学与预测等。SAS 具有功能强大，统计方法齐、全、新，使用简便，操作灵活，提供联机帮助功能等特点。

Stata 是一套提供数据分析、数据管理以及绘制专业图表的完整及整合性统计软件。它提供许许多多的功能，包含线性混合模型、均衡重复、反复及多项式普罗比模式。用 Stata 绘制的统计图形相当精美。Stata 具有快速、精确、易用、统计工具丰富、数据管理功能完整等特点。

Python 是一种免费的开源语言，因易用性常常与 R 相提并论。但与 R 不同，Python 学起来往往很容易上手，易于使用。许多用户发现可以在几分钟内开始构建数据，并进行极其复杂的亲和度分析。只要熟悉变量、数据类型、函数、条件语句和循环等基本编程概念，最常见的业务用例数据可视化就很简单地实现。

IBM SPSS Modeler 工具工作台适合处理文本分析等大型项目，其可视化界面非常有价值。它允许在不编程的情况下生成各种数据挖掘算法。它也可以用于异常检测、贝叶斯网络、CARMA、Cox 回归以及使用多层感知器进行反向传播学习的基本神经网络。

Weka（怀卡托知识分析环境），是新西兰怀卡托大学开发的一套机器学习软件。该软件用 Java 编写。它含有一系列面向数据分析和预测建模的可视化工具和算法，附带图形用户界面。Weka 支持几种标准数据挖掘任务，更具体地说是指数据预处理、聚类、分类、回归、可视化和特征选择。

R 语言是用于统计分析、图形表示和报告的编程语言和软件环境。R 语言由 Ross Ihaka 和 Robert Gentleman 在新西兰奥克兰大学创建，目前由 R 语言开发核心团队开发。R 语言是世界上最广泛使用的统计编程语言。

MATLAB 是美国 MathWorks 公司出品的商业数学软件，用于算法开发、数据可视化、数据分析以及数值计算的高级技术计算语言和交互式环境，主要包括 MATLAB 和 Simulink 两大部分。

3.3　数据挖掘的流程

本节主要介绍数据挖掘的流程及步骤，包括数据获取、特征工程、数据预处理、分析建模和模型评估等。

3.3.1　数据获取

数据获取是指根据数据挖掘任务的具体要求，从数据源中抽取相关数据集。数据集的选取对数据挖掘模式起决定作用。数据获取的前提是掌握本次数据挖掘任务的目标，为达到目标需获取什么数据，需要从以下 5 方面考虑：

① 挖掘任务的可行性。

② 挖掘任务的成功标准。

③ 挖掘任务实施计划。

④ 初步考虑挖掘任务采用的工具和技术。

⑤ 挖掘任务与业务目标任务的匹配情况。

为了进行数据挖掘，必须全面了解数据，即从收集、描述、探索和检查等方面对数据进行处理，以方便进行数据挖掘工作，具体如下：

① 收集原始数据：收集本项目所涉及的数据，如有必要，把数据装入数据处理工具，并做一些初步的数据集成的工作，生成相应报告。

② 描述数据：对数据做一些大致的描述，如记录数、属性数等，给出相应报告。

③ 探索数据：对数据做简单的统计分析，如关键属性的分布等。

④ 检查数据质量：包括数据是否完整、数据是否有错、是否有缺失值等问题。

3.3.2　数据预处理

数据预处理的流程可分为数据清洗、数据集成、数据归约和数据变换 4 个步骤。从应用的角度可分为如何得到正确的数据、如何筛选建模变量、建模变量的数据变换 3 个阶段。其中数据清洗和数据集成属于得到正确的数据阶段，数据归约属于数据筛选建模数据阶段，建模变量的数据变换为建模前的最后准备阶段。

1. 数据清洗

数据清洗主要针对缺失数据、错误数据、噪声数据和冗余数据，分别进行相应的处理。数据清洗任务为：填写空缺的值、识别离群点、平滑噪声数据、纠正不一致的数据和解决数据集成造成的冗余等。

2. 数据集成

数据仓库的构建需要数据集成，数据挖掘宽表（通常是指业务主题相关的指标、维度、属性关联在一起的一张数据库表）的构建也可理解为数据集成。数据集成包括数据集成、模式集成、实体识别和检测并解决数据值的冲突。

① 数据集成：将多个数据源中的数据整合到一个一致的存储中。

② 模式集成：整合不同数据源中的元数据。

③ 实体识别问题：匹配来自不同数据源的现实世界的实体。

④ 检测并解决数据值的冲突：对现实世界中的同一实体，来自不同数据源的属性值可能是不同的，可能的原因有不同的数据表示、不同的度量等。

3. 数据转换

数据转换指将数据转换或统一成适合挖掘的形式。数据转换主要有数据的标准化变换、对数变换和正态转换。主要的技术如下。

① 平滑：去除数据中的噪声。

② 聚集：获得初始数据关系。

③ 数据泛化：就是将数据集从较低的概念层抽象到较高的概念层的过程，用较高层次的概念来代替较低层次的概念。例如，用老、中、青分别代替 20～35、36～50、51～70 的年龄区间值。

④ 规范化：将数据按比例缩放，使之落入一个小的特定区间，有最小-最大规范化、Z-score 规范化、小数定标规范化。

⑤ 属性构造：通过现有属性构造新的属性，并添加到属性集中，以增加对高维数据的结构的理解和精确度。

4. 数据归约

数据归约主要有属性的约简（建模变量的筛选）、数据的压缩（如主成分分析）、数据的汇总和概化等。

常用的数据归约策略如下。

① 数据聚集。

② 维归约，如移除不重要的属性。

③ 数据压缩。

④ 数值归约，如使用模型来表示数据。

⑤ 离散化和概念分层产生。

要求用于数据归约的时间不应当超过或"抵消"在归约后的数据上挖掘节省的时间。数据预处理具体方法将在第 4 章重点讲解。

3.3.3　特征工程

"数据决定了机器学习的上限，而算法只是尽可能逼近这个上限。"这里的数据指的就是经过特征工程得到的数据。特征工程指的是把原始数据转变为模型的训练数据的过程，它的目的就是获取更好的训练数据特征，使得机器学习模型逼近这个上限。

1. 特征工程的作用

特征工程是基于原始数据创建新的特征的过程。一般情况下结合业务，利用数学方法在原有的基础上，进行新增、转换等，使特征更适合于机器学习的需要。特征工程的作用如下。

① 把原始数据转换成对机器学习更有用的特征。

② 结合业务使特征更容易理解和解释。

③ 结合业务创建对最终结果贡献更大的特征。

④ 更充分地利用已有数据的价值。

⑤ 提供更多的特征，相当于扩充了训练集，充分利用现有的学习、计算能力，提高

模型的准确性。

⑥ 使用非结构化数据源提供的信息。

⑦ 以特征工程的方式引入外部数据。

特征越好，对算法、模型要求越低，性能越出色。特征产生是基于原始数据产生新的特征。特征产生的方法有常见的指标或统计量、同一特征的纵向联系、多个特征的横向联系、特征交叉、时间特征的特殊处理和从业务角度产生特征。表 3-1 的数据特征，可以用加权方式进行处理。

表 3-1　ARPU 表

日　　期	ARPU
2017.08	180
2017.07	195
2017.06	200
2017.05	240

ARPU 趋势计算方法很多，如加权、Z-score 等，这里用加权法的计算，距离 2017-08-01 越近，权值越大：$(180*5+195*3+200*2+240*1)/10=212.5$。

2. 特征变换

特征变换是减少变量之间的相关性，用少数新的变量来尽可能反映样本的信息。即通过变换到新的表达空间，使得数据可分性更好。常见的特征变换方法如下。

① 主成分分析 PCA：利用降维技术，用少数几个不相关的新变量来代替原始多个变量。

② 因子分析 FA：根据原始变量的信息进行重新组合，找出影响变量的共同因子，化简数据。

③ 独立成分分析 ICA：将原始数据降维并提取出相互独立的变量。

④ 线性辨别分析 LDA：将有标签数据投射到低维空间上分类，可将维度降至 $k-1$ 维。

⑤ 核方法 KM：通过合适的核函数将数据映射到更高维使可分性更好。

⑥ 傅里叶变换、小波变换 WT：使用基底函数表示原始数据，将原始数据压缩和降维。

3. 特征评估和选择

特征评估和选择是从原始特征中挑选出一些最有代表性、可分性能最好的特征。特征的选取主要从是否发散（特征发散说明特征的方差大，能够根据取值的差异化度量目标信息）、特征与目标相关性（优先选取与目标高度相关性的）考察。常用的方法有过滤法（独立于分类器来评价特征）和封装法（特征的好坏标准是由分类器决定）。

（1）过滤法（Filter）

① 方差选择法：计算各个特征的方差，然后根据阈值，选择方差大于阈值的特征。

② 相关系数法：

• 简单相关系数：又叫相关系数或线性相关系数，用来度量两个变量间的线性关系。

• 复相关系数：又叫多重相关系数。是指因变量与多个自变量之间的相关关系。

• 典型相关系数：是先对原来各组变量进行主成分分析，得到新的线性关系的综合指标，再通过综合指标之间的线性相关系数来研究原各组变量间相关关系。

③ 卡方检验：实际观测值与理论推断值之间的偏离程度，如果卡方值越大，二者偏差程度越大；反之，二者偏差越小；若两个值完全相等时，卡方值就为 0，表明与理论值完全符合。

④ 互信息法：是一个随机变量中包含的关于另一个随机变量的信息量，或者说是一个随机变量由于已知另一个随机变量而减少的不肯定性。

（2）封装法（Wrapper）

① 基于 KNN 的特征选择。

② 基于 SVM 的特征选择。

③ 基于 Fisher 判别的特征选择。

④ 基于 AdaBoost 的特征选择。

特征工程具体方法将在第 4 章重点讲解。

3.3.4 分析建模

在建立模型（Modeling）这一阶段，各种各样的建模方法将被加以选择和使用，通过建模和评估，其参数将被校准为最为理想的值。比较典型的是，对于同一个数据挖掘的问题类型，可以有多种方法选择使用。如果有多重技术要使用，那么在这一任务中，对于每一个要使用的技术要分别对待。一些建模方法对数据的形式有具体的要求，因此，在这一阶段，重新回到数据准备阶段执行某些任务有时是非常必要的，如确定抽样规则、选择合适的算法和调整算法的参数等。建模过程一般遵循以下原则：

① 其是一个反复的过程。

② 在不耗费过多系统资源的前提下提高的模型的精度。

③ 建模结果需要业务解释，应用效果是评判模型的最终标准。

建立模型的流程如图 3-4 所示。表 3-2 是经典应用场景推荐要有的算法，可根据不同目的在推荐算法中进行选择。

图 3-4 建立模型的流程

表 3-2   经典应用场景推荐算法

场　　景	推 荐 算 法
客户细分、客户画像、重入网	描述性算法：聚类分析、TFIDF 算法
流失预警、潜在客户挖掘、收入预测、家庭客户识别、交叉销售	预测类算法：神经网络、决策树、时间序列、回归分析、贝叶斯网络、关联分析
客户价值、网格绩效、客户健康度、客户满意度、渠道评价	评价类算法：因子分析、主成分分析、层次分析、模糊评价

3.3.5　模型评估与应用

在这一阶段中，已经建立了一个或多个高质量的模型。但在进行最终的模型部署之前，要更加彻底地评估模型，回顾在构建模型过程中所执行的每一个步骤，确保这些模型能达到业务目标。一个关键的评价指标就是看是否所有重要的业务问题都被充分地加以注意和考虑。在这一阶段结束之时，有关数据挖掘结果的使用应达成一致的效果。

1. 使用一组新数据评估构建好的模型

模型评估有 3 个阶段：一是建模阶段的评估；二是固化后的测试；三是应用后的评估。其中应用后的评估最重要。常用的模型评价方法如下。

（1）评估指标评价

混淆矩阵：通过命中率、覆盖率验证模型可行性，覆盖率是正确预测到的正实例数/实际正实例数。命中率是正确预测到的正实例数/预测正实例数。

混淆矩阵的每一列代表了预测类别，每一列的总数表示预测为该类别的数据的数目；每一行代表了数据的真实归属类别，每一行的数据总数表示该类别的数据实例的数目。每一列中的数值表示真实数据被预测为该类的数目：表 3-3 中，第 1 行第 1 列中的 43 表示有 43 个实际归属类 1 的实例被预测为类 1，同理，第 1 行第 2 列的 2 表示有 2 个实际归属为类 1 的实例被错误预测为类 2。

表 3-3   混 淆 矩 阵

		预　　测		
		类 1	类 2	类 3
实例	类 1	43	2	0
	类 2	5	45	1
	类 3	2	3	49

（2）统计检验评价

置信区间检验包括 F 检验和 T 检验。

F 检验是一种在零假设之下，统计值服从 F 分布的检验。其通常是用来分析超过一个参数的统计模型，以判断该模型中的全部或一部分参数是否适合用来估计母体。

T 检验主要用于样本含量较小（如 $n<30$），总体标准差 σ 未知的正态分布。是用 t 分布理论来推论差异发生的概率，从而比较两个平均数的差异是否显著。

预测偏差：（预测值−真实值）/真实值。

（3）抽样检验评价

抽样检验：随机抽取少量样本进行检验，检验是否合格的一种统计方法和理论。

训练集：用于建立模型，通过模型的运行评估，输出满意模型。

测试集：用来检验最终选择最优的模型的性能如何。

2. 系统部署（Deployment）

系统部署及模型应用是将其发现的结果及过程，组织成为可读文本形式呈现给用户，如图 3-5 所示。模型的创建并不是项目的最终目的，尽管建模是为了增加更多有关于数据的信息，但这些信息仍然需要以一种客户能够使用的方式被组织和呈现。根据需求的不同，部署阶段可以是仅仅像写一份报告那样简单，也可以像数据挖掘程序那样复杂。在许多案例中，往往是客户而不是数据分析师来执行部署阶段；所以，对于客户预先了解需要执行的活动从而正确地使用已构建的模型是非常重要的。

图 3-5　系统部署

3.4　数据挖掘的应用与发展

本节从数据挖掘经历的 4 个阶段介绍数据挖掘的演变过程和数据挖掘的现状；然后从恶意软件的智能检测、生物信息学中的广泛应用、信用卡的违约预测、地质灾害的风险评估和教育大数据的挖掘 5 个方面介绍数据挖掘的应用；最后简要介绍数据挖掘的趋势。

3.4.1　数据挖掘的演变

数据挖掘技术主要经历了 4 个阶段。第 1 阶段是电子邮件阶段，20 世纪 70 年代，随着美国信息高速公路的建设，网络信息数据以每年几倍的速度增长，该阶段数据挖掘技术属于独立系统，支持一个或多个模型。第 2 阶段是 20 世纪 90 年代，Web 技术的创新导致网络信息呈现爆炸式增长，很多企业处于粗放式营销模式，该阶段的数据挖掘技术已经成为可以集成数据库，系统支持多种挖掘模型同时运行。第 3 阶段属于电子商务阶段，21 世纪初，IBM、HP、Sun 等技术厂商将 Internet 转换成为常用的商业信息网络，该阶段的数据挖掘技术可以对数据进行管理，同时集成了预言模型系统。第 4 阶段是全程电子商务阶段，SaaS 软件服务模式的出现延长了电子商务产业链，原始数据挖掘技术成为一门独立的学科，该阶段的数据挖掘技术将移动数据以及各种计算设备的数据进行了有机融合。

在全球信息化背景下，大量的数据产生，人们要对这些大量的数据进行处理并转换成对自己有用的数据。总的来说，数据挖掘的产生得益于数据库、数据仓库和 Internet 等信息技术的发展，计算机性能的提高和先进的体系结构的发展，以及统计学和人工智能等方法在数据分析中的研究和应用。

目前，数据挖掘的研究和应用已经引起人们的关注，学术界、商业界和政府部门越来越重视数据挖掘的研究开发。我国数据挖掘研究起步较晚，21 世纪才开始，但数据挖掘的研究越来越受到政府和社会的重视，同时相关的 IT 公司也在研发这方面的产品，数据挖掘的人才培养也越来越受到高校和企业的重视。由此可见数据挖掘已成为一个热门的研究领域，将带动大量相关产业的发展。

3.4.2　数据挖掘的应用

在大数据时代下，数据挖掘已经广泛地应用在各种各样的领域中，成为当今高科技发展的热点问题。无论在软件开发、生物医疗卫生方面，还是在金融、教育等方面都可以随处看到数据挖掘的影子，使用数据挖掘技术可以发现大数据内在的巨大价值。

1. 恶意软件的智能检测

数据挖掘技术在恶意软件检测中得到广泛的应用。恶意软件严重损害网络和计算机，恶意软件的检查依赖于签名数据库（Signature Database，SD），通过 SD，对文件进行比较和检查，如果字节数相等，则可疑文件将被识别为恶意文件。有些基于有标签的恶意软件检测的主题，集中在一个模糊的环境下，进而无法进行恶意软件行为的动态修改，无法识别隐藏的恶意软件。相反地，基于行为的恶意软件检测就可以找到恶意文件的真实行为。而如果采用基于数据挖掘技术的分类方法，就可以根据每个恶意软件的特征和行为进行检测，从而检测到恶意软件的存在。

2. 生物信息学中的应用

生物信息学是一门交叉学科，融合了生命科学、计算机科学、信息科学和数学等众多学科。随着科技的快速发展、技术的提升及结果的优化，将高科技信息技术拓展到生物研究领域。但是，单纯凭借原有的计算机技术是远远不够的，需要以计算机科学做辅助，将生命科学、信息科学和数学等交叉学科融合在一起，通过数据挖掘技术进行处理，仔细分析生物数据之间的内在联系，挖掘生物数据内部的潜在信息。生物信息数据的特点有很多，包括数量大、种类多、维度高、形式广及序列性等。当前生物信息学的热点包括从以序列分析为代表的组成分析向功能分析的转变；从单个生物分析的研究到基因调控的转变；对基因组数据进行整体分析等。人类目前在生物基因组计划中的研究，仅仅是冰山的一角，未来在差异基因表达、癌症基因检测、蛋白质和 RNA 基因的编码等生物基因方面的研究工作都与数据挖掘技术密不可分，只有更好地利用数据挖掘技术，才可以挖掘出生物基因组中的非凡价值。

3. 信用卡的违约预测

如今，随着科技的高速发展，信息量急剧增加，内容变得越来越丰富。信用卡在人们的生活中具有不可忽视的地位，众所周知，信用卡是由银行发放，银行需要对申请人的个人信息进行核实，确认无误后再发放。信用卡在办理之前，银行首先需要对申请人进行细致调查，根据申请人的实际情况判断是否有能力来偿还所贷金额。采用有效的数据挖掘技术，针对信用卡客户属性和消费行为的海量数据进行分析，可以更好地维护优质客户，消除客户违约的风险行为，为信用卡等金融业务价值的提升提供技术上的保障。

4. 地质灾害的风险评估

地质灾害研究具有悠久的历史，地质灾害风险评估却是一个新兴的研究领域。近年来，在某些领域已经开发出更准确的预测和分析的方法，这些领域涉及地震、山体滑坡和泥石流等地质灾害。将数据挖掘技术与地质灾害风险实际问题融合在一起，促进了对地质灾害风险的准确评估，将更有效地进行应急响应、环境管理、土地利用和开发规划。

5. 教育大数据的挖掘

教育是国家发展的根本，在大数据时代，教育大数据的挖掘是教育数据价值的体现。全国各个高校对贫困学生都有各种资助政策，不让每个学生因为贫困而放弃学业。传统的资助形式都需要大学生进行申请，并递交相关贫困证明材料，但部分学生因为自尊心较强，不想被同学发现而放弃申请，从而导致贫困助学金并不能准确地发放到每个贫困学生的手中。2015 年 3 月 2 日，南京理工大学的"暖心饭卡工程"受到社会各界的关注。南京理工大学教育发展基金会工作人员对学生在日常生活中的数据进行了调查和采集，该项调查涉及共有 16 000 余名南京理工大学在校学习的本科生，采集的数据为在 2014 年 9 月中旬至 11 月中旬期间学生的饭卡刷卡记录。将每个月平均在食堂消费 60 次以上，消费总额不足 420 元的学生确立为补助对象，不需要学生申报，直接将补助打入学生的饭卡。这次针对学生生活行为的数据挖掘，不仅在教育大数据的基础上实现了"精准扶贫"，而且对学生真正做到了"人文关怀"，体现出了数据的价值性。

3.4.3　数据挖掘的发展趋势

数据挖掘的发展趋势主要体现在以下几个方面：

① 数据挖掘的标准化：语言的标准化对于数据挖掘系统的开发和数据挖掘技术的普遍使用是至关重要的，可改进多个数据挖掘系统和功能间的交互操作，促进其在企业和社会中的使用。

② 数据挖掘的可视化：可视化要求已经成为数据挖掘系统中必不可少的技术。通过可视化技术，可以在发现知识的过程中进行很好的人机交互。数据的可视化起到了推动人们主动进行知识发现的作用。

③ 分布式数据挖掘：分布式技术的到来为日益增长的数据提供了有力支持，而分布式数据挖掘中将分布式技术和数据挖掘技术结合，也为分离数据库的可协作数据挖掘工作开发了一个重要领域。

④ 与 Web 数据库系统的集成：数据库系统和 Web 数据库已经成为信息处理系统的主流。数据挖掘系统的理想体系结构是与数据库和数据仓库系统做到紧耦合。

⑤ 挖掘复杂数据类型的新方法：挖掘复杂数据类型是数据挖掘的重要前沿研究课题，也有人称复杂类型的数据挖掘是"下一代数据挖掘"。伴随着数据的增多，需要处理的数据类型也变得越来越复杂，例如数据流、时间序列、时间空间、多媒体和文本数据，虽然现在很多复杂数据类型的挖掘方面取得了一些进展，但是在应用需求和可用技术之间仍然存在较大的差距。

⑥ 数据挖掘中的隐私保护和信息安全：随着信息技术的发展，越来越多的数据涌入了网络，其中包括大量电子形式的个人信息，而挖掘技术的发展和科技的更新，也使大量的个人信息面临泄露的风险，因此开发保护隐私的数据挖掘方法越发显得重要。

3.5　本章小结

本章主要对数据挖掘进行了概述，首先介绍了数据挖掘的定义、挖掘算法概述和常用挖掘工具；然后从数据获取、数据预处理、分析建模和建模评估介绍了数据挖掘的流程；最后给出了数据挖掘的应用场景。通过本章的学习，可以对数据挖掘有一个初步了解和全局的认识，为以后学习打下基础。

3.6　本章习题

（1）谈谈你对数据挖掘定义的理解。

（2）请画出数据挖掘的流程。

（3）如何进行数据预处理?

（4）无监督学习和有监督学习有何区别?

（5）简要描述常见的分类算法。

（6）选择数据挖掘工具的时候，需要考虑多方面的因素，请列举主要因素。

（7）简述常用的数据挖掘工具。

（8）简述特征工程。

（9）简述数据挖掘的演变。

（10）举例说明你身边数据挖掘的应用实例。

第 4 章　数据预处理与特征工程

　　数据预处理是进行数据分析前的一个关键步骤，通过预处理，数据从内容、形式上均能有效地支持数据分析的需求，在此基础上可以构建数据分析所需的特征模型，为数据分析做好准备。本章将对数据预处理的 3 项重要步骤，即数据抽样、数据标准化及归一化、数据质量与清洗，以及预处理后数据特征模型的构建（特征工程）等内容进行介绍。

4.1　数据预处理与特征工程概述

　　现实世界中，获取数据的方式有很多，如问卷调查、网络爬虫系统、数据库等，通过这些渠道获得的数据常常是不完整、不一致的脏数据。

　　① 问卷调查时，调查对象可能不回答个别问题，这就造成了调查数据的缺失。

　　② 通过网络爬虫系统获得的数据，存在由网页结构定义的代码产生的无效数据。

　　③ 数据库中某些字段的值是特定的编码，需要对这些值进行转码。

　　④ 通过手机等终端设备采集的视频、照片信息存在背景噪声过多或模糊现象等。

　　由于不同的原因，导致采集到的脏数据无法直接用于数据分析，或分析结果不尽如人意。为了改善数据的质量，就需要用到数据预处理技术。数据预处理是对获取的数据进行加工整理，使其满足数据分析的需求，保证了后期数据分析工作的质量和效率。该项工作包括数据抽样、数据标准化及归一化、数据质量提升与数据清洗。基于预处理后的数据，从数据分析的需求出发，构建一个描述数据的特征模型，为后续的数据分析做好准备。

4.2　数据抽样

　　为什么要进行数据抽样？这是因为在进行数据分析工作时，若要对庞大的全量数据进行分析，不仅费时费力，降低了数据分析的工作效率，同时对提高数据分析工作的精度帮助也不大。例如，在进行某公司某款产品的客户满意度调查时，若要对几百万份客户满意度问卷数据进行调查，显然是不切实际的，这就需要对客户问卷数据进行抽样，减少数据量，提高调查的工作效率。在数据分析前，进行数据抽样，使数据量既满足数据分析的需求，又能让数据分析平台不会超负荷地运行。

4.2.1　数据抽样原理

在统计学中，抽样（Sampling）是一种推论统计方法，它是指从目标总体（Population），或称为母体中抽取一部分个体作为样本（Sample），通过观察样本的某一或某些属性，依据所获得的数据对总体的数量特征得出具有一定可靠性的估计判断，从而达到对总体的认识。从抽样的随机性上来看，概率抽样方法可以分为随机抽样、系统抽样、分层抽样、加权抽样和整群抽样，下面对常用的随机抽样、系统抽样、分层抽样和加权抽样进行说明。

1. 随机抽样（Random Sampling）

随机抽样通常用于数据之间差异度较小且样本数目较少时，其主要特点是从总体中逐个抽取样本。方法的优点是操作简便易行，缺点是在样本总体过大时不易实行。主要方法如下。

（1）抽签法

一般来说，若一个总体含有 N 个个体，将 N 个个体进行编号并将编号记录在号签上，将号签放在一个容器中，搅拌均匀后，从中逐个抽取 M 个个体（$M \leqslant N$）就得到了容量为 M 的样本集。

例如，某中学要调查初三 900 名学生的数学学习情况。若采用抽签法从 900 名学生中抽取 90 名学生进行调查，其具体过程为：先将 900 名学生从 1 至 900 进行编号，并赋予相应的号签；然后，将 900 个号签搅拌均匀，并随机地抽取 90 个号签，这 90 个号签对应的学生即构成了容量为 90 的样本集。

该方法的特点是操作简单，适用于总体包含的个体数较少的情况，对于个体数较多的总体，要将号签"搅拌均匀"比较困难，那么由抽签法产生的样本很有可能不具代表性。

（2）随机数法

随机数法即利用随机数表、随机数骰子或能产生随机数的计算机程序进行随机抽样的方法。例如，用 Java 语言中提供的随机数类来产生随机数，通过命令 Random r = new Random()；r. nextInt(5)便可产生 0~5 的随机整数。

（3）水库抽样

水库抽样适合用于在有限的存储空间解决无限数据（如由网络产生的海量数据流）等抽样问题。若数据流只产生一个数据，那么抽取样本时，直接返回该数据；若数据流中有

N 个数据，读到第 N 个数据时，以 $1/N$ 的概率留下该数据。否则，留下前 $N-1$ 个数据中的一个，以确保数据流中所有的数据被抽取为样本的概率是相等的。

2. 系统抽样（Systematic Sampling）

当总体数据集较大时，采用随机抽样方式，工作效率较低。面对这种情况，可将总体数据均衡地分成几个数据子集，然后按照某一预先设定的规则，在每个子集中抽取样本数据，这种抽样叫作系统抽样，又称等距抽样。例如，要从容量为 N 的总体中抽取容量为 n 的样本，系统抽样的一般流程如图 4-1 所示。

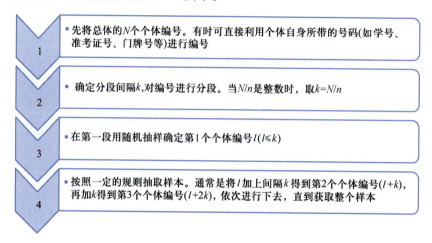

图 4-1   系统抽样的一般流程

例 4-1：预调查某大学某专业新生的学习情况，拟用系统抽样法从 610 名该专业新生中抽取 60 名作为样本，具体操作步骤如下：

① 将 610 名学生用随机的方式进行 1，2，3，…，610 的编号。

② 用随机抽样法，剔除 10 个个体，再对剩下的 600 名学生重新进行 1，2，3，…，600 编号。

③ 将总体分为 60 个子集，每个子集包括 10 个个体，并对每个子集中的个体进行编号。例如，第 1 子集的个体编号为 1，2，…，10；第 2 个子集的个体编号为 11，12，…，20，依此类推，第 60 个子集的个体编号为 591，592，…，600。

④ 在第 1 个子集内用随机抽样确定第 1 个个体编号，如 7。

⑤ 依次在第 2 个子集、第 3 个子集、…、第 60 个子集中抽取 17、27、37、…、597，便得到一个大小为 60 的样本集合。

3. 分层抽样（Stratified Sampling）

基于数据分析需求，样本数据之间存在较大差异时，为了让抽样结果更具合理性，需要采用分层抽样。分层抽样先将总体按照某种特征或某种规则划分为不同的层，然后从不同的层中独立、随机地抽取样本，从而保证样本的结构与总体的结构比较相近，提高估计的精度。例如，调查某品牌啤酒的消费情况时，由于按常理认为男性和女性对于啤酒有不同的平均消费量，因此可采用分层抽样法进行取样，具体步骤如下。

① 将性别作为分层依据，对总体数据进行男、女分层。研究表明，用于分层的特征不宜超过 6 个，当分层特征数量达到 6 个时，再继续添加特征，对于提高样本代表性并没有多大帮助。

② 确定在每个层次上总体的比例（如本例中男性数据所占的比例、女性数据所占的比例），利用这个比例，计算出样本中每组（层）应调查的人数。

③ 从每层中抽取独立随机样本。

分层抽样的特点是：由于通过划类分层，增大了各类分层抽样中的共同性，容易抽中具有代表性的调查样本，因此比较适用于总体情况复杂，各单位之间差异较大，单位较多的情况。其缺点是在运用分层抽样法时，需要对总体进行重新组织整理，计算工作复杂。

4. 加权抽样（Weighted Sampling）

若需要凸显某类样本对数据分析的重要性，加大其对分析结果的影响力度，可以采用加权抽样。该方法通过对总体中的每个样本设置不同数值大小的权值，使得样本能呈现出对数据分析工作不同的重要性，从而让数据分析的结果能达到预期效果。例如，在进行关于某大学教学工作数据分析时，希望分析过程更加侧重教师的数据，可将教师的样本数据的权值设为 2，学生的样本数据权值设为 1。

4.2.2 实战案例——数据抽样

本节通过一个数据抽样实验，使读者能够加深对数据抽样的理解，掌握本地 Python 编程语言及阿里云机器学习 PAI 平台在数据抽样方面的应用。

1. 数据分析任务

某届运动会，某一医疗组织已对所有的参赛人员进行了尿检，检查是否存在运动员使用兴奋剂的情况，现视察组期望随机对某一部分样本委托另外一个兴奋剂检查组织进行重复性的检查，因样本数量过多，无法对所有的样本进行分析，随机抽取 3% 的样本，以便实验人员进行后续的实验操作。

2. 基于 Python 实现

① 开发前准备工作：确保本机已安装 Anaconda3-5.1.0 及以上版本，准备本地数据文件 ods_sample_storage_info.csv，运行 Jupyter Notebook 程序，在 Web 浏览器中新建 Python3 文件。

示例源码 4-1
数据抽样

② 导入所需的 Python 模块。

```
import pandas as pd
```

③ 加载 CSV 数据文件，并对数据进行必要的查看，结果如图4-2所示。

```
data = pd. read_csv("ods_sample_storage_info. csv")
data. head( )
data. info( )
```

④ 随机抽取3%比例样本，frac 为抽取的样本比例。

```
samples = data. sample(frac=0. 03)
```

⑤ 查看随机抽取的3%样本信息，结果如图4-3所示。

```
samples. head( )
samples. info( )
```

	sample_id	storage_room	storage_position
0	S_0001	room_001	H01_01
1	S_0002	room_001	H01_01
2	S_0003	room_001	H01_01
3	S_0004	room_001	H01_01
4	S_0005	room_001	H01_01

```
<class 'pandas. core. frame. DataFrame'>
RangeIndex: 3000 entries, 0 to 2999
Data columns (total 3 columns):
sample_id          3000 non-null object
storage_room       3000 non-null object
storage_position   3000 non-null object
dtypes: object(3)
memory usage: 70. 4+ KB
```

```
<class 'pandas. core. frame. DataFrame'>
Int64Index: 90 entries, 411 to 2063
Data columns (total 3 columns):
sample_id          90 non-null object
storage_room       90 non-null object
storage_position   90 non-null object
dtypes: object(3)
memory usage: 2. 8+ KB
```

图 4-2　查看数据基本情况　　　　　图 4-3　3%样本信息的显示结果

实验手册02
数据抽样

3. 基于阿里云机器学习 PAI 平台实现

① 开发前环境准备工作：确保已注册阿里云账号，并开通阿里云 DataWorks 及 PAI 平台服务。

② 数据准备：进入阿里云 PAI 平台，在"Studio-可视化建模"中创建项目（注：也可以使用旧项目），并切换到 DataWorks 平台，打开与阿里云 PAI 平台同名的工作空间。通过如下的 SQL 语句建表，并导入 CSV 文件数据，如图4-4所示。在"数据导入向导"窗口中，"选择数据导入方式"单选项设置为"上传本地文件"，"选择分隔符"单选项设置为"逗号"，"原始字符集"下拉列表设置为 GBK，"导入起始行"下拉列表设置为1，选中"首行为标题"复选项，"选择目标表字段与源字段的匹配方式"单选项设置为"按名称匹配"，"目标字段"与"源字段"选项设置一致。

```
-- 创建参赛运动员尿检结果数据表
DROP TABLE IF EXISTS ods_sample_storage_info;
CREATE TABLE ods_sample_storage_info(
```

```
sample_id STRING COMMENT '样品编号',
storage_room STRING COMMENT '存放室',
storage_position STRING COMMENT '存放位置'
) COMMENT '样品存放信息表';
```

(a)

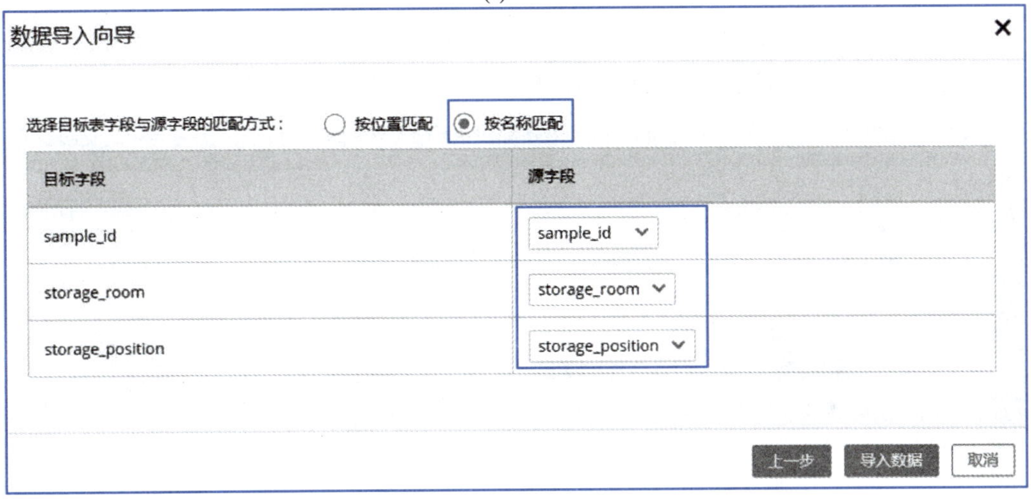

(b)

图 4-4　导入 CSV 数据

在"数据导入向导"对话框中单击"导入数据"按钮后进行数据导入。导入成功后，对表进行查询，查看是否成功导入数据，结果如图 4-5 所示。

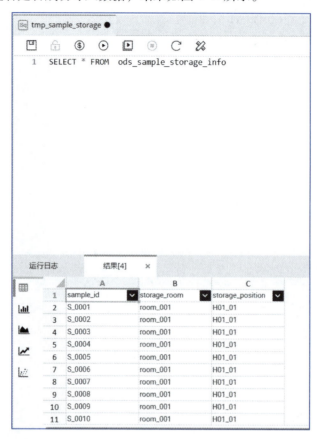

图 4-5　数据查看

③ 单击"前往首页"按钮，在窗口中单击"新建"按钮，单击"新建实验"右侧的下拉箭头，在弹出的下拉菜单中选择"新建空白实验"菜单项，如图 4-6 所示。

图 4-6　新建空白实验

在"新建实验"对话框中，"名称""描述"文本框中均输入"数据抽样实验"，并将保存位置设置为"我的实验"，单击"创建"按钮，如图 4-7 所示。

新建实验　　　　　　　　　　　　　　　　　　　　　　　　　✕

名称　　数据抽样实验

项目　　u_l6el01g0_1600421040

描述　　数据抽样实验

位置　　▼　📁 我的实验　　　　　　　　　　　　　　　➕

创建　取消

图 4-7　创建"数据抽样实验"

④ 将左侧"源/目标"组中的"读数据表"组件拖至页面中间的编辑区内，并单击组件，在右侧"表选择"选项卡中的"表名"文本框内输入对应的表名称：ods_sample_storage_info，如图 4-8 所示。

图 4-8　创建"读数据表"节点

⑤ 右击"读数据表-1"组件，在弹出的快捷菜单中选择"查看数据"菜单项，结果如图 4-9 所示。

⑥ 将左侧"源/目标"组中的"随机采样"组件拖至页面中间的编辑区内，并连接"读数据表-1"与"随机采样-1"两个组件，如图 4-10 所示。

⑦ 单击"随机采样-1"组件，在右侧的"参数设置"选项卡中的"采样比例"文本框内输入 0.03，如图 4-11 所示。

⑧ 右击"随机采样-1"组件，在弹出的快捷菜单中选择"执行到此处"菜单项，如图 4-12 所示。

(a)

序号 ▲	sample_id ▲	storage_room ▲	storage_position ▲
1	S_0001	room_001	H01_01
2	S_0002	room_001	H01_01
3	S_0003	room_001	H01_01
4	S_0004	room_001	H01_01
5	S_0005	room_001	H01_01
6	S_0006	room_001	H01_01
7	S_0007	room_001	H01_01
8	S_0008	room_001	H01_01
9	S_0009	room_001	H01_01
10	S_0010	room_001	H01_01

数据探查 - ods_sample_storage_info - (仅显示前一百条)

(b)

图 4-9　查看数据

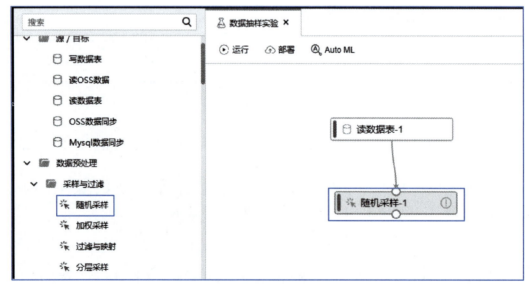

图 4-10　创建"随机采样"节点

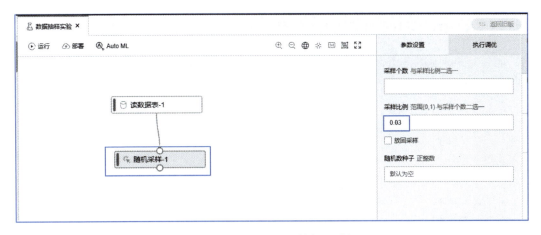

图 4-11　设置随机采样的比例

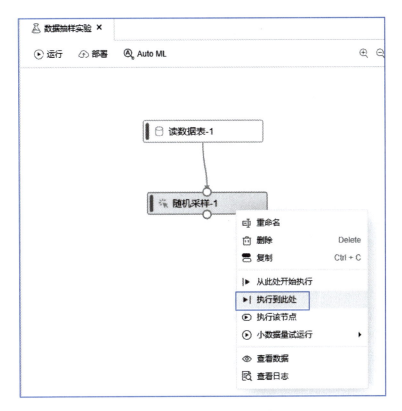

图 4-12　执行随机采样操作

⑨ 右击"随机采样-1"组件，在弹出的快捷菜单中选择"查看数据"菜单项，查看相关数据，结果如图 4-13 所示。

至此，完成了本次实验的相关操作。

数据探查 - pai_temp_87425_1150226_1 - (仅显示前一百条)

序号 ▲	sample_id ▲	storage_room ▲	storage_position ▲
74	S_2376	room_008	H03_02
75	S_2382	room_008	H03_02
76	S_2414	room_009	H01_01
77	S_2470	room_009	H01_02
78	S_2501	room_009	H02_01
79	S_2541	room_009	H02_01
80	S_2624	room_009	H03_01
81	S_2684	room_009	H03_02
82	S_2709	room_010	H01_01
83	S_2772	room_010	H01_02
84	S_2829	room_010	H02_01
85	S_2873	room_010	H02_02
86	S_2880	room_010	H02_02
87	S_2881	room_010	H02_02
88	S_2938	room_010	H03_01
89	S_2964	room_010	H03_02
90	S_2965	room_010	H03_02

图 4-13　查看抽样结果

4.3　数据标准化及归一化

为什么要对数据进行标准化及归一化处理呢？例如，当分析某地区的地理位置、环境、气候等因素对当地某农产品品质的影响时，需要构建相关的数据分析模型，该地区的海拔、气温、湿度等指标数据便成为影响分析模型的自变量。然而，这些自变量的量纲不同，其数值的数量级也存在较大的差异，这些差异性将导致模型的分析结果不合理不准确。因此，为了避免这些问题对数据分析工作的影响，就需要对数据进行标准化和归一化操作。

4.3.1　数据标准化及归一化原理

1. 数据标准化

当样本不同特征之间在数值上存在较大差异或数值分布范围较大时，需要对数据进行标准化处理。数据标准化是将数据按照一定的比例缩放，将数据的数值大小限制在某一个特定数值区间内。由于总体中每个数据的指标度量单位是不同的，若想让数据均能够参与计算，需要对其进行规范化处理，通过函数变换将其值落在某个数值区间内。例如，原始的样本数据为 $\{100, 20\,000, 8\,000\}$，数据的数值差别大且分布较为离散。标准化之后，数据的取值映射到某一区间范围内，如 $[0,1]$、$[1,10]$、$[10,50]$，这不仅大大缩小了数据间的差异性，而且数据分布的范围也得到了控制，具体如图 4-14 所示。

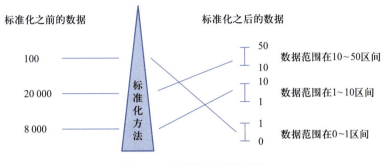

图 4-14　数据标准化示意图

目前，常用的数据标准化方法有：Z-score 标准化、Min-Max 标准化、小数定标标准化、Logistic 标准化等，各方法的原理如下所述。

（1）Z-score 标准化

Z-score 标准化是最常用的标准化方法，适用于数据的最大值和最小值未知的情况，或有超出取值范围的离群数据的情况。Z-score 标准化将样本特征 X 的第 i 个数据 x_i 进行标准化处理，产生标准化的数据为 x_i'，具体计算过程为

$$x_i' = \frac{x_i - \mu}{\sigma} \tag{1}$$

式中，x_i 为原样本数据；x_i' 为标准化后的样本数据；μ 为样本平均值，$\mu = \frac{1}{N} \sum_{i=1}^{N} x_i$（$N$ 为样本总数）；σ 为特征 x_i 标准偏差，利用样本特征来计算总体偏差，为了使算出的标准值与总体水平更接近，就必须将算出的标准偏差 σ 的值适度放大，即 $\frac{1}{N-1}$，其计算公式如下。

$$\sigma = \sqrt{\frac{1}{N-1} \sum_{i=1}^{N} (x_i - \mu)^2} \tag{2}$$

数据经 Z-score 标准化后，能直观地反应出各数据与其特征平均值之间的标准差距离，理解特征的整体分布状况。数据围绕 0 上下波动，大于 0 说明高于平均水平，小于 0 说明低于平均水平。

例如，关于某公司某款产品的使用寿命，寿命的均值为 20 000 小时，方差为 400，若某件产品的寿命为 20 050 小时，则采用 Z-score 标准化方法（式 2）进行标准化后，该产

品的寿命为 $\dfrac{20\,050-20\,000}{20}=2.5$。

（2）Min-Max 标准化

Min-Max 标准化方法是对数据进行线性变换，因此适合用于需要将数据进行线性化映射处理的场合。设 X_{min} 和 X_{max} 分别为数据 X 的最小值和最大值，样本特征 X 的第 i 个数据 x_i 进行 Min-Max 标准化后，生成映射在区间 $[0,1]$ 中的标准化值 x'_i，其公式如下。

$$x'_i=\frac{x_i-X_{min}}{X_{max}-X_{min}} \tag{3}$$

例如，一组样本中有身高、体重等 2 个属性，总体数据中体重在 45 kg～75 kg 之间，身高在 160 cm～180 cm 之间。若有一个样本的体重为 55 kg，身高为 160 cm，那么通过Min-Max 标准化方法，体重 55 kg 转化 $\dfrac{55-45}{75-45}=0.33$，身高 160 cm 转化为 $\dfrac{160-160}{180-160}=0$，身高和体重两个属性都转化为 0-1 间的小数。由于 Min-Max 标准化方法用到了数据的最小值和最大值，因此当特征获取到新数据后，最大值和最小值要重新进行计算，尤其在数据存在离群值时，标准化后的效果较差，不能如实地反应特征的分布状况。

（3）小数定标标准化

小数定标标准化适用于数据存在多个数量级且分布较为离散的场合。小数定标标准化（Decimal Scaling）通过移动数据的小数点位置来进行标准化。小数点移动多少位取决于样本特征 X 的数据中的最大绝对值。将特征 X 的第 i 个数据 x_i 使用 Decimal Scaling 标准化到 x'_i 的计算方法是

$$x'_i=\frac{x_i}{10^j} \tag{4}$$

式中，j 是满足条件的最小整数，使得标准化后特征最大值 $X'_{max}<1$。例如，数据 X 的值由 -986 到 917，那么，X 的最大绝对值为 986，则 j 值取 3。为该数据进行小数定标标准化时，即用每个值除以 1 000（$10^3=1\,000$），这样，数据 -986 被标准化为 -0.986。小数定标标准化会对原始样本数据做出改变，因此需要保存所使用的标准化参数 j，以便对新采集的数据进行统一的标准化。

（4）Logistic 标准化

Logistic 标准化适用于数据较集中地分布在 0 两侧的情况。该方法又称为对数标准化，主要通过 Logistic 函数将数据映射到 $[0,1]$ 区间内，标准化公式如下。

$$x'_i=\frac{1}{1+e^{-x_i}} \tag{5}$$

例如，数据 X 的值由 -0.5 到 0.5，那么，对 X 的进行 Logistic 标准化，数据 X 便被映射到 $[0.37,0.63]$。若数据分布远离 0 两侧，则导致标准化后的数据为聚集在 0 或 1 的附近，造成原数据的分布被改变，因此，在用该方法进行数据标准化前，应先分析一下数据的分布状况。

2. 归一化

样本特征数据之间往往有不同评价指标、不同的量纲和量纲单位，这种情况会降低数据分析结果的精确性和合理性，为了消除数据之间的不同量纲对分析过程的影响，需要进行数据归一化处理，使得数据之间具有可比性。例如，原始的样本数据为 $\{100, 20\,000, 8\,000\}$，数据由于各数据采用的量纲不同，不仅导致数值上存在较大差异，同时也无法直接将数据进行综合对比评价。归一化之后，数据的取值映射到某一区间范围内，如 $[0,1]$、$[-1,1]$，使得不同量纲的数据处于同一数量级的无量纲数据，能直接用于后续的数据分析，其过程如图 4-15 所示。

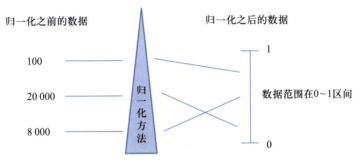

图 4-15　数据归一化示意图

综上，归一化过程即是把样本特征数据变成 $[0,1]$ 或 $[-1,1]$ 之间的小数，主要是为了方便数据处理，这样就可以把有量纲表达式变为无量纲表达式，成为纯量。原始的样本数据经过归一化处理后便处于同一数量级，适合进行综合对比评价，让后续的数据分析变得更加快速便利。

根据采用数学函数式的不同，归一化可分为线性归一化和非线性归一化等两类。

（1）线性归一化

线性归一化适用于数据的分布变化不大（如数据一般在 0 值或样本均值附近上下浮动）的情况，根据原理的不同，主要有以下两种线性归一化方式。

① 0 至 1 归一化。

$$X' = \frac{X - X_{\min}}{X_{\max} - X_{\min}} \tag{6}$$

式中，X 为原始数据；X' 为归一化后的数据；$X_{\min}$ 和 $X_{\max}$ 分别为数据 X 的最小值和最大值。例如：分析调查某手机锂电池充放电次数，根据调查数据得出锂电池充放电次数在 300 次到 500 次之间，平均充放电次数为 400 次，若某块锂电池充放电次数为 478 次，采用 0 至 1 归一化方法（式 6）进行归一化，则有 $X' = \frac{478 - 300}{200} = 0.89$。

② -1 至 1 归一化。

$$X' = \frac{X - \mu}{X_{\max} - X_{\min}} \tag{7}$$

式中，μ 数据 X 的均值。上例中的锂电池充放电次数若用 -1 至 1 归一化方法（式 7）进行归一化，则有 $X' = \dfrac{478-400}{200} = 0.39$。

（2）非线性归一化

非线性归一化适用于数据分布比较离散的情况，有些数据很大，有些数据很小，需要根据数据分布的情况，选择合适的非线性函数，如反正切函数、对数函数等。

① 对数函数转换。

$$X' = \frac{\log_{10}(X)}{\log_{10}(X_{max})} \tag{8}$$

式中，X_{max} 表示样本数据的最大值。例如，工厂生产了一批零件，需要对零件的长度数据进行归一化，已知所有零件的长度都大于 1 m，最大的零件其长度为 3 m，若其中某一零件的长度为 2.13 m，现在需要采用对数函数转换方法对其长度数据进行归一化，则有 $X' = \dfrac{\log_{10}(2.13)}{\log_{10}(3.0)} \approx 0.69$。

② 反正切函数转换。

$$X' = \mathrm{atan}(X) \times \frac{2}{\pi} \tag{9}$$

上例中零件的长度数据 2.13 m，若采用反正切函数转换进行归一化，则有 $X' = \mathrm{atan}(2.13) \times \dfrac{2}{\pi} \approx 0.72$。

4.3.2　实战案例——数据标准化及归一化实例

本节通过数据标准化及归一化，使读者能够加深对数据标准化及归一化的理解，掌握本地 Python 编程语言及阿里云机器学习 PAI 平台在数据标准化及归一化方面的应用。

1. 数据分析任务

某学校体育学院对在校学生的立定跳远成绩进行分析，记录了学生的性别、身高、体重、年龄、是否为体育生、立定跳远成绩等数据，现需要对数据进行分析。为避免身高、体重的不同数据单位对数据的结果产生一定的影响，现需要对身高和体重进行归一化处理。

2. 基于 Python 实现

① 开发前准备工作：确保本机已安装 Anaconda3-5.1.0 及以上版本，准备本地数据文件 ods_standing_long_jump_info.csv，运行 Jupyter Notebook 程序，在 Web 浏览器中新建 Python3 文件。

示例源码 4-2
数据归一化

② 导入所需的 Python 模块。

```
import numpy as np
import pandas as pd
```

③ 加载 CSV 数据文件，并对数据进行必要的查看，结果如图 4-16 所示。

```
data = pd. read_csv("ods_standing_long_jump_info. csv", encoding = "gb2312")
data. head()
data. describe()
```

	student_id	student_name	student_sex	student_height	student_weight	student_age
0	1001	王峻熙	male	162.0	78.25	16.0
1	1002	张嘉懿	male	185.0	90.50	17.0
2	1003	李煜城	male	175.0	68.00	18.0
3	1004	赵懿轩	male	182.0	86.25	16.0
4	1005	王烨华	male	182.0	78.25	19.0

```
<class 'pandas. core. frame. DataFrame'>
RangeIndex: 58 entries, 0 to 57
Data columns (total 6 columns):
student_id       58 non-null int64
student_name     58 non-null object
student_sex      55 non-null object
student_height   55 non-null float64
student_weight   56 non-null float64
student_age      57 non-null float64
dtypes: float64(3), int64(1), object(2)
memory usage: 2.8+ KB
```

图 4-16　查看数据基本情况 1

④ 显示并查看数据的统计信息，结果如图 4-17 所示。

```
data. describe()
data. info()
```

	student_id	student_height	student_weight	student_age
count	58.000000	55.000000	56.000000	57.000000
mean	1029.500000	174.490909	77.839286	17.719298
std	16.886879	7.355705	9.167932	1.448575
min	1001.000000	160.000000	55.750000	16.000000
25%	1015.250000	169.500000	71.750000	16.000000
50%	1029.500000	175.000000	78.250000	17.000000
75%	1043.750000	182.000000	82.687500	19.000000
max	1058.000000	188.000000	98.750000	20.000000

图 4-17　数据统计值显示

⑤ 分别对体重、身高数据进行 0 至 1 的归一化。

```
data["normalized_student_height"] = data[["student_height"]].apply(
    lambda x : (x - np.min(x)) / (np.max(x) - np.min(x))
)
data["normalized_student_weight"] = data[["student_weight"]].apply(
    lambda x : (x - np.min(x)) / (np.max(x) - np.min(x))
)
```

⑥ 显示并查看归一化后的体重和身高数据，结果如图 4-18 所示。

```
data.head()
```

	student_id	student_name	student_sex	student_height	student_weight	student_age	normalized_student_height	normalized_student_weight
0	1001	王峻熙	male	162.0	78.25	16.0	0.071429	0.523256
1	1002	张嘉懿	male	185.0	90.50	17.0	0.892857	0.808140
2	1003	李煜城	male	175.0	68.00	18.0	0.535714	0.284884
3	1004	赵懿轩	male	182.0	86.25	16.0	0.785714	0.709302
4	1005	王烨华	male	182.0	78.25	19.0	0.785714	0.523256

图 4-18 归一化后的体重和身高数据

实验手册 03
数据归一化

3. 基于阿里云机器学习 PAI 平台实现

① 开发前环境准备工作：确保已注册阿里云账号，并开通阿里云 DataWorks 及 PAI 平台服务。

② 数据准备：进入阿里云 PAI 平台，在"Studio-可视化建模"中创建项目（注：也可以使用旧项目），并切换到 DataWorks 平台，打开与阿里云 PAI 平台同名的工作空间。通过如下 SQL 语句建表，选择并导入 CSV 数据文件，具体导入步骤如图 4-19~图 4-22 所示。

```
-- 创建学生立定跳远成绩信息表
DROP TABLE IF EXISTS ods_standing_long_jump_info;
CREATE TABLE ods_standing_long_jump_info(
student_id STRING COMMENT '学生 ID',
student_name STRING COMMENT '学生姓名',
student_sex STRING COMMENT '性别',
student_height DOUBLE COMMENT '身高',
student_weight DOUBLE COMMENT '体重',
student_age BIGINT COMMENT '年龄',
sport_sign BIGINT COMMENT '是否体育生',
standing_long_jump DOUBLE COMMENT '立定跳远成绩'
)COMMENT '学生立定跳远成绩信息表';
```

在"数据导入向导"窗口中，将"选择数据导入方式"单选项设置为"上传本地文件"，单击"选择文件"选项右侧的"打开"按钮，在弹出的"打开"对话框中选择对应

图 4-19 数据导入向导 1

图 4-20 数据导入向导 2

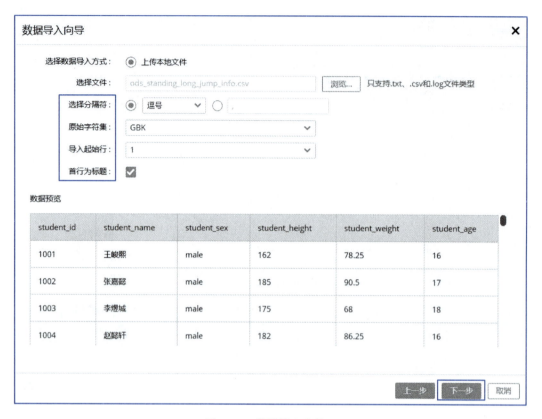

图 4-21　数据导入向导 3

图 4-22　数据导入向导 4

的 CSV 数据文件后，单击"打开"按钮。"选择分隔符"单选项设置为"逗号"，"原始字符集"下拉列表设置为 GBK，"导入起始行"下拉列表设置为 1，选中"首行为标题"复选项，"选择目标表字段与源字段的匹配方式"单选项设置为"按名称匹配"，"目标字段"与"源字段"选项设置一致。

打开后，注意相关配置选项，核查无误后，然后单击"下一步"按钮。

核查相关信息无误后，单击"导入数据"按钮。

导入成功后，对表进行查询，如图 4-23 所示，查看是否导数成功。

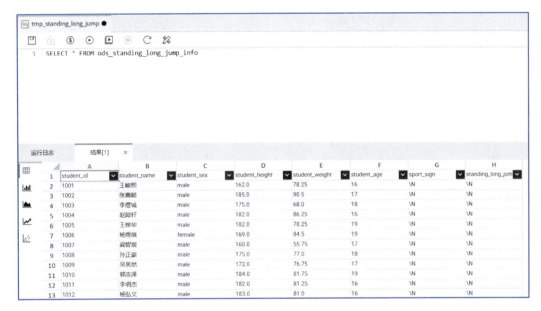

图 4-23　数据查看

③ 单击"前往首页"按钮，在窗口中单击"新建"按钮，单击"新建实验"右侧的下拉箭头，在弹出的下拉菜单中选择"新建空白实验"菜单项，如图 4-24 所示。

图 4-24　创建空白实验

④ 在"新建实验"对话框中，"名称""描述"文本框中均输入"数据标准化及归一化实验"，并将保存位置设置为"我的实验"，如图4-25所示，单击"创建"按钮。

图 4-25　创建数据标准化及归一化实验

⑤ 将左侧"源/目标"组中的"读数据表"组件拖至页面中间的编辑区内，并单击组件，在右侧"表选择"选项卡中的"表名"文本框内输入对应的表名称：ods_standing_long_jump_info，如图4-26所示。

图 4-26　创建"读数据表"节点

⑥ 右击"读数据表-1"组件，在弹出的快捷菜单中并选择"查看数据"菜单项，如图4-27所示。结果如图 4-28 所示。

⑦ 将左侧的"归一化"组件拖至页面中间的编辑区内，并连接"读数据表-1"与"归一化-1"两个组件，结果如图4-29所示。

图 4-27　"查看数据"菜单项

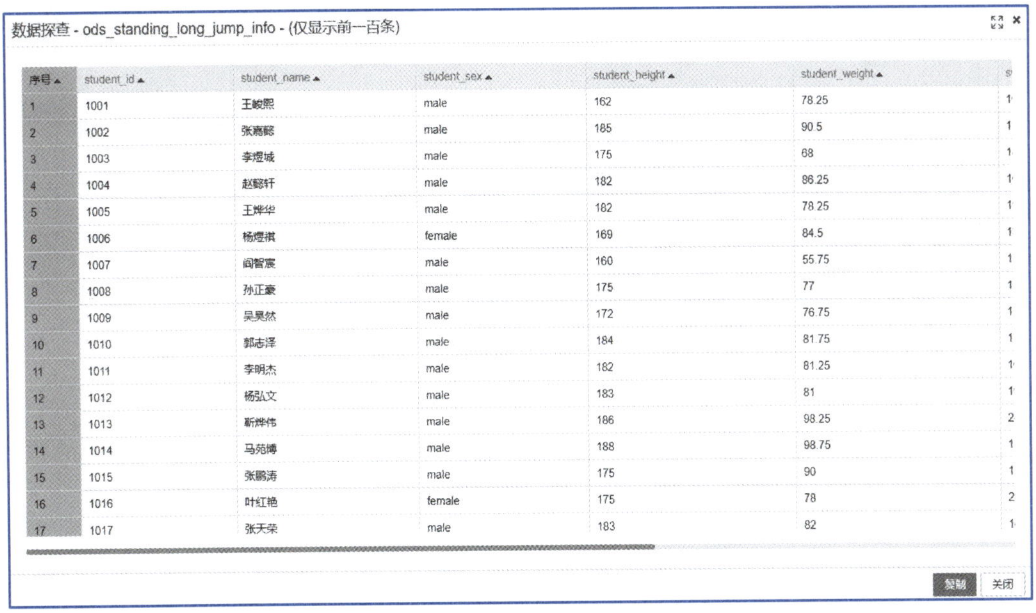

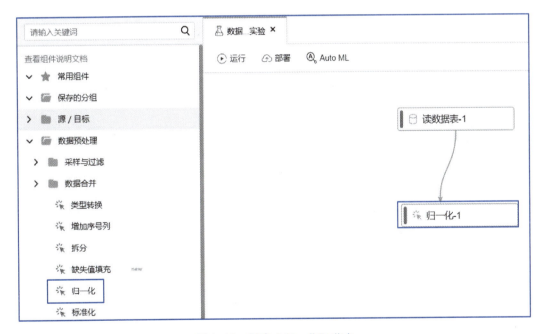

图 4-28　查看数据 1

图 4-29　创建"归一化"节点

⑧ 单击"归一化-1"组件，在右侧"IO/字段设置"选项卡中，选中"保留原始列"复选框，单击"选择字段"按钮，在弹出的"选择字段"对话框中，选中"student_height"和"student_weitht"这两个字段后，单击"确定"按钮。具体操作步骤如图 4-30~图 4-32 所示。

图 4-30 选择字段

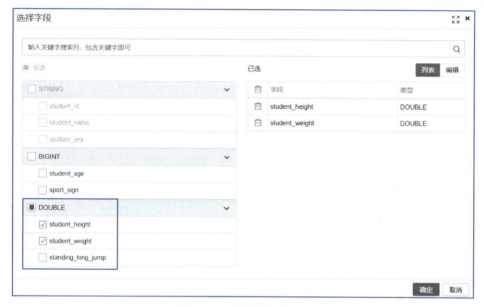

图 4-31 选择保留字段

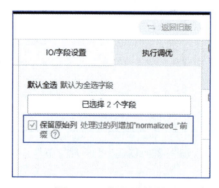

图 4-32 保留原始列

⑨ 右击"归一化-1"组件,在弹出的快捷菜单中选择"执行到此处"菜单项,如图 4-33 所示。

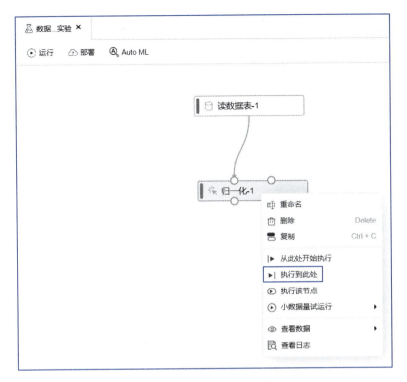

图 4-33　执行归一化操作

⑩ 右击"归一化-1"组件，在弹出的快捷菜单中选择"查看数据"菜单项，查看相关数据，结果如图 4-34 所示。

序号 ▲	student_id ▲	student_name ▲	student_sex ▲	student_height ▲	student_weight ▲	student_age ▲	sport_spending	...	normalized_student_height ▲	normalized_student_weight ▲
1	1001	王峻熙	male	162	78.25	16	-	-	0.0714285714285714 2	0.5232558139534884
2	1002	张嘉懿	male	185	90.5	17	-	-	0.8928571428571429	0.8081395348837209
3	1003	李煜城	male	175	63	18	-	-	0.5357142857142857	0.2848372093023256
4	1004	赵靖轩	male	182	86.25	16	-	-	0.7857142857142857	0.7093023255813954
5	1005	王烨华	male	182	78.25	19	-	-	0.7857142857142857	0.5232558139534884
6	1006	杨煜琪	female	169	84.5	19	-	-	0.321428571428571 45	0.6586046511627907
7	1007	闾智宸	male	160	55.75	17	-	-	0	0
8	1008	孙正豪	male	175	77	18	-	-	0.5357142857142857	0.4941860465116279
9	1009	吴昊然	male	172	76.75	17	-	-	0.4285714285714285 5	0.4883720930232558
10	1010	郭志泽	male	184	81.75	19	-	-	0.8571428571428571	0.6046511627906978
11	1011	李明杰	male	182	81.25	16	-	-	0.7857142857142857	0.5930232558139535
12	1012	杨弘文	male	183	81	16	-	-	0.8214285714285714	0.5872093023255814
13	1013	靳烨伟	male	186	98.25	20	-	-	0.9285714285714286	0.9883720930232558
14	1014	马竞博	male	188	98.75	19	-	-	1	1
15	1015	张鹏涛	male	175	90	18	-	-	0.5357142857142857	0.7965116279069767
16	1016	叶红艳	female	175	78	20	-	-	0.5357142857142857	0.5174418604651163
17	1017	张玉蓉	male	183	82	16	-	-	0.8214285714285714	0.610465116279 0697

图 4-34　查看归一化结果

至此，完成了本次实验的相关操作。

4.4　数据质量与清洗

数据质量是指样本数据能否满足数据分析任务需求，并获得对判断、决策有帮助的分析结果。样本数据的质量直接影响到数据分析的质量和效率。若数据质量不佳，会造成干扰数据分析过程、降低分析模型的质量使其无法提供智能化服务、增加人力和时间损耗、降低数据分析工作的效率等一系列问题。

4.4.1　数据质量问题

若数据的质量存在问题，则主要体现在以下几个方面。

1. 缺失（Missing）

在数据表中，每一行数据表示一条样本数据，每一列数据则代表着一个样本数据某一特征数据。若行列交叉处没有数据，就表明此处存在着缺失值。在数据库中，属性值缺失的情况时有发生且是不可避免的。造成数据缺失的原因是多方面的，主要有以下几种。

① 暂时无法获取相关数据。例如，某公司采用线上问卷调查的方式对某款产品的满意度进行调查，调查结果见表 4-1。表中的"是否满意"字段存在缺失，是由于用户刚购买产品，还未有相关体验，因此暂时无法提供该项数据。

表 4-1　某产品用户满意度调查信息表

姓　名	性　别	年　龄	职　业	是否满意	联系电话	月收入（单位：元）
李先生	男	45	医生	是	1111111	10000
王女士	女	32		否	2222222	4500
张先生	男	35	业务员		3333333	3500
陈先生	男	27			4444444	7500
孙小姐	女	21	护士	是	5555555	6000
范小姐	女	49	教师	是	6666666	5500
陈先生	男	12	学生		7777777	
李小姐	女	36	司机	否	8888888	4000

② 数据被遗漏。被遗漏的原因主要有填写人认为该数据不重要、忘记填写、对数据项理解有误等，也可能是由于数据采集设备故障、数据存储介质故障、传输媒体故障、自然或人为的灾害等原因导致数据丢失。例如，表 4-1 中，填写人王女士、陈先生认为表中"职业"不是必填项且涉及个人隐私，不想提供，造成该字段数据存在遗漏。

③ 样本数据某个或某些特征是不具备的。例如，表 4-1 中，由于填写人陈先生还是

一名未成年人，尚未参加工作，因此也无法提供月收入信息。

④ 数据获取的代价过大或无法获取。例如，工作人员想要采集有关地区（如深海、活火山等）的数据，需要投入大量的资金才可能实现，或者按照目前技术无法实现，导致该地区相关数据缺失。

2. 离群（Outlier）

离群值即指存在一个或若干个样本特征数据，其在数值上与其他样本数据之间存在较大的差异。产生离群值的主要原因有数据来源于不同类的事物、数据源存在变异、数据采集时存在误差等。然而，从另一角度来看，离群的样本数据可能极有价值，因为一万个正常的数据可能只代表同一条信息，而一个离群数据可能正代表着另一条有价值的信息，要结合实际情况来分析。例如，某公司在采集某型号汽车发动机转速数据时，出现了离群值，这个数据可能代表着发动机生产线存在的缺陷，对其进行分析将对改进生产线有着极大的帮助。

3. 重复（Duplication）

重复即指在同一个或多个样本数据集中，反映相同信息的样本数据多次反复地出现的现象，主要是因为调查者反复地采集同一个或同一类样本，或者同一个样本用了不同的描述方式产生了不同的样本数据，但这些数据包含的信息是重复的。这些重复数据会加大某一个或某一类样本数据对分析过程的影响，而重复的信息也会给分析工作增加不必要的负担，降低了分析工作的精度和效率。

4. 错误（Error）

错误是指在定义样本特征时，某字段的定义与采集到的特征数据不匹配，导致保存的特征数据被截断或溢出，其中包括以下两种情况。

① 删失（Censoring）：采集数据时，由于数据保存的精度设置不当，导致所记录的数据不精确。例如，手机的呼叫持续时间>50 s，由于该数据的保存位数为 1，被记录为 5 s。

② 截断（Truncated）：当采集的特征数据高于或低于某一事先限定的阈值时，而产生数据溢出现象，致使保存的数值不正确。例如，采集某客户每个月通话的时长数据，当该数据超出了数据表中预先设定好的阈值而被溢出，导致记录的时长数据错误。

针对上述造成问题数据的原因，为了提高数据质量，在产生数据之前，可通过建立合理的数据管理机构、制定数据质量管理机制、落实人员执行责任、保障组织间高效的沟通、持续监控数据应用过程和领导强有力的督促等途径来确保样本数据的质量。

4.4.2　数据质量评价与清洗原理

除了在数据产生的源头上加强数据质量的管理，同时，也要考虑在数据生成后，其质量如何评价以及如何进一步改善其质量。针对这两个问题，下面将对数据质量的评价、数据清洗等两个方面的内容进行阐述。

1. 数据质量评价

目前，关于评估样本数据质量的标准有很多，常用的主要有以下 5 个评价准则，具体如下。

（1）数据完整性

完整性即指数据集合中包含足够的数据来回答各种查询，并支持各种计算。例如，各字段信息是否完整，有没有因数据采集系统出问题而导致的数据丢失，有没有出现常态下应该有数据的字段突然没有任何数据的情况等。

（2）数据精确性

精确性即指数据集合中，每个数据都能准确表述现实世界中的实体。要注意简单的数据是否出现常识性错误，例如，年龄大于 200 岁、商品的价格为负值等；电话号码、邮箱、IP 地址等数据是否符合规范；枚举值是否正确等。复杂一点的数据要注意基于维度的统计指标（如特征平均值、标准差等）有没有问题，按照枚举值分组的数据分布有没有异常等。

（3）数据时效性

数据时效性即指信息集合中，每个信息都与时俱进，保证不过时。数据分析工作常需要指定几点前必须提交样本数据给相关分析人员，否则分析结论会出现偏差而失去利用价值。一般决策分析师需要分析前一日的数据，如果数据隔几天才能看到，就会失去分析数据的价值。而某些数据分析业务甚至有小时级别以及实时的需求，及时性要求也就更高了。

（4）数据一致性

一致性即指数据集合中，每个信息都不包含语义错误或相互矛盾的数据。例如，年龄为 18 岁的人员数据不能同时出现在成年人和非成年人的数据集合中，同一个人的性别数据不能同时为"男"和"女"等。

（5）实体同一性

实体同一性即指同一实体的标识在所有数据集合中必须相同而且数据必须一致。例如，同一份数据在不同地方需要保持一致；对于一些表的值可能参照另外一些表需要保持一致；对于表的字段类型以及值也需要保持一致，例如，地址写上海还是上海市，性别是采用 f、m 还是 0、1 标注等问题。

2. 数据清洗

当数据质量存在问题时，可以通过数据清洗工作对其加以改善。数据清洗（Data Cleaning）即对数据进行重新审查和校验的过程，目的在于删除重复信息、纠正数据中存在的错误，并提供数据一致性。例如，利用 A 数据库、B 数据库、C 数据库的数据进行数据分析工作，但是 3 个数据库中均存在数据质量问题，如图 4-35 所示。图中 A 数据库存在数据缺失，B 数据库性别字段的数据格式与目标数据库中性别字段的格式不一致，C 数据库中性别字段的数值存在逻辑错误。这时，需要用数据清洗技术，对 3 个数据库的数据进行修正后，才能导入目标数据库进行后续的数据分析。

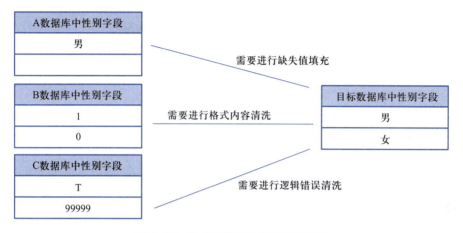

图 4-35　关于数据清洗的案例示意图

　　数据清洗是发现并纠正数据文件中可识别的错误的最后一道程序，包括检查数据一致性、处理无效值和缺失值等。与问卷审核不同，录入后的数据清洗一般是由计算机而不是人工完成。数据清洗从数据的准确性、完整性、及时性、一致性、实体同一性等几个方面来处理数据的丢失值、越界值、不一致数据、重复数据等问题。数据清洗主要有针对数据存在不完整问题，进行缺失值填充；针对数据的数值或其格式存在不一致问题，进行数据格式/内容清洗；针对数据存在不准确问题，进行逻辑错误清洗。下面将对这 3 项工作的内容进行介绍。

　　（1）缺失值填充

　　数据缺失即指记录总体数据的数据表由于主观或客观的原因，导致某字段数据的缺失、遗漏等现象。例如，表 4-2 在校大学生课外活动信息表中，由于部分学生认为某项字段数据不重要或不愿意填写，导致"性别"和"年龄"字段存在缺失值。产生缺失值的原因有很多，具体内容详见 4.4.1 节所述。缺失值的存在会给数据分析带来问题，必须对其加以处理。

表 4-2　在校大学生课外活动信息表

年级	性别	年龄	轮滑	街舞	…	围棋
2018	男	20	0	1	…	0
2018	女	20	1	0	…	0
2018	男		0	0	…	1
2018	男	20	0	0	…	0

续表

年级	性别	年龄	轮滑	街舞	…	围棋
2017		21	0	0	…	0
2019	女	19	0	0	…	0
2019	男	19	0	0	…	0
2017	女		1	0	…	0
2017		21	0	0	…	0
2017	女	21	1	0	…	1
2017	女	21	0	0	…	0
2017	男	21	0	0	…	0
2019			0	1	…	0
2019	女	19	1	1	…	0
2019	女	19	0	0	…	0

常用的缺失值处理方法如下。

① 删除法。该方法是最简单最快速的方法，主要通过删除属性或者删除样本记录来达到清除无效数据的目的。如果大部分样本该属性都缺失，这个属性能提供的信息有限，可以选择放弃使用该属性；如果一个样本大部分属性缺失，可以选择放弃该样本。

② 统计填充法。统计填充法即利用所有样本关于存在缺失值的字段的统计值对其进行填充，统计值包括平均数、中位数、众数、最大值、最小值等，具体选择哪种统计值需要视具体情况而定。

③ 统一填充法。该方法对于含缺失值的字段，把所有缺失的数据统一设置为自定义默认值，默认值的设置也需要具体情况具体分析。当然，如果有可用类别信息，也可以为不同类别分别进行统一填充。

④ 预测填充法。利用某一预测模型通过不存在缺失值的字段来预测缺失值，也就是先用预测模型把数据填充后再做进一步的工作。

（2）格式/内容清洗

针对样本数据格式或内容上存在的不一致问题，需要对其格式/内容进行清洗，主要有以下几项内容：

① 显示格式不一致清洗。这种问题通常与输入端有关，在整合多来源数据时也有可能遇到，如时间、日期、数值、全半角等表示得不一致等。在数据清洗阶段，需要将这些数据的格式调整一致。

② 非法字符的清洗。某些属性值只允许包括一部分字符，如身份证号是数字或数字+字母 x，中国人姓名是汉字等，对于其他字符即认定为非法字符，需要清除。

③ 数据与字段定义的内容不一致清洗。一些情况下，用户误将本来属于一个属性的数据填写到了另一个属性中，例如，姓名写成了性别，身份证号写成了手机号等，需要对

这些错误的属性数据进行相应的修改。

（3）逻辑错误清洗

针对重复数据、不合理数据、不正确数据，需要进行逻辑错误清洗，具体工作主要包括以下几项内容：

① 去重。去重即去除样本数据集中包含重复信息的数据，可通过实体识别技术来实现。实体识别技术可在样本数据集中识别并提取出描述同一样本的关键特征组（即元组），去掉其他包含相同信息的重复数据。有时，包含相同信息的重复数据，还会因为描述方式的不同而相互矛盾，这就要采用真值发现技术从这些冲突描述中找出真相发现真值，从而消除这些重复且矛盾的数据。例如，关于性别字段的描述方式，在一个样本数据集里用"0"表示男性，"1"表示女性，而在另一个样本数据集里用"1"表示男性，"0"表示女性，这时需要用去重技术，去掉重复且矛盾的样本数据，用统一的方式来描述性别字段。

② 去除不合理值。有时候用户会填入一些不合理的值，需要有效检测和修复这种不合理的值。这类不合理值的检测主要依靠属性值上的约束。例如，用户在输入年龄数据时，由于误操作，输入了"-34"或"34.5"，为了防止这种错误，可以在年龄字段设置时加上值域约束。

③ 修正矛盾内容。有些字段是可以互相验证的，这种错误的检测可以通过规则来实现，经常用到的规则包括函数依赖和条件函数依赖。例如，某条样本数据，"年龄"字段值为 13 岁，"是/否成年"字段值为"是"，二者相互矛盾，此时可在"年龄"和"是/否成年"这两个字段间设置条件函数依赖关系，通过年龄值大小直接推断出是否为成年人。

4.4.3　实战案例——数据质量与清洗实例

本节通过数据标准化及归一化实例，使读者能够加深对数据质量及清洗的理解，掌握本地 Python 编程语言及阿里云机器学习 PAI 平台在数据质量及清洗方面的应用。

1. 数据分析任务

某通信公司搭建了自己的数据平台，从源系统取过来数据后发现一些数据存在质量问题，现需要对原始数据进行清洗，例如，对性别未知的数据进行过滤，对年龄未知的数据进行平均值填充等。

2. 基于 Python 实现

① 开发前准备工作：确保本机已安装 Anaconda3-5.1.0 及以上版本，准备本地数据文件 ods_personnel_information_info.csv，运行 Jupyter Notebook 程序，在 Web 浏览器中新建 Python3 文件。

② 导入所需的 Python 模块。

示例源码 4-3
数据清洗

```
import numpy as np
import pandas as pd
```

③ 加载 CSV 数据文件，并对数据进行必要的查看，结果如图 4-36 所示。

```
data = pd. read_csv("ods_personnel_information_info. csv", encoding="gb2312")
data. head()
data. info
```

	student_id	student_name	student_sex	student_height	student_weight	student_age
0	1001	王峻熙	male	162.0	78.25	16.0
1	1002	张嘉懿	male	185.0	90.50	17.0
2	1003	李煜城	male	175.0	68.00	18.0
3	1004	赵懿轩	male	182.0	86.25	16.0
4	1005	王烨华	male	182.0	78.25	19.0

```
<class 'pandas. core. frame. DataFrame'>
RangeIndex: 57 entries, 0 to 56
Data columns (total 6 columns):
student_id        57 non-null int64
student_name      57 non-null object
student_sex       54 non-null object
student_height    55 non-null float64
student_weight    54 non-null float64
student_age       53 non-null float64
dtypes: float64(3), int64(1), object(2)
memory usage: 2.8+ KB
```

图 4-36　查看数据基本情况 2

④ 显示并查看数据的统计信息，结果如图 4-37 所示。

```
data. describe()
```

	student_id	student_height	student_weight	student_age
count	57.000000	55.000000	54.000000	53.000000
mean	1029.000000	174.818182	78.023148	17.754717
std	16.598193	7.120890	9.701107	1.466362
min	1001.000000	160.000000	55.750000	16.000000
25%	1015.000000	170.000000	70.750000	16.000000
50%	1029.000000	175.000000	78.625000	18.000000
75%	1043.000000	182.000000	83.812500	19.000000
max	1057.000000	188.000000	98.750000	20.000000

图 4-37　数据统计值显示 1

⑤ 过滤筛选出性别不为空的数据。

```
data=data[ data[ "student_sex" ]. notnull() ]
```

⑥ 分别用身高、体重、年龄数据的均值来填充这 3 个字段缺失的数据。

```
data. fillna( value = {
    "student_height" :data[ "student_height" ]. mean( ),
    "student_weight" :data[ "student_weight" ]. mean( ),
    "student_age" :data[ "student_age" ]. mean( )
} , inplace = True)
```

⑦ 显示清洗后的数据信息如图 4-38 所示。

```
Data. info( )
```

```
<class 'pandas. core. frame. DataFrame'>
Int64Index: 54 entries, 0 to 56
Data columns (total 6 columns):
student_id        54 non-null int64
student_name      54 non-null object
student_sex       54 non-null object
student_height    54 non-null float64
student_weight    54 non-null float64
student_age       54 non-null float64
dtypes: float64(3), int64(1), object(2)
memory usage: 3.0+ KB
```

图 4-38　清洗后的数据信息

3. 基于阿里云机器学习 PAI 平台实现

🔵 实验手册 04
数据清洗

① 开发前环境准备工作：确保已注册阿里云账号，并开通阿里云 DataWorks 及 PAI 平台服务。

② 数据准备：进入阿里云 PAI 平台，在"Studio-可视化建模"中创建项目（注：也可以使用旧项目），并切换到 DataWorks 平台，打开与阿里云 PAI 平台同名的工作空间。通过如下 SQL 语句建表，选择并导入 CSV 数据文件，具体操作步骤如图 4-39~图 4-44 所示。

```
-- 创建人员信息表
DROP TABLE IF EXISTS ods_personnel_information_info;
CREATE TABLE ods_personnel_information_info(
student_id STRING COMMENT '学生 ID',
student_name STRING COMMENT '学生姓名',
student_sex STRING COMMENT '性别',
student_height DOUBLE COMMENT '身高',
student_weight DOUBLE COMMENT '体重',
student_age BIGINT COMMENT '年龄'
)COMMENT '人员信息表';
```

在"数据导入向导"窗口中，将"选择数据导入方式"单选项设置为"上传本地文件"，单击"选择文件"选项右侧的"打开"按钮，在弹出的"打开"对话框中选择对应的 CSV 数据文件后，单击"打开"按钮。"选择分隔符"单选项设置为"逗号"，"原始字

图 4-39 数据导入向导 1

图 4-40 数据导入向导 2

符集"下拉列表设置为 GBK,"导入起始行"下拉列表设置为 1,选中"首行为标题"复选项,"选择目标表字段与源字段的匹配方式"单选项设置为"按名称匹配","目标字段"与"源字段"选项设置一致。

打开后,注意相关配置选项,核查无误后,然后单击"下一步"按钮。

数据导入向导　　　　　　　　　　　　　　　　　　　　　　　　　　✕

选择数据导入方式：	◉ 上传本地文件

选择文件：　ods_personnel_information_info.csv　　　浏览...　　只支持.txt、.csv和.log文件类型

选择分隔符：　◉ 逗号　▾　　○ ｜

原始字符集：　GBK　　　　　　　　　　　　　　▾

导入起始行：　1　　　　　　　　　　　　　　　▾

首行为标题：　☑

数据预览

student_id	student_name	student_sex	student_height	student_weight	student_age
1001	王峻熙	male	162	78.25	16
1002	张嘉懿	male	185	90.5	17
1003	李煜城	male	175	68	18
1004	赵懿轩	male	182	86.25	16

上一步　　下一步　　取消

图 4-41　数据导入向导 3

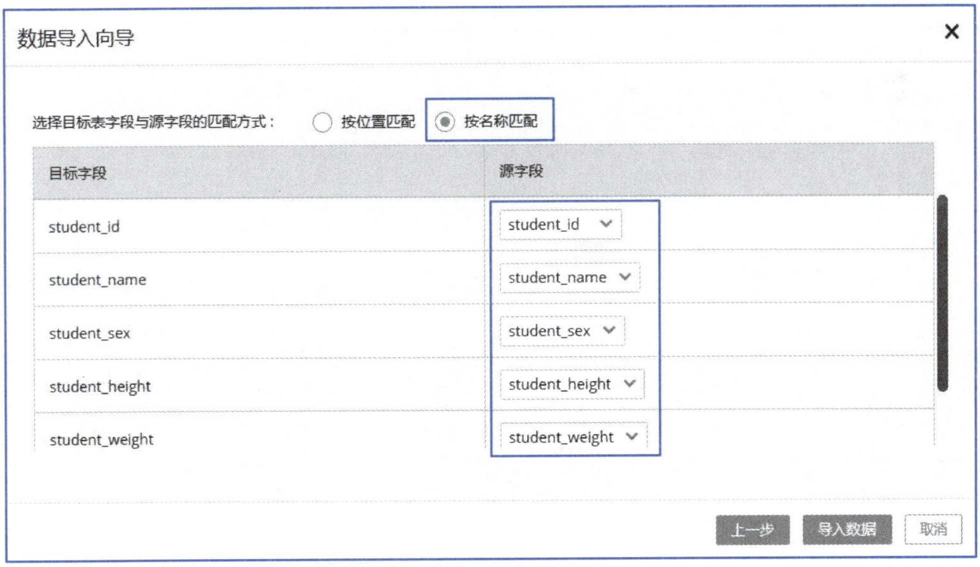

数据导入向导　　　　　　　　　　　　　　　　　　　　　　　　　　✕

选择目标表字段与源字段的匹配方式：　○ 按位置匹配　◉ 按名称匹配

目标字段	源字段
student_id	student_id　▾
student_name	student_name　▾
student_sex	student_sex　▾
student_height	student_height　▾
student_weight	student_weight　▾

上一步　　导入数据　　取消

图 4-42　数据导入向导 4

核查相关信息无误后，单击"导入数据"按钮。

导入完成后，对表进行查询，查看是否导入成功。

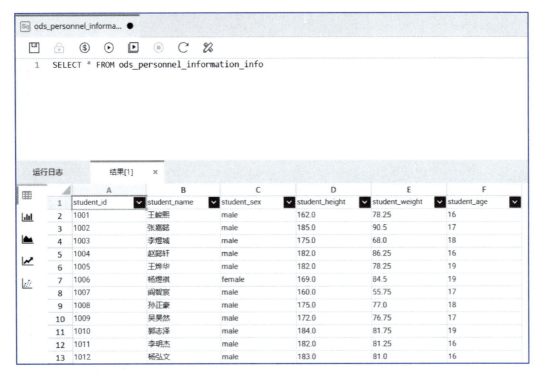

图 4-43 数据查看 2

查看表中是否有性别、年龄、身高、体重数据缺失的记录。

```
Sq ods_personnel_informa... ●

1  SELECT * FROM ods_personnel_information_info
2  WHERE student_sex IS  NULL  or student_age IS NULL or student_height IS NULL or student_weight IS NULL
```

	A	B	C	D	E	F
1	student_id	student_name	student_sex	student_height	student_weight	student_age
2	1052	吴伟志	\N	171.0	92.25	\N
3	1053	王娇	female	182.0	\N	19
4	1054	邓爱爱	\N	178.0	\N	\N
5	1055	张艳明	\N	\N	82.25	\N
6	1056	闫月	female	\N	59.5	16
7	1057	王俊晓	male	176.0	\N	\N

图 4-44 记录缺失相关信息

经查询发现存在部分记录缺失相关信息，需对此部分数据进行处理，对性别缺失的记录，直接删除。对年龄、身高、体重的记录，使用均值进行填充。

③ 单击"前往首页"按钮，在窗口中单击"新建"按钮，单击"新建实验"右侧的下拉箭头，在弹出的下拉菜单中选择"新建空白实验"菜单项，如图 4-45 所示。

图 4-45　新建空白实验 1

④ 在"新建实验"对话框中,"名称""描述"文本框中均输入"数据质量及清洗实验",并将保存位置设置为"我的实验",单击"确定"按钮,如图 4-46 所示。

图 4-46　创建数据质量及清洗实验

⑤ 将左侧"源/目标"组中的"读数据表"组件,拖至页面中间的编辑区内,并单击组件,在右侧"表选择"选项卡中的"表名"文本框内填上对应的表名称:ods_personnel_information_info,如图 4-47 所示。

图 4-47　创建"读数据表"节点

⑥ 右击"读数据表-1"组件,在弹出的快捷菜单中选择"查看数据"选项,结果如图 4-48 所示。

(a)

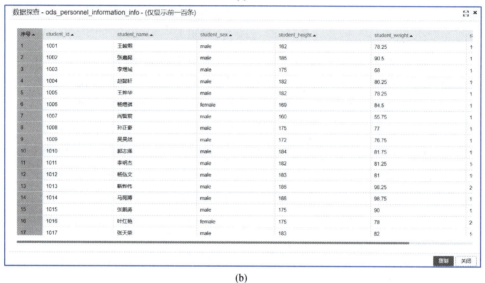

(b)

图 4-48　查看数据 2

⑦ 将左侧"源/目标"组中的"过滤与映射"组件，拖至页面中间的编辑区内，并连接"读数据表-1"与"过滤与映射-1"两个组件，如图 4-49 所示。

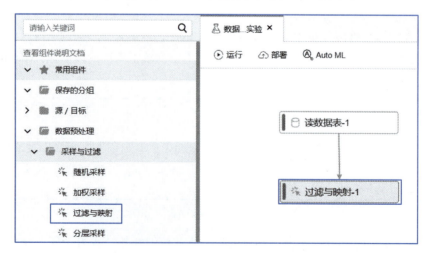

图 4-49　创建"过滤与映射"节点

⑧ 单击"过滤与映射"组件，在右侧"IO/字段设置"选项卡中单击"选择字段"按钮，在弹出的"选择字段"对话框中选择全部字段。接着，"过滤条件"文本框内输入"student_sex is not null"，具体操作步骤如图 4-50 和图 4-51 所示。

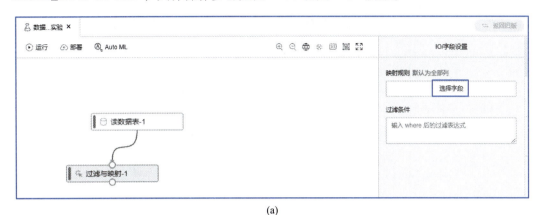

(a)

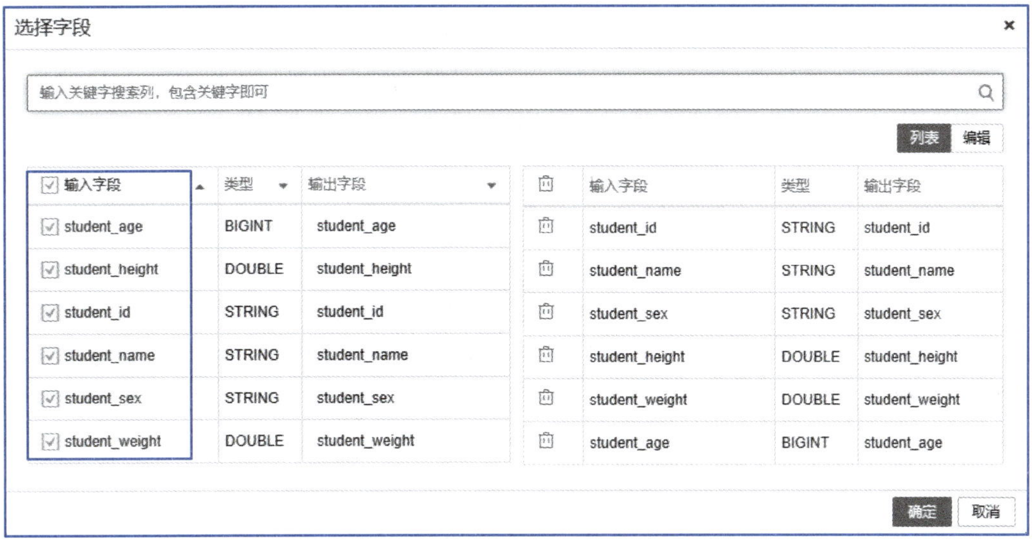

(b)

图 4-50　字段选择

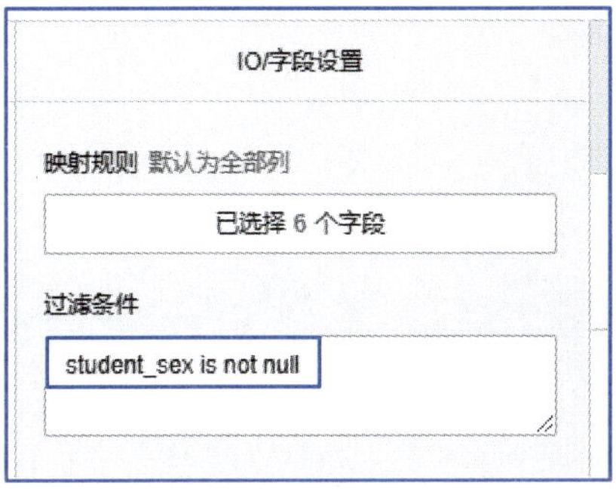

图 4-51　设置过滤条件

⑨ 右击"过滤与映射-1"组件，在弹出的快捷菜单中选择"执行到此处"菜单项，如图 4-52 所示。

图 4-52 执行过滤与映射操作

⑩ 右击"过滤与映射-1"组件，在弹出的快捷菜单中选择"查看数据"选项，查看是否还有 student_sex 为空的相关数据，结果如图 4-53 所示。查询发现，所有的 student_sex 为空的记录均被过滤掉了。

序号	student_name	student_height	student_age	student_id	student_sex	student_
1	王骏彰	162	16	1001	male	78.25
2	张嘉懿	185	17	1002	male	90.5
3	李煜城	175	18	1003	male	68
4	赵郡轩	182	16	1004	male	86.25
5	王烨华	182	19	1005	male	78.25
6	杨曼祺	169	19	1006	female	84.5
7	阚智嵩	160	17	1007	male	55.75
8	孙正豪	175	18	1008	male	77
9	吴昊然	172	17	1009	male	76.75
10	郭志泽	184	19	1010	male	81.75
11	李明杰	182	16	1011	male	81.25
12	杨弘文	183	16	1012	male	81
13	靳烨伟	186	20	1013	male	98.25
14	马苑博	188	19	1014	male	98.75
15	张鹏涛	183	18	1015	male	90
16	叶红艳	175	20	1016	female	78
17	张天荣	183	16	1017	male	82

图 4-53 查看过滤与映射操作的结果

⑪ 将左侧的"缺失值填充-1"组件，拖至页面中间的编辑区内，并连接"过滤与映射-1"与"缺失值填充-1"两个组件，如图 4-54 所示。

图 4-54　添加"缺失值填充"节点

⑫ 单击"缺失值填充"组件，在右侧"IO/字段设置"选项卡中单击"选择字段"按钮，在弹出的"选择字段"对话框中，选择 student_height、student_weight、student_age 等 3 个字段，并单击"确定"按钮。接着，在"IO/字段设置"选项卡中，将这些字段内的空值（Null）替换为均值（Mean），操作步骤如图 4-55 和图 4-56 所示。

(a)

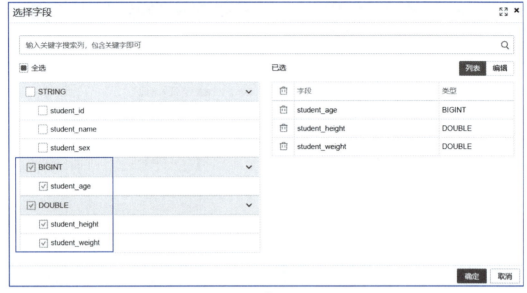

(b)

图 4-55 选择需要缺失值填充的字段

图 4-56 设置缺失值填充的方式

⑬ 右击"缺失值填充-1"组件,在弹出的快捷菜单中选择"执行该节点"菜单项,如图 4-57 所示。

⑭ 右击"缺失值填充-1"组件,在弹出的快捷菜单中选择"查看数据"菜单项,查看是否还有 student_height、student_weight、student_age 为空的相关数据。

查询发现,所有的 student_height、student_weight、student_age 为空的记录均被填充了数据均值,如图 4-58 所示。至此,完成了本次实验的相关操作。

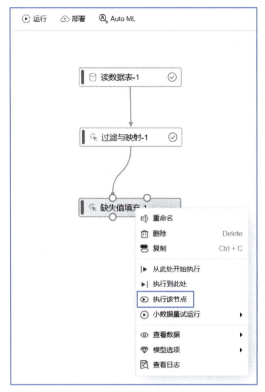

图 4-57　执行缺失值填充操作

数据探查 - pai_temp_179615_1862883_1 - (仅显示前一百条)

序号 ▲	student_name ▲	student_height ▲	student_age ▲	student_id ▲	student_sex ▲	student_weight ▲
1	王峻熙	162	16	1001	male	78.25
2	张嘉懿	185	17	1002	male	90.5
3	李煜城	175	18	1003	male	68
4	赵懿轩	182	17	1004	male	86.25
5	王烨华	182	19	1005	male	78.25
6	杨煜祺	169	19	1006	female	84.5
7	阎智宸	160	17	1007	male	55.75
8	孙正豪	175	18	1008	male	77
9	吴昊然	172	17	1009	male	76.75
10	郭志泽	184	19	1010	male	81.75
11	李明杰	182	16	1011	male	81.25
12	杨弘文	183	16	1012	male	81
13	靳烨伟	186	20	1013	male	98.25
14	马苑博	188	19	1014	male	98.75
15	张鹏涛	175	18	1015	male	90
16	叶红艳	175	20	1016	female	78
17	张天荣	183	16	1017	male	82

图 4-58　查看数据清洗的结果

4.5 特征工程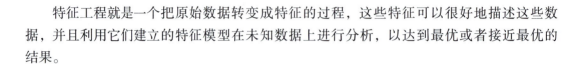

特征工程就是一个把原始数据转变成特征的过程，这些特征可以很好地描述这些数据，并且利用它们建立的特征模型在未知数据上进行分析，以达到最优或者接近最优的结果。

4.5.1 特征工程概述

从本质上来说，特征工程是一项工程活动，即通过一系列的方法和操作流程，最大限度地从原始数据中提取有用、有意义的特征以供数据分析的算法和模型使用，其直接影响了数据分析的质量。例如，设计一个关于人类的身材分类器，该分类器的输入为：人的身高和体重，输出为：偏瘦、瘦、标准、胖、偏胖、过度肥胖等 6 种身材等级。显然，不能仅仅依据人的体重或身高来决定对应的身材等级。为了解决这个问题，通过特征工程，获得一个 BMI 指数，其中 BMI＝体重÷（身高×身高），该指数是基于身高、体重这两个原始特征数据构建的特征模型。通过 BMI 指数，便可以得出一个人身材等级的合理值。

4.5.2 进行特征工程的缘由

"数据和特征决定了机器学习的上限，而模型和算法只是逼近这个上限而已。"样本特征数据是进行数据分析工作的重要依据，如果特征数据之间冗余度高且数据量庞大，不仅会增加分析工作的复杂度，而且还会降低数据分析工作的质量和效率。利用特征工程技术，可从数据分析需求出发，从样本特征数据中提炼出一些关键特征组。这些特征之间不仅相关度低，而且为分析工作提供了重要信息，依据这些特征开展数据分析，分析工作的质量和效率均能得到大大提高。关键特征组合得越好，数据分析工作的灵活度就越高，分析工作的复杂度会越低。特征工程是数据分析工作的关键环节，其主要内容包括了大数据分析中的特征、特征的重要性、特征降维、特征提取和特征选择、特征构建、特征学习、特征变换等 7 个方面的内容。

4.5.3 特征工程的方法与原理

特征工程主要涉及了特征降维、特征提取和特征构建等关键技术，本节将对这些关键技术进行介绍。

1. 大数据分析中的特征

在大数据分析中，常见的数据有结构化数据和非结构化数据。结构化数据也称作行数据，是由二维表结构来逻辑表达和实现的数据，严格地遵循数据格式与长度规范，主要通过关系型数据库进行存储和管理。结构化数据的描述特征是属性，这些属性对应的特征是分析和解决问题的关键依据。与结构化数据相对的是不适于由数据库二维表来表现的非结构化数据，包括所有格式的办公文档、XML、HTML、各类报表、图片和音频、视频信息等。非结构化数据即是数据结构不规则或不完整，没有预定义的数据模型，不方便用数据库二维逻辑表来表现的数据。非结构化数据其格式非常多样，标准也是多样的，而且在技术上非结构化信息比结构化信息更难标准化和理解。描述非结构化数据的特征要根据数据分析的需求来定义，具体见表 4-3。

表 4-3　大数据分析中常见数据的描述特征

数据类型	观测对象	描述特征
结构化数据	由不同的变量或属性构成	属性就是特征（这里属性特指对于分析和解决问题有用、有意义的属性）
非结构化数据	一幅图像	可能是图中的一条线
	一个文本	可能是其中的段落或者词频率
	一段语音	可能是一个词或者音素

2. 特征的重要性

特征的重要性是对特征进行选择的重要指标，特征根据重要性被分配相应的分数，接着依据分数对若干特征进行排序，其中高分的特征被选择出来放入训练数据集。如果与因变量（预测的事物）高度相关，则这个特征可能很重要，其中相关系数和独立变量方法是常用的方法。在构建模型的过程中，一些复杂的预测模型会在算法内部进行特征重要性的评价和选择，如多元自适应回归样条法、随机森林、梯度提升机，这些模型在模型准备阶段会进行变量重要性的评估。如图 4-59 所示，特征一到特征四的重要性通过分数来体现，在构建模型的过程中，算法内部会对这 4 个特征的重要性进行评价和选择，从中选出较为重要的特征一、特征二和特征三作为训练集数据。

特征重要性评估即是评估特征对数据分析工作的重要程度，评估值越高，说明特征越重要。评估某一特征 X 重要性的具体过程是：

① 对每一棵决策树，选择相应的袋外数据计算袋外数据误差，记为 errOOB1。

② 随机对袋外数据所有样本的特征 X 加入噪声干扰（可以随机改变样本在特征 X 处的值），再次计算袋外数据误差，记为 errOOB2。

③ 假设森林中有 N 棵树，则特征 X 的重要性为 $\sum(\text{errOOB2}-\text{errOOB1})/N$。

从计算过程可以看出，若两次计算得到的袋外数据误差的差距越大，则特征 X 对数据分析结果的影响越大，这就说明特征 X 重要性大。

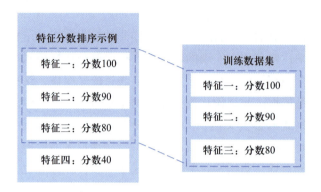

图 4-59　特征重要性的评价和选择示意图

3. 特征降维

特征降维是自动地对原始观测降维，使其特征集合小到可以进行建模的过程。一些观测数据如果直接建模，由于其原始状态的数据太多，导致建模结果过于复杂。例如，高光谱影像数据就是一种高维的数据，其包含了几百个波段数据，若要让所有波段数据均参与影像分析工作，会大大增加分析工作的负担，这时，可通过特征降维技术（如主成分分析、聚类等映射方法）将几百波段的数据降到几十、十几甚至几个波段数据，从而减少影像分析工作的负担，提高其工作效率。

4. 特征提取和特征选择

特征提取是在原始特征或降维后的特征中，采用特征提取技术进行关键特征的提取。例如，要识别并分析某一幅图像中的建筑物信息，可以先提取影像中包含的关键特征（边缘、角点、纹理等），再根据这些关键特征进行建筑物信息的识别和分析，能有效提高分析工作的质量和效率。

特征选择是指选择获得相应模型和算法最好性能的特征集，工程上常用的方法有以下 7 种。

① 计算每一个特征与响应变量的相关性。

② 单个特征模型排序。

③ 使用正则化方法选择属性。

④ 应用随机森林选择属性。

⑤ 训练能够对特征打分的预选模型。

⑥ 通过特征组合后再来选择特征。

⑦ 基于深度学习的特征选择。

5．特征构建

基于特征提取结果，采用人工的方式进行特征构建。特征构建需要花费大量的时间对实际样本数据进行处理，思考数据的结构和如何将数据输入给预测算法。例如，对于表格数据来说，通过对特征进行重组获得新特征，或者通过特征分解、切分来构造新的特征；而文本数据需要根据数据分析的需求来设计文本指标；针对图像数据，一般通过各种自动过滤技术（如傅里叶变换、小波变换等）得到特征结构。

6．特征学习

特征学习是在原始数据中自动识别和使用特征。深度学习技术在特征学习领域有许多成功的案例，如自动编码器和受限玻尔兹曼机。它们以非监督或半监督的方式实现自动地学习并获得抽象的特征，其结果可用于大数据分析、语音识别、图像分类、物体识别等领域。但是这些通过特征学习获得的抽象特征无法直接被用户理解和利用，只有黑盒的方式才可以使用这些特征。特征学习技术目前还在发展阶段，尚未完全实现智能化、自动化、精准化。

7．特征变换

特征变换能消除原始特征之间的相关关系或减少冗余，得到新的特征，使其更加便于数据分析。常用特征变换的算法有很多，主要分为以下 3 种。

① 从信号处理观点来看，可在变换域中进行处理并提取信号的性质，常见的算法有傅里叶变换、小波变换和 Gabor 变换等。

② 从统计观点来看，减少变量之间的相关性，用少数新的变量来尽可能反映样本的信息，常见的算法有主成分分析、因子分析和独立成分分析等。

③ 从几何观点来看，通过变换到新的表达空间，使得数据可分性更好。常见的算法有线性判别分析、核方法等。

4.6　本章小结

本章主要介绍了数据预处理的基本知识，包括数据预处理的基本概念、数据抽样的原理与方法、数据标准化及归一化的原理与方法、数据质量与清洗的过程和步骤、特征工程等内容。同时，针对数据抽样、数据标准化及归一化和数据质量与清洗，设计了相关的实验。最后还介绍了特征工程及其方法和原理。

4.7　本章习题

（1）简述数据预处理可以包括哪些操作。

（2）回顾数据抽样可包括哪些类型的抽样方式，每一种抽样方式的原理是什么？

（3）回顾数据标准化及归一化的原理，简述数据标准化及归一化的优势。

（4）思考一般的业务数据可能存在什么样的数据质量问题，针对不同的数据质量问题，可采用什么样的数据处理手段对数据进行数据清洗？

（5）思考特征工程所包含的内容与步骤。

第 5 章　关联规则

近年来，随着信息技术的迅猛发展，数据库技术的成熟和数据应用的普及，各个领域所积累的数据量正在以指数速度增长。在数据挖掘的众多知识种类中，有关联规则分析、分类分析、回归分析、聚类分析等，其中关联规则分析是目前数据挖掘领域中研究最为广泛的内容之一。通过本章的学习，读者可以了解关联规则的概念、原理、应用场景、分类以及关联分析常用算法。

5.1　关联规则综述

在数据挖掘的知识模式中，关联规则模式是比较重要的一种。关联规则的概念由 Agrawal、Imielinski、Swami 提出，是数据中一种简单但很实用的规则。关联规则模式属于描述型模式，发现关联规则的算法属于无监督学习的方法。

5.1.1　关联规则的基本概念

关联规则（Association Rules）用于描述多个变量之间的关联，如果两个或多个变量之间存在一定的关联，那么其中一个变量的状态就能通过其他变量进行预测。自然界中某个事件发生时其他事件也会发生，则这种联系称之为关联。反映事件之间依赖或关联的知识称为关联型知识（又称依赖关系），顾名思义，关联规则就是发现数据背后存在的某种规则或者联系。关联规则是数据挖掘的一个重要技术，用于从大量数据中挖掘出有价值的数据项之间的相关关系。

5.1.2 关联规则提出的背景

1993 年，Agrawal 等人首先提出关联规则概念，同时给出了相应的挖掘算法 AIS，但是性能较差。1994 年，他们建立了项目集格空间理论，并依据上述两个定理，提出了著名的 Apriori 算法，至今 Apriori 仍然作为关联规则挖掘的经典算法被广泛讨论，诸多的研究人员对关联规则的挖掘问题进行了大量的研究。

关联规则最初是针对购物篮分析（Market Basket Analysis）问题提出的。假设一家商店的经理想更多地了解顾客的购物习惯，特别是想知道哪些商品是顾客可能会在一次购物时同时购买的，这样就需要对商店的顾客物品零售数量进行购物篮分析。该过程通过发现顾客放入"购物篮"中的不同商品之间的关联，分析顾客的购物习惯。这种关联的发现可以帮助零售商了解哪些商品会被顾客同时购买，从而开发更好的营销策略。现实中，这样的例子很多。例如超级市场利用前端收款机收集存储了大量的售货数据，这些数据是一条条的购买事务记录，每条记录存储了事务处理时间、顾客购买的物品、物品的数量及金额等。这些数据中常常隐含形式如下的关联规则：在购买铁锤的顾客当中，有 70% 的人同时购买了铁钉。这些关联规则很有价值，商场管理人员可以根据这些关联规则更好地规划商场，如把铁锤和铁钉这样的商品摆放在一起，能够促进销售。

5.1.3 关联规则的原理

关联规则：假设 $I=\{I_1,I_2,\cdots,I_m\}$ 是项的集合。给定一个相关的事务数据库 D，其中每个事务（Transaction）T 是 I 的非空子集，每一个事务都有一个唯一的标识符 TID 对应。假设 X、Y 是 D 的项集，且 $X\cap Y=\varnothing$，则蕴含式 $X\Rightarrow Y$ 称为关联规则，X、Y 分别为关联规则 $X\Rightarrow Y$ 的前提和结论。支持度指的是关联的项集（X 和 Y）同时出现的次数与数据库总记录数的比例。置信度指的是在 X 后出现 Y 的可能性。

置信度是对关联规则的准确度的衡量，支持度是对关联规则重要性的衡量。支持度说明了这条规则在所有事务中有多大的代表性，显然支持度越大，关联规则越重要。如果满足最小支持度和最小置信度，则认为关联规则是有效的，最小支持度和最小置信度是根据挖掘需要人为设定。

例 5-1：表 5-1 是给定事务数据库 D（共 5 条记录），设最小支持度为 30%，最小置性度为 70%，项集 {A,D} 出现的次数为 3，则项集 {A,D} 的支持度为 3/5 * 100% = 60%，由于 60%>30%，{A,D} 是频繁项集。事务数据库 D 的 5 条记录中，出现 {A} 的时候一定出现 {D}，则关联规则 $A\Rightarrow D$ 的置性度 =100%，通过以上计算关联规则 $A\Rightarrow D$ 的支持度为 60%，置信度为 100%，均大于设定的最小支持度和最小置信度，则关联规则 $A\Rightarrow D$ 是强关联规则。

表 5-1 事务数据库 D

TID	I（项集）
001	A，B，D
002	A，C，D
003	A，D，E
004	B，E，F
005	B，C，D，E，F

关联规则挖掘过程主要包含两个阶段：找出所有频繁项集，即大于或等于最小支持度的项集由频繁项集产生强关联规则，这些规则必须大于或等于最小支持度和最小置信度。

5.1.4 关联规则的应用场景

关联规则已经广泛应用于金融、医学、交通、电子商务、气象等领域，但是目前在我国，"数据海量，信息缺乏"是各行各业在数据大集中之后时常要面对的尴尬。大多数数据库只能实现数据的录入、查询、统计等较低层次的功能，却无法发现数据中存在的各种有用的信息，譬如对这些数据进行分析，发现其数据模式及特征，然后可能挖掘某些关联规则，并可观察其变化趋势。应用好关联规则的挖掘技术就能解决这些领域的痛点。

1. 金融

关联规则挖掘技术已经被广泛应用在金融行业企业中。越来越多的商业银行通过对个人客户购买本银行金融产品的数据进行关联分析，了解客户个性化的金融服务需求，并提供精细化的金融产品组合和持续服务，从而建立长期有效的资产管理，得出产品和客户匹配度，开发适合不同人群的金融产品和组合的衍生产品，从而实现金融产品交叉销售。

2. 医学

关联规则也广泛应用于医学领域。通过对医院病人的临床就诊资料关联分析，归纳出症状与疾病间的关联规则，对挖掘出的关联规则作出分析和说明，并探讨其在医疗信息系统中的应用，是数据挖掘技术应用在临床医学上的一个尝试。

3. 交通

基于交通事故成因分析的关联关系挖掘技术通过对事故类型、事故人员、事故车辆、事故天气、驾照信息、驾驶人员犯罪记录数据以及其他和交通事故有关的数据进行深度挖掘，形成交通事故成因分析方案，深入挖掘交通事故的潜在诱因，从而更大程度地减少或者避免交通事故的发生。

4. 电子商务

如今，关联规则广泛应用在各种购物网站，如京东、亚马逊、天猫等均采用了组合促销或者搭配促销的营销方式，即在用户购买一件商品后，向其推销与该商品密切相关的其他低价产品。也有一些购物网站使用关联规则设置相应的交叉销售，也就是购买某种商品的顾客会看到相关的另外一种商品的广告。

5. 气象

气象关联分析是基于历史气象数据，寻求气象要素之间以及气象与其他事物之间的关联关系，推动气象数据与其他各行各业数据的有效结合，让气象数据发挥更多元化的价值。

5.1.5　关联规则的分类

按照不同情况，关联规则可以进行如下分类。

1. 基于规则中处理的变量的类别

基于规则中处理的变量的类别关联规则可以分为布尔型和数值型。布尔型关联规则处理的值显示这些变量之间的关系，一般都是离散的、种类化的；而数值型关联规则可以和多维关联或多层关联规则结合起来，对数值型字段进行处理，将其进行动态地分割，或者直接对原始的数据进行处理，当然数值型关联规则中也可以包含种类变量。例如，学历＝“本科”＝>职业＝“软件开发工程师”，是布尔型关联规则；学历＝“本科”＝>平均收入＝7 300，涉及的收入是数值类型，则是一个数值型关联规则。

2. 基于规则中数据的抽象层次

基于规则中数据的抽象层次可以分为单层关联规则和多层关联规则。在单层的关联规则中，所有的变量考虑到现实的数据是单个层次的；而在多层的关联规则中，对数据的多层性已经进行了充分的考虑。例如，联想笔记本电脑＝>小米打印机，是一个单层关联规则；笔记本电脑＝>小米打印机，是一个较高层次和细节层次之间的多层关联规则。

3. 基于规则中涉及的数据的维数

基于规则中涉及的数据的维数关联规则可以分为单维的和多维的。在单维的关联规则中，只涉及数据的一个维，如用户购买的物品；而在多维的关联规则中，要处理的数据将会涉及多个维。简单来说，单维关联规则是处理单个属性中的一些关系；多维关联规则是处理多个属性之间的某些关系。例如，啤酒＝>尿布，这条规则只涉及用户的购买的物品，是单维关联规则；性别＝“女”＝>职业＝“秘书”，这条规则就涉及两个属性的信息，是多维关联规则。

5.2　关联规则挖掘常用算法

关联规则算法有 4 类常见的划分方式：基于变量类型的方法、基于抽象层次的方法、基于数据维度的方法、基于时间序列的方法。典型算法有 R. Agrawal 等人提出的 Apriori 算法、A. Savasere 等人提出的 Partition 算法、J. Park 等人提出的 DHP 算法、刘兵等人提出的 MSApriori 算法、韩嘉炜等人提出的 FP-Growth 算法。其中最为经典的是 Apriori 算法，其他算法都是根据 Apriori 算法演变而来。

5.2.1　Apriori 算法

Apriori 算法是第一个关联规则的挖掘算法，是一种最有影响的挖掘布尔关联规则频繁项集的算法，其核心是基于两阶段频集思想的递推算法。该关联规则在分类上属于单维、单层、布尔关联规则，在这里，所有支持度大于最小支持度的项集称为频繁项集，简称频集。

1. Apriori 算法概述

Apriori 算法的基本思想是：首先找出所有的频集，这些项集出现的频繁性至少和预定义的最小支持度一样。然后由频集产生强关联规则，这些规则必须满足最小支持度和最小置信度。然后使用前一步找到的频集产生期望的规则，产生只包含集合的项的所有规则，一旦这些规则被生成，那么只有那些大于用户给定的最小置信度的规则才被留下来。为了生成所有频集，使用了递推的方法。可能产生大量的候选集，以及可能需要重复扫描数据库，是 Apriori 算法的两大缺点。

Apriori 算法是一种"先验"算法，通过该算法可以对数据集做关联分析，也就是可以在大规模的数据中寻找有趣关系的任务。这些关系可以有两种形式，分别是频繁项集和关联规则。在这里，频繁项集指经常出现在一块的物品的集和，关联规则指暗示两种物品之间可能存在很强的关系。

2. Apriori 算法原理及步骤

Apriori 算法的原理：如果某个项集是频繁项集，那么它所有的子集也是频繁的。即如果{0,1}是频繁的，那么{0}{1}也一定是频繁的。反之亦然，也就是说如果一个项集是非频繁项集，那么它的所有超集也是非频繁项集。

如图 5-1 中可以看到，已知灰色部分{2,3}非频繁项集，利用上面的原理，{0,2,3}{1,2,3}{0,1,2,3}都是非频繁的。也就是说，计算出{2,3}的支持度，知道它是非频繁的之后，就不需要再计算 {0,2,3} {1,2,3} {0,1,2,3} 的支持度，因为这些集合不满足要求。使用该原理就可以避免项集数目的指数增长，从而在合理的时间内计算出频繁项集。

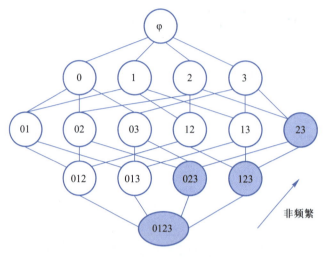

图 5-1　示例项目集

Apriori 算法的步骤。

① 收集数据：首先描述数据库，找出项数为 1 的频繁项集（即频繁的单项集），此时 $k=1$。

② 准备数据：从 k 频繁项集中生成 $k+1$ 候选频繁项集。

③ 分析数据：扫描数据集，计算出每个候选频繁项集的支持度。

④ 训练数据：根据最小支持度要求，从中筛选出 $k+1$ 频繁项集。

⑤ 测试算法：直到 $k+1$ 达到用户指定的最大项数，或者 $k+1$ 频繁项集为空。

⑥ 使用算法：用于发现频繁项集以及物品之间的关联规则。

例 5-2：以下是 Apriori 算法的具体步骤，给定事务数据库 D（见表 5-2），设最小支持度为 2。

表 5-2　事务数据库 D

TID	I （项集）
001	B，C，E
002	A，C
003	A，C，E
004	A，C
005	B，D，E
006	A，B，C

TID	I（项集）
007	A，B，D，E
008	A，B，C
009	B，C

　　首先找到 1 项候选集的集合 C_1（见表 5-3），生成频繁 1 项集的集合 L_1（见表 5-4），找到 2 项候选集的集合 C_2（见表 5-5），筛选出支持度大于等于 2 的频繁 2 项集的集合 L_2（见表 5-6），找到 3 项候选集的集合 C_3（见表 5-7），筛选出支持度大于等于 2 的 3 项集的集合 L_3（见表 5-8），具体过程如下：

表 5-3　集合 C_1

项　集	支　持　度
A	6
B	7
C	6
D	2
E	4

表 5-4　集合 L_1

项　集	支　持　度
A	6
B	7
C	6
D	2
E	4

表 5-5　集合 C_2

项　集	支　持　度
A，B	4
A，C	4
A，D	1
A，E	2
B，C	4
B，D	2
B，E	4
C，D	0
C，E	1
D，E	2

表 5-6　集合 L_2

项　集	支　持　度
A，B	4
A，C	4
A，E	2
B，C	4
B，D	2
B，E	4
D，E	2

表 5-7　集合 C_3

项　集	支　持　度
A，B，C	2
A，B，E	2
B，D，E	2

表 5-8　集合 L_3

项　集	支　持　度
A，B，C	2
A，B，E	2
B，D，E	2

从以上例子中可以发现，L_3 中的频繁项集 {A,B,E} 的非空子集为 {{A},{B},{E}, {A,B},{A,E},{B,E}}，那么关联规则 {A,B}⇒{E} 的置信度为 2/4=0.5=50%，{A,E}⇒ {B} 的置信度为 4/4=1=100%，{B,E}⇒{A} 的置信度为 4/4=1=100%。假设最小置信度为 70%，那么 {A,E}⇒{B}，{B,E}⇒{A} 是强关联规则，{A,B}⇒{E} 则不是强关联规则。

3. Apriori 算法的特点

① Apriori 算法优点在于易编码实现，缺点是在大数据集上可能较慢，适用数据类型为数值型或者标称型数据。

② 对数据库的扫描次数过多，每次计算项集的支持度时，都对数据库中的全部记录进行了一遍扫描比较，这种扫描比较会大大增加计算机系统的 I/O 开销。

③ 会产生大量的中间项集，在每一步产生候选项集时循环产生的组合过多，没有排除不应该参与组合的元素。

5.2.2   Partition 算法

Savasere 等人在 1995 年提出 Partition 算法，其主要的概念是由 Apriori 算法延伸而来，在搜索频繁项目集以及挖掘关联规则等方面，其做法仍与 Apriori 算法大同小异。在挖掘关联规则时，Apriori 算法将花费许多的时间在数据库的搜索上，这是一个很大的负担；而 Partition 算法所改进的地方便是减少此搜索数据库所花费的成本，进而大大地提升整体效能。

1. Partition 算法概述

Partition 算法是一种基于划分的方法，Partition 算法本质上是基于频集算法的一种优化方法。对 Partition 算法需要了解以下几个基本概念：项集，"属性-值"对的集合，一般情况下在实际操作中会省略属性；候选项集，用来获取频繁项集的候选项集，候选项集中满足支持度条件的项集保留，不满足条件的舍弃；频繁项集，在所有训练元组中同时出现的次数超过人工定义的阈值的项集称为频繁项集；极大频繁项集，不存在包含当前频繁项集的频繁超集，则当前频繁项集就是极大频繁项集。

2. Partition 算法背景

Apriori 要求每次都要扫描数据库，对于长度为 n 的项集的话，要至少扫描 $n+1$ 次数据库。如果数据库的规模更大扫描的次数也会增多。Partition 算法则采用了"分而治之"的规划策略，首先把事物数据库划分成逻辑上互相不相交的多个分区，划分依据为保证各分区数据可一次性读入内存。该算法一次处理一个逻辑分区，使用 Apriori 算法每次算出各个分区的局部大项集；处理之后将每个逻辑分区的局部大项集进行合并，产生候选项集；

最后扫描一次事物数据库，计算出这批候选项集的各自的支持度，由此得到最终的全局大项集。由于局部大项集的产生是在处理器的内存中完成的，所以整个过程仅仅扫描两次事物数据库，第一次在读入分区时，第二次在计算全局大项集时。该算法适合于数据量大并且无法一次性将数据读入内存的情况，算法可并行执行，各个分区处理器处理本分区的数据，在得到局部大项集后经过各分区处理器之间的协作通信生成全局候选项集。

3. Partition 算法原理及步骤

Partition 算法的原理是先将数据库分成许多段，它的核心思想是：整个数据库上的频繁项集至少在数据库的一个分段上是频繁的。用反证法可以轻而易举地证明这点，那么，每个分段上的频繁项集集合的并集就是整个数据库上潜在的频繁项集的集合，Partition 算法的过程如图 5-2 所示。

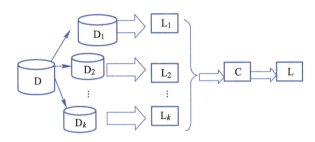

图 5-2　Partition 算法过程

例 5-3：以下是 Partition 算法的具体步骤，设最小支持度为 50%。

① 先把事务数据库 D 从逻辑上分成两个分区：D1 = {001,002,003}，D2 = {004,005}，见表 5-9～表 5-11。

表 5-9　事务数据库 D

TID	项　集
001	A，C，D
002	B，C，E
003	A，B，C，E
004	B，E
005	B，C

表 5-10　分区 1

TID	项　集
001	A，C，D
002	B，C，E
003	A，B，C，E

表 5-11　分区 2

TID	项　集
004	B，E
005	B，C

② 计算分区 1 的大项集，从分区 1 得到局部大项集为 {{A}，{B}，{C}，{E}，{B,C}，{BE}，{CE}，{AC}，{BCE}}，见表 5-12~表 5-14。

表 5-12　分区 1 的 1 阶大项集

项　集	支　持　度
A	2
B	2
C	3
E	3

表 5-13　分区 1 的 2 阶大项集

项　集	支　持　度
B, C	2
B, E	2
C, E	2
A, C	2

表 5-14　分区 1 的 3 阶大项集

项　集	支　持　度
B, C, E	2

③ 计算分区 2 的大项集，得到的局部大项集为 {{B}，{C}，{E}，{BC}，{BE}}，见表 5-15 和表 5-16。

表 5-15　分区 2 的 1 阶大项集

TID	支　持　度
B	2
C	1
E	1

表 5-16　分区 2 的 2 阶大项集

项　集	支　持　度
B, C	1
B, E	1

④ 合并大项集，得到全局候选项集后，第二次扫描数据库，得到全局大项集为 {{B}，{C}，{E}，{BC}，{BE}}，见表 5-17 和表 5-18。

表 5-17　合并大项集 1 阶大项集

TID	支　持　度
B	4
C	4
E	3

表 5-18　合并大项集 2 阶大项集

项　集	支　持　度
B, C	3
B, E	3

第二次扫描数据库，计算全局大项集，最小支持度为 5×50% = 2.5。最后，全局大项集为 {{B}，{C}，{E}，{BC}，{BE}}，通过分区有效地提高了算法的挖掘效率。

4. Partition 算法特点

Partition 算法虽然缩短了处理数据的时间，但是该算法是以数据库中项目均匀分布为前提的,并且算法没有考虑时间因素的影响。利用 Partition 算法只需要扫描整个数据库两次,所以可大大降低其 I/O 的成本,但是会造成下列问题。

① 在第 1 个步骤中所产生的频繁项集只能算是分段中的频繁项集,并不一定表示在整个数据库中也是频繁项集,因此可能会产生过多的频繁项集,导致第二次扫描数据库做确认时效能不好。

② 为了减少频繁项集在不同的分段中重复产生,而且为了能利用估计的方式提早结束挖掘,在系统做挖掘之前必须先将数据库做排序,而对数据库做排序的时间及复杂度虽然作者并未在其文章中描述,但其所耗费的时间不容忽视。

③ 由于分段式挖掘会对各个数据分段做挖掘,所以其计算量会比 Apriori 算法更大。

④ 分段后各区的阈值必然需要向下调整,使得原本不会为候选项集的组合也都成为候选项集,增加了许多工作量。

⑤ 将数据库分段,分段的数量与分段的方法并无一定的标准,可能导致每次挖掘的结果都会有所不同。

5.2.3 DHP 算法

DHP 算法是 Apriori 算法的一种改进算法,其中最关键的是选取使用哈希算法。一种简单的处理方法是将哈希的大小设置为候选项集的数量,即每个候选项集都唯一对应一个哈希表地址,可以直接根据统计数判断候选项集是否为频繁项集。

1. DHP 算法概述

DHP 算法涉及的性质如下:

性质 1:任何频繁项集的所有非空子集也是频繁项集,非频繁项集的超集是非频繁项集。

性质 2:支持频繁项集 L_k 的任意一条事务至少支持 L_k-1 中的 k 个 $k-1$ 项集。

性质 3:如果 L_k 还能产生 L_k+1,则 L_k 中的项集的个数必大于 k。

J. Park 等提出的 DHP 算法主要利用了删减不必要候选项集的概念来改善挖掘关联规则时的效率。DHP 算法以 Apriori 算法为基础,但它引入了 HASH 表的结构,并根据统计学上的定理,将其转换为非频繁项集的删选机制,减少执行过程中不必要的项集的数量,降低所需要的计算成本,从而有效提升挖掘关联规则的效率。

在 Apriori 算法的推导过程中,都是从单一项目开始,先组合出所有可能的候选项集,再从这些候选项集中找出真正的频繁项集,而下一层的候选项集就是将上一层的频繁项集排列组合,再重新分析,往后就如此循环下去,所以当重复 n 层之后,就会出现 $n+1$ 层的频繁项集;但从 Apriori 算法发现,其中最大的问题就是每个候选项集都必须经过上一层的频繁项集排列组合而成,再将所有的候选项集与数据库比对以计算其支持度,所以效能将会随着候选项集数量的增加而降低，往往在第二层的过程中就几乎消耗掉所有的执行成本，所以候选项集的数量就是影响效能的关键所在，减少候选项集就能减少比对的次数，所需要的时间就能减少。

2. DHP 算法背景

尽管 DHP 算法相对 Apriori 算法有一定优化，但也有一些不足。

① 由于各区段中产生频繁项集，并不表示在整个数据库中也为频繁项集，因此会产生过多的频繁项集，导致第二次扫描数据库 I/O 次数频繁，效率不佳。

② 为了减少在不同区段中重复产生频繁项集，而且为了能利用估计的方式提早结束挖掘，在系统做挖掘前必须先将数据库作排序。

③ 由于分段对各区段数据库作挖掘，因此计算量会比 Apriori 算法更大。

3. DHP 算法原理及步骤

DHP 算法的具体步骤为：

① 利用频繁 1 项集将第二层的候选项集建立 HASH 表。

② 根据 HASH 表所产生的候选项集，筛选出频繁项集，再利用频繁项集削减数据库的大小。

③ 产生频繁 2 项集之后，以后的步骤就与 Apriori 算法相同，直到无法再产生更高层次的频繁项集为止。

除了使用 HASH 技术外，DHP 算法也运用有效率的修剪技术来减少数据库的大小，大幅度减少搜索数据库的时间，提高挖掘效率。下面举例说明 DHP 算法如何利用修剪技术来减少数据库的大小。

例 5-4：假设最小支持度为 50%，扫描数据库（表 5-19 和表 5-20）一次后产生的 L_1（见表 5-21）为 {A}、{B}、{C}、{E}，同时建立一个用来计算每一个 2 项目集合出现次数的 HASH 表 H_2（见表 5-22），然后在根据 H_2 产生 C_2。

表 5-19 事务数据库 D

TID	项　　集
001	A，C，D
002	B，C，E
003	A，B，C，E
004	B，E

表 5-20 集合 C_1

项　　集	支 持 度
A	2
B	3
C	3
E	3

表 5-21 集合 L_1

项　　集	支 持 度
A	2
B	3
C	3
D	1
E	3

C 在事务 001（见表 5-22）中出现的次数各为 1，由于都小于 2，所以将此交易删除，

不再列入下一次被搜索的数据库。同理，事务 003（见表 5-23）包含了 4 个候选项目 {AC、BC、BE、CE}，而 AB 与 AE 因只出现一次所以删除，再计算 A、B、C、E 在事务 003 的出现次数，因 A 的次数只有 1，所以保留 3 个项目 B、C、E，删除项目 A。所以在下一次被搜索的数据库中，只保留了 {<002,BCE>,<003,BCE>}。

<table>
<tr><td colspan="2" align="center">表 5-22　HASH 表 H₂</td><td colspan="1" align="center">表 5-23　集合 L₂</td></tr>
</table>

TID	项　　集	项　　集
001	{A,C},{A,D},{C,D}	{A}{C}
002	{B,C},{B,E},{C,E}	{B}{C}
003	{A,B},{A,C},{A,E},{B,E},{C,E}	{B}{E}
004	{B,E}	{C}{E}

4. DHP 算法特点

DHP 算法是基于哈希优化算法，主要有以下特点。DHP 算法利用 HASH 表的结构来删除大量不必要的候选项集，虽然在一开始时其会花费额外的时间来建立 HASH 表，但对于其后的候选项集的产生却能有相当大的改善。总体而言，此方法的确能显著提高效能。然而，要针对长度较长的项集设计适当的 HASH 算法是相当不容易的，在对应项集至 HASH 表的过程中也可能牵涉繁杂的数学计算而加重执行负担，另一方面，HASH 表中所累计的统计值是对项集的支持度做大约的估算，仍需要扫描数据库以获取各项集真正的支持度，所以在执行过程中所需扫描数据库的次数基本上是与 Apriori 相同的，上述两点是 DHP 算法仍需改进的地方。

5.2.4　MSApriori 算法

MSApriori 算法是 1999 年被刘兵等人提出来的，主要思想是为项集中的每一个项都设定一个最小支持度，每个项集的最小支持度就是项集中所有项目的最小支持度中最小值。该算法继续采用了 Apriori 算法中迭代的方式，通过多次扫描数据库来从下到上生成每一级的候选项集和频繁项集，但在很多细节上作了优化。

1. MSApriori 算法概述

MSApriori 算法是另一种优化算法。它的基本思想是设置多个支持度值，每个种类项都有一个最小支持度阈值，然后一个频繁项的最小支持度阈值取其中项集元素中的最小支持度值作为该项集的最小支持度值。这样，如果一个频繁项中出现了稀有项集，则这个项集的最小支持度值就会被拉低，如果又有某个项都是出现频率很高的项构成的话，则支持度又会被拉高。当 MIS 最小支持度阈值数组的个数只有 1 个的时候 MSApriori 算法就退化成 Apriori 算法了。

2. MSApriori 算法背景

MSApriori 先对项目按照最小支持度做升序排列,在每一次迭代中都保持这样的顺序不变,这样有利于找到最小的支持度也就是项集的最小支持度。还有另外一点,Apriori 的基本原理即如果一个项集是频繁项集,那么它的非空子集必定是频繁项集的思想不再使用,因为对于多支持度来讲,不同的项集满足的最小支持度不再相同,不同的最小支持度再作比较就没有意义了,这样就产生了 MSApriori 算法。

3. MSApriori 算法原理及步骤

MSApriori 算法的具体过程如下:首先根据定义的每个项目的最小支持度对其排序。另一方面扫描数据库,计算每个项目的真实的支持度,然后与最小支持度集合中的最小的那个支持度比较,保留实际支持度大于最小支持度项目,这里称为 C_1。将每个项目的真实支持度和各自的最小支持度对比,保留支持度大于最小支持度的项目,生成 L_1。生成 2 维候选项时,合并 C_1 中的项目根据最小支持度来排序,然后对每一个项目进行筛选,如果该项目的支持度大于最小支持度,再将此项目后面的项目的支持度与第一个项目的最小支持度进行对比,如果同样大于第一个项目的最小支持度,则将这两个项目排序之后添到 C_2中。直到循环结束,C_2 中的 2 维项目集就是 2 维候选项集。依次计算候选项集中每个项集的支持度,并将满足条件的项集加入到 L_k 中,最后 L_k 也就是频繁项集。

例5-5:以下是 MSApriori 算法的具体步骤,给定事务数据库 D(见表 5-24),设最小支持度为 50%:

表 5-25~表 5-31 是其步骤。

表 5-24　事务数据库 D	
TID	I(项集)
001	A, B, C, E
002	B, D, E
003	B, C
004	A, B, D, F
005	A, C, F
006	A, C, D
007	A, D, E
008	A, B, E
009	A, C, D, E
010	B, C, D

表 5-25　排序后事务数据库 D	
TID	I(项集)
001	E, A, B, C
002	E, D, B
003	C, B
004	D, F, A, B
005	C, F, A
006	C, D, A
007	E, D, A
008	E, A, B
009	E, C, D, A
010	C, D, B

表 5-26 集合 C_1

项 集	支 持 度
E	50%
C	60%
D	60%
F	20%
A	70%
B	60%

表 5-27 集合 L_1

项 集	支 持 度
E	50%
C	60%
D	60%
A	70%
B	60%

表 5-28 集合 C_2

项 集	支 持 度
E, C	20%
E, D	30%
E, F	0
E, A	40%
E, B	30%
C, D	30%
C, A	40%
C, B	30%
D, A	40%
D, B	30%
A, B	60%

表 5-29 集合 L_2

项 集	支 持 度
E, C	20%
E, D	30%
E, A	40%
E, B	30%
C, D	30%
C, A	40%
C, B	30%
D, A	40%
D, B	30%

表 5-30 集合 C_3

项 集	支 持 度
E, C, D	10%
E, C, A	20%
E, C, B	10%
E, D, A	20%
E, D, B	10%
E, A, B	20%
C, D, A	20%
C, D, B	10%
C, A, B	10%
D, A, B	10%

表 5-31 集合 L_3

项 集	支 持 度
E, C, A	20%
E, D, A	20%
E, A, B	20%
C, D, A	20%

由此可见，当所有项目的最小支持度为同一个数值时，MSApriori 算法就成了 Apriori 算法。而且虽然同样采用了迭代的方法，但是从初始化到候选项集的生成与处理过程都与 Apriori 算法不同，不难看出 MSApriori 较 Apriori 算法更灵活更强。

5.2.5 FP-Growth 算法

FP-Growth（Frequent Pattern-Growth，频繁模式增长）算法是 Aprori 算法的一种改进算法。Apriori 算法利用频繁集的两个特性，过滤了很多无关的集合，效率提高不少，但是 Apriori 算法是一个候选消除算法，每一次消除都需要扫描一次所有数据记录，造成整个算法在面临大数据集时显得无能为力。FP-Growth 算法通过构造一个树结构来压缩数据记录，使得挖掘频繁项集只需要扫描两次数据记录，而且该算法不需要生成候选集合，所以效率会比较高。

1. FP-Growth 算法概述

FP-Growth 算法不产生候选集而直接生成频繁集的频繁模式增长算法，该算法采用分而治之的策略：第一次扫描数据库，把数据库中的频繁项目集压缩到一棵频繁模式树中，形成投影数据库，同时保留其中的关联信息；第二次扫描数据库，将 FP-Tree 分化成一些条件库，每个库和一个长度为 1 的频集相关，然后再对这些条件库分别进行挖掘。

2. FP-Growth 算法背景

FP-Growth 算法将数据存储在一种称为 FP-Tree 的紧凑数据结构中。一棵 FP-Tree 看上去与计算机中的其他树结构类似，但是它通过链接（link）来连接相似元素，被连起来的元素项可以看成一个链表。

同搜索树不同的是，一个元素项可以在一棵 FP-Tree 中出现多次。FP-Tree 会存储项集的出现频率，而每个项集会以路径的方式存储在树中。存在相似元素的集合会共享树的一部分。只有当集合之间完全不同的时候树才会分叉。树节点上给出集合中的单个元素及其在序列中的出现次数，路径会给出该序列的出现次数。相似项之间的链接即节点链接（Node Link），用于快速发现相似项的位置。

3. FP-Growth 算法原理及步骤

FP-Growth 算法步骤：

（1）第一次扫描事务数据库 D，确定每个 1 项集的支持度计数，将频繁 1 项集按照支持度计数降序排序，得到排序后的频繁 1 项集集合 L。

（2）第二次扫描事务数据库 D，读出每个事务并构建根结点为 null 的 FP-Tree。

① 创建 FP-Tree 的根结点，用 null 标记。

② 将事务数据库 D 中的每个事务中的集，删除非频繁项，将频繁项按照 L 中的顺序重新排列事务中项的顺序，并对每个事务创建一个分支。

③ 当为一个事务考虑增加分支时，沿共同前缀上的每个结点的计数加 1，为跟随前缀后的项创建结点并连接。

④ 创建一个项头表，以方便遍历，每个项通过一个结点链指向它在树中的出现。

（3）从 1 项集的频繁项集中支持度最低的项开始，从项头表的结点链头指针，沿循每个频繁项的链接来遍历 FP-Tree，找出该频繁项的所有前缀路径，构造该频繁项的条件模式基，并计算这些条件模式基中每一项的支持度。

（4）通过条件模式基构造条件 FP-Tree，删除其中支持度低于最小支持度的部分，满足最小支持度的部分则是频繁项集。

（5）递归地挖掘每个条件 FP-Tree，直到找到 FP-Tree 为空或者 FP-Tree 只有一条路径，该路径上的所有项的组合都是频繁项集。

例 5-6： 以下是 FP-Growth 算法的具体步骤，表 5-32 表示该数据集具有 9 个事务，设最小支持度为 2，频繁项集的极大长度为 3，现使用 FP-Growth 算法挖掘的事务数据中的频繁项集。

首先对 1 项候选集按照支持度降序排列得到项集 L_1（见表 5-33），先从支持度最小的项集 D 开始，构建条件 FP-Tree 树<B:2,E:2>，向上找出所有前缀路径，找出所有频繁模式{B,D:2}，{E,D:2}，{B,E,D:2}；其次构建项集 E 的条件 FP-Tree 树<A:4,B:2>，向上找出所有前缀路径，找出所有频繁模式{B,E:4}，{A,E:2}，{B,A,E:2}；再构建项集 C 的条件 FP-Tree 树<A:4,B:2>，<B:2>，向上找出所有前缀路径，找出所有频繁模式{B,C:4}，{A,C:4}，{B,A,C:2}；最后构建项集 A 的条件 FP-Tree 树<B:4>，向上找出所有前缀路径，找出所有频繁模式{B,A:4}，见表 5-34。

表 5-32　事务数据库 D

TID	I（项集）
001	B，C，E
002	A，C
003	A，C，E
004	A，C
005	B，D，E
006	A，B，C
007	A，B，D，E
008	A，B，C
009	B，C

表 5-33　集合 L_1

项　集	支　持　度
B	7
A	6
C	6
E	4
D	2

表 5-34　FP-Tree 挖掘过程

项集	条件模式基	条件 FP-Tree	频 繁 模 式
D	{{B,A,E:1},{B,E:1}}	<B:2,E:2>	{B,D:2},{E,D:2},{B,E,D:2}
E	{{B,C:1},{B,A:2},{B:1}}	<A:4,B:2>	{B,E:4},{A,E:2},{B,A,E:2}
C	{{B,2,},{B,A:2},{A:2}}	<A:4,B:2>,<B:2>	{B,C:4},{A,C:4},{B,A,C:2}
A	{{B:4}}	<B:4>	{B,A:4}

5.3　实战案例——超市货物摆放位置优化

本节通过一个具体的"购物篮"实例，加深读者对 Apriori 算法的理解，掌握如何使用本地 Python 编程语言，进行基于 Apriori 算法的关联分析。

实验手册 05
超市货物摆放位置优化

1. 实例环境

安装 Anaconda3-5.1.0 及以上版本，运行 Jupyter Notebook 程序，在 Web 浏览器中新建 Python3 文件。

2. 操作内容

① 配置开发环境。
② 安装 mlxtend 包，进入开发模式。
③ 使用 Python 编写关联规则（Apriori）算法。
④ 算法实现，查看运行结果，即商品关联销售推荐结果。

3. 实验内容

一个小超市，A、B、C、D、E、F 分别代表不同的产品，表 5-35 列出了 5 种产品购买的 10 条记录，每一行代表某一用户的单次购买记录，现在来分析各个超市商品的货架摆放等问题，以增加用户的购买转化率。

表 5-35　产品购买记录表

序　　号	购买产品					
1	A	B	C	D	E	F
2	B	D	E	F		
3	A	F				
4	C	A				

续表

序　号	购买产品				
5	B	D	A		
6	C				
7	A	B			
8	E	A	C		
9	D	C	E		
10	B	F	A		

4. 操作步骤

① 本次实验，需要安装一个"mlxtend"包，打开"Anaconda Prompt"，在命令行中输入命令"pip install --user mlxtend"，按 Enter 键进行安装，如图 5-3 所示表示安装成功。

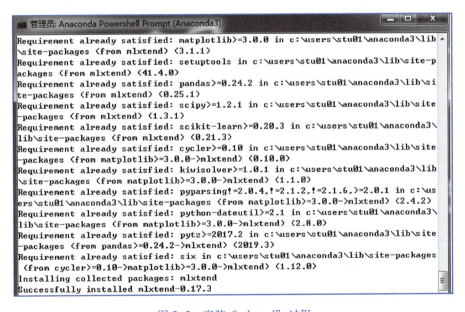

图 5-3　安装"mlxtend"过程

② 打开"Jupyter Notebook"，如图 5-4 所示，新建 Python3。

③ 进入"Jupyter Notebook"工作模式，如图 5-5 所示。

④ 在 In[ ]输入以下语句，然后单击"Run"按钮，结果如图 5-6 所示。

```
import pandas as pd
from mlxtend. preprocessing import TransactionEncoder
from mlxtend. frequent_patterns import apriori
```

图 5-4   新建"Python3"

图 5-5   "Jupyter Notebook"工作模式

图 5-6   导入"apriori"算法

⑤ 在 In[2]输入以下语句，然后单击"Run"按钮，结果如图 5-7 所示。

```
#产品购买记录
Product_list = [['A','B','C','D','E','F'],
        ['B','D','E','F'],
        ['F','A'],
        ['C','A'],
        ['B','D','A'],
        ['C'],
        ['A','B'],
        ['E','A','C'],
        ['D','C','E'],
        ['B','F','A']]
```

⑥ 在 In[3]输入以下语句，然后单击"Run"按钮，结果如图 5-8 所示。

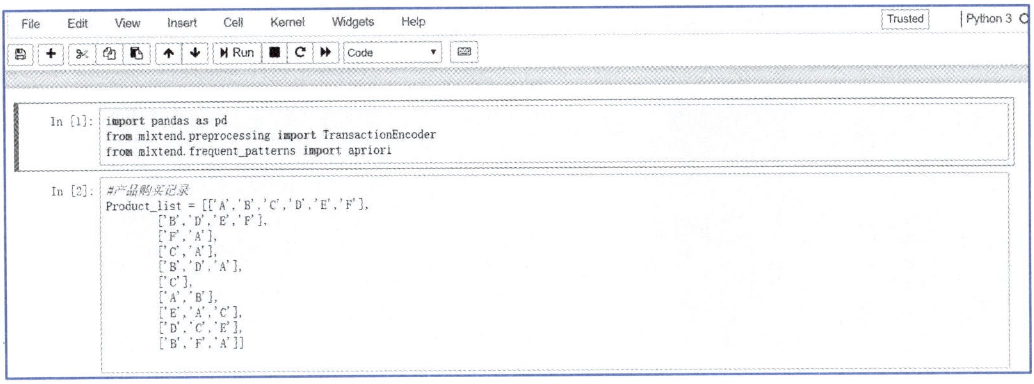

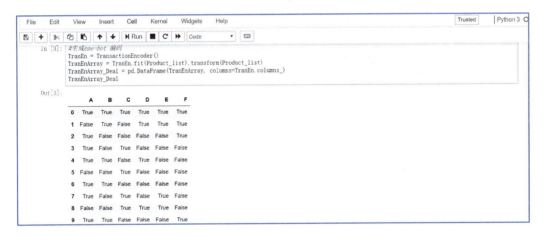

图 5-7　新建产品购买记录表

```
#生成 one-hot 编码
TranEn = TransactionEncoder()
TranEnArray = TranEn.fit(Product_list).transform(Product_list)
TranEnArray_Deal = pd.DataFrame(TranEnArray, columns=TranEn.columns_)
TranEnArray_Deal
```

	A	B	C	D	E	F
0	True	True	True	True	True	True
1	False	True	False	True	True	True
2	True	False	False	False	False	True
3	True	False	True	False	False	False
4	True	True	False	True	False	False
5	False	False	True	False	False	False
6	True	True	False	False	False	False
7	True	False	True	False	True	False
8	False	False	True	True	True	False
9	True	True	False	False	False	True

图 5-8　产品购买记录数组

⑦ 在 In[4]输入以下语句，然后单击“Run”按钮，利用 Apriori 算法找出频繁项集并输出推荐结果，如图 5-9 所示。

```
#利用 Apriori 算法找出频繁项集,设置最小支持度为 0.2,最大物品组合数不限制
Result =apriori(TranEnArray_Deal, min_support=0.2, use_colnames=True, max_len=None)
#输出推荐记录(频繁项集)
print(Result)
```

⑧ 完整代码如下。

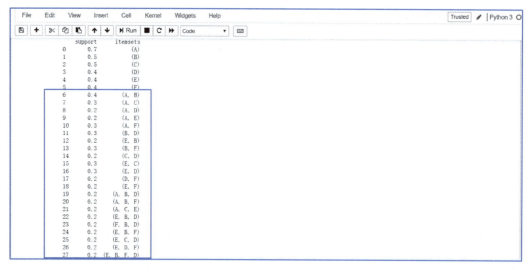

图 5-9   输出推荐结果

```python
import pandas as pd
from mlxtend. preprocessing import TransactionEncoder
from mlxtend. frequent_patterns import apriori
#产品购买记录
Product_list = [['A','B','C','D','E','F'],
        ['B','D','E','F'],
        ['F','A'],
        ['C','A'],
        ['B','D','A'],
        ['C'],
        ['A','B'],
        ['E','A','C'],
        ['D','C','E'],
        ['B','F','A']]
TranEn = TransactionEncoder()
#生成 one-hot 编码
TranEnArray = TranEn. fit(Product_list). transform(Product_list)
TranEnArray_Deal = pd. DataFrame(TranEnArray, columns=TranEn. columns_)
#利用 Apriori 算法找出频繁项集,设置最小支持度为 0. 2,最大物品组合数不限制
Result = apriori(TranEnArray_Deal, min_support=0. 2, use_colnames=True, max_len=None)
#输出推荐记录
print(Result)
```

5.4　本章小结

　　本章主要介绍关联规则的基础知识。首先介绍了关联规则的基本概念、背景，以及关联规则的应用场景、分类以及五种经典的关联规则挖掘算法。然后介绍了关联规则中经典的 Apriori 算法的原理与步骤。接下来，介绍了 Partition、DHP、MSApriori、FP-Growth 等 4 种 Apriori 改进算法。最后通过一个实例展现 Apriori 算法的实现过程。

5.5　本章习题

　　（1）关联规则主要分为哪几类？

　　（2）关联规则主要应用的场景是什么？

　　（3）简述 Apriori 算法原理及步骤。

　　（4）简述 FP-Growth 算法实现步骤。

　　（5）简述 Apriori 算法与 FP-Growth 算法区别。

　　（6）根据 5.3 实战案例，完成一份基于 FP-Growth 算法的商品关联推荐，并给出实验结果。

第 6 章　分类分析

　　本章将通过对分类分析的介绍，引入常见的分类算法，常见的分类算法有支持向量机、逻辑回归、决策树、K 近邻、随机森林、朴素贝叶斯。结合各种算法的概念、原理、步骤等，使用 Python 语言及阿里云机器学习 PAI 平台，进行数据挖掘分析。

6.1　分类分析综述

　　分类（Categorization 或 Classification）就是按照某种标准给对象贴标签（label），再根据标签来区分归类。例如在水果店，水果会被分门别类地装在不同的销售框中，在销售框上会标注水果的相关信息，把水果名类比为标签，再次进货后服务员会根据水果信息，将对应的水果加入到对应的销售框，这个过程就叫作分类。

　　从机器学习上看，分类作为一种监督学习方法，它的目标在于通过已有数据的确定类别，学习得到一个分类函数或分类模型（也常常称作分类器），该模型能把数据库中的数据项映射到给定类别中的某一个类中。简单地说，就是在进行分类前，得到的数据已经标示了数据所属的类别，分类的目标就是得到一个分类的标准，使得能够更好地把不同类别的数据区分出来。

　　要构造分类器，需要有一个训练样本数据集作为输入。分类器需要由人工标注的分类训练语料训练得到，属于有指导学习范畴。训练集由一组数据库记录或元组构成，每个元组是一个由有关字段（又称属性或特征）值组成的特征向量，此外，训练样本还有一个类别标记。分类器的构造方法有统计方法、机器学习方法、神经网络方法等。

　　按照判别数组划分的话，分类算法可以分成二分类和多分类。在日常的生活和工作中，存在很多二分类情况和多分类情况，如交警在查酒驾的时候要判断司机是否喝酒，那么喝了酒或未喝酒，就是二分类问题；如开车到十字路口，遇到的可能是红灯、绿灯、黄灯，类似这种超过两个分类的问题就称为多分类问题。

按照分类策略进行划分的话，分类算法可以分为判别分析分类和机器学习分类，判别分析又根据不同的形式或方法再划分，如图 6-1 所示。

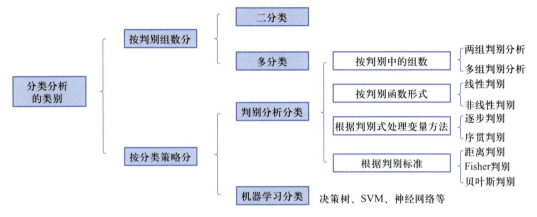

图 6-1　分类分析的类别

从判别或策略进行划分得到 6 种常见的分类算法，如图 6-2 所示，分别是支持向量机、逻辑回归、决策树、K 近邻、随机森林、朴素贝叶斯。

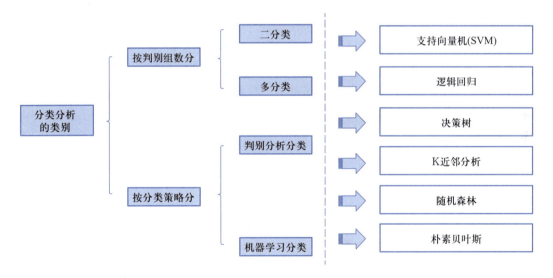

图 6-2　常见的分类算法

6.2　支持向量机

本节通过介绍支持向量机算法的基本概念、提出的背景、原理和步骤等，再结合具体的实例，使用 Python 编程语言及阿里云机器学习 PAI 平台，进行基于支持向量机算法的数据挖掘分析。

6.2.1　支持向量机概念

感知机是二分类的线性分类模型，其输入为实例特征的特征向量，输出为实例的类别。如图 6-3 所示，在二维平面中，感知机模型是去找到一条直线，尽可能地将两个不同类别的样本点分开。同理，在三维甚至更高维空间中，就是要去找到一个超平面。与分离超平面距离最近的样本点的实例称为支持向量。支持向量是使最优化问题中的约束条件等号成立的点，"机"是指找到具有最大间隔分隔面的算法。

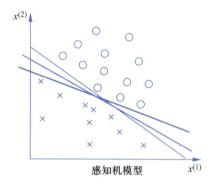

图 6-3　感知机模型

支持向量机（Support Vector Machine，SVM）是一种二类分类模型，它的基本模型是定义在特征空间上的间隔最大的线性分类器。间隔最大使它有别于感知机，其思想也是对给定的训练样本，找到一个超平面去尽可能地分隔更多正反例。不同的是其选择最优的超平面是基于正反例离这个超平面尽可能远。

在感知机模型中，可以找到多个可以分类的超平面将数据分开，并且优化时希望所有的点都被准确分类。但是实际上离超平面很远的点已经被正确分类，它对超平面的位置没有影响。人们最关心是那些离超平面很近的点，这些点很容易被误分类。如果可以让离超平面比较近的点尽可能地远离超平面，最大化几何间隔，那么分类效果会更好一些。SVM的思想起源正起于此。

6.2.2　支持向量机原理

如图 6-4 所示，把数据类比为图中的球，分类器类比为图中的棍子，最优化类比为图中的最大间隙，核函数类比为图中的拍桌子，超平面类比为纸。

在二维平面中，感知机模型是去找到一条直线，尽可能地将两个不同类别的样本点分开。同理，在三维甚至更高维空间中，就是要去找到一个超平面。如图 6-4 所示，这样起到分类作用的直线或超平面有很多，未来的预测数据性质不可知，哪条直线或哪个超平面是最优的，也就是找出具有最好的鲁棒性和最强的泛化能力的超平面。

观察图 6-5 可以分析得出，通过优化找到一个最优的分类器，换言之，找到一个超平面，其分类间隔最大；优化的目标函数是分类间隔，需要使得分类间隔最大；优化的对象是分类超平面。通过调整分类超平面的位置，使得间隔最大，实现优化目标。

有两种不同颜色的球,需要用一根棍把它们分开

用一根棍把两种不同颜色的球分开

然后又放了更多的球,但似乎有一个球的位置有点问题

SVM就是试图把棍放在最佳位置,好让在棍的两边有尽可能大的间隙

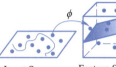

现在即使放了更多的球,棍仍然是一个好的分界线

对于这种情况,还有没有合适的棍可以把球分开呢

想象一下拍桌子后球飞到空中的情景,然后抓起一张纸,将它插到两种球的中间

现在,这些球看起来像是被一条曲线分开了

图 6-4 支持向量机分类图

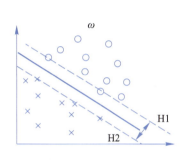

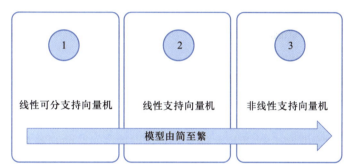

图 6-5 寻找最优分类器

6.2.3 实战案例——食物变质与菌落含量关系分析

支持向量机是一类按监督学习方式对数据进行二元分类的广义线性分类器,其决策边界是对学习样本求解的最大边距超平面。本节通过一个具体的实例,使读者能够加深对支持向量机模型的理解,掌握如何使用 Python 编程语言及阿里云机器学习 PAI 平台,进行基于支持向量机算法的数据分析。

1. 数据分析任务

> 示例源码 6-1
> 食物变质与菌落含量关系分析

本节实例提供某食物菌落含量数据,需要分析同一种食物的变质与两种不同菌落含量之间的关系,要求通过支持向量机的算法,建立菌落含量与变质之间的关系,使用支持向量机算法进行模拟实验二分类,以达成通过菌落含量预测变质与否的目标。其中数据文件为 ods_bacteria_deterioration_info.csv,字段说明见表 6-1。

表 6-1　食物变质与菌落含量关系中表字段说明

字　段　名	类　　型	含　　义
bacteria_01_content_value	数值	菌落种类 1 含量
bacteria_02_content_value	数值	菌落种类 2 含量
deterioration_sign	数值	是否变质

2. 基于 Python 编程语言实现

① 开发前准备工作：确保本机已安装 Anaconda3-5.1.0 及以上版本，准备本地数据文件 ods_bacteria_deterioration_info. csv，运行 Jupyter Notebook 程序，在 Web 浏览器中新建 Python3 文件。

② 导入所需的 Python 模块。

```
import numpy as np
import pandas as pd
from sklearn. model_selection   import train_test_split
from sklearn. svm import SVC
from sklearn. metrics import classification_report
from sklearn. metrics import roc_auc_score
```

③ 加载 CSV 数据文件，并对数据进行必要的观察和探索，如图 6-6 和图 6-7 所示。

```
#读取数据集
dataset = pd. read_csv( "ods_bacteria_deterioration_info. csv" )
#查看数据:查看数据的前几条记录
dataset. head( )
#数据集统计性描述:观察数据的数量、中值、标准值、最大值、最小值等
dataset. describe( )
#数据集信息:查看数据集属性的数据类型、数据量、是否有空值等
dataset. info( )
```

```
Out[3]:
        bacteria_01_content_value  bacteria_02_content_value  deterioration_sign
0              3.542                      4.978                       0
1              3.019                      5.567                       0
2              7.592                      1.410                       1
3              2.143                      2.995                       0
4              8.132                      4.245                       1
```

图 6-6　加载 CSV 数据文件

```
In  [4]: dataset.describe()
Out[4]:
```

	bacteria_01_content_value	bacteria_02_content_value	deterioration_sign
count	13.000000	13.000000	13.000000
mean	4.047462	3.236308	0.307692
std	2.827625	1.619086	0.480384
min	0.342000	0.202000	0.000000
25%	2.143000	2.105000	0.000000
50%	3.126000	3.262000	0.000000
75%	7.123000	4.732000	1.000000
max	8.621000	5.567000	1.000000

```
In  [5]: dataset.info()

<class 'pandas.core.frame.DataFrame'>
RangeIndex: 13 entries, 0 to 12
Data columns (total 3 columns):
bacteria_01_content_value    13 non-null float64
bacteria_02_content_value    13 non-null float64
deterioration_sign           13 non-null int64
dtypes: float64(2), int64(1)
memory usage: 392.0 bytes
```

图 6-7　查看数据基本情况

④ 区分输入及输出数据，其中输入数据为菌落种类含量，输出数据为是否变质，如图 6-8 所示。

```
#查看各类别计数
dataset["deterioration_sign"].value_counts()
#区分特征及标签数据
x =dataset[["bacteria_01_content_value","bacteria_02_content_value"]].values
y =dataset["deterioration_sign"].values
```

```
In  [6]: dataset["deterioration_sign"].value_counts()

Out[6]: 0    9
        1    4
        Name: deterioration_sign, dtype: int64
```

图 6-8　区分输入和输出数据

⑤ 设置随机数种子，确保结果可重现，并按比例随机拆分训练样本和测试样本。

```
#设置随机数种子
np.random.seed = 123
```

```
#拆分样本
(train_x, test_x, train_y, test_y) = train_test_split(x, y, train_size=0.7, test_size=0.3)
```

⑥ 使用线性核函数 linear 构建 SVM 模型，并通过样本集对模型进行训练，如图 6-9 所示。

```
#构建 SVM 模型,核函数:高斯核函数 rbf/线性核函数 linear/多项式核函数 poly
model = SVC(kernel='linear', probability=True)
#通过训练样本训练模型
model.fit(train_x, train_y)
```

```
In [9]: model = SVC(kernel='linear',probability=True)
        model.fit(train_x, train_y)

Out[9]: SVC(C=1.0, cache_size=200, class_weight=None, coef0=0.0,
        decision_function_shape='ovr', degree=3, gamma='auto', kernel='linear',
        max_iter=-1, probability=True, random_state=None, shrinking=True,
        tol=0.001, verbose=False)
```

图 6-9 构建并训练模型

⑦ 使用精准率 Precision、召回率 Recall、F1-score 等指标对模型进行评价，如图 6-10 所示。

```
#通过测试样本评估模型
print("模型评分:", model.score(test_x, test_y))
#测试样本分类报告
print(classification_report(test_y, model.predict(test_x)))
print("AUC 值:", roc_auc_score(test_y, model.predict(test_x)))
```

```
In [10]: print("模型评分:",model.score(test_x, test_y))
         模型评分: 1.0

In [11]: print(classification_report(test_y,model.predict(test_x)))

                    precision   recall  f1-score   support

                0       1.00      1.00      1.00        3
                1       1.00      1.00      1.00        1

        avg / total     1.00      1.00      1.00        4


In [12]: print("AUC值:",roc_auc_score(test_y,model.predict(test_x)))
         AUC值: 1.0
```

图 6-10 评价模型

⑧ 利用模型预测新的数据，如图 6-11 所示。

```
#预测新数据
print(model.predict([[3,5]]))
print("概率:",model.predict_proba([[3,5]]).max())
```

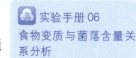

图 6-11　根据菌落预测是否变质

　　通过比较测试集中的属性"是否变质"和预测得到的结果，可以得出预测正确的概率为 0.907，说明使用支持向量机建立的模型预测效果良好，在二分类问题上可以选择使用支持向量机算法进行建模和预测。

3. 基于阿里云机器学习 PAI 平台实现

> 实验手册 06
> 食物变质与菌落含量关系分析

　　① 开发前环境准备工作：确保已注册阿里云账号，并开通阿里云 DataWorks 及 PAI 平台服务。

　　② 数据准备：进入阿里云 PAI 平台，在"Studio-可视化建模"菜单项中创建项目（注：也可以使用旧项目），并切换到 DataWorks 平台，打开与阿里云 PAI 平台同名的工作空间。通过如下 SQL 语句建表，并导入 CSV 文件数据，如图 6-12 所示。

```
-- 新建菌落环境与是否变质数据表
DROP TABLE IF EXISTS ODS_BACTERIA_DETERIORATION_INFO;
CREATE TABLE ODS_BACTERIA_DETERIORATION_INFO(
    bacteria_01_content_value DOUBLE COMMENT '菌落种类1含量',
    bacteria_02_content_value DOUBLE COMMENT '菌落种类2含量',
    deterioration_sign BIGINT COMMENT '是否变质'
)COMMENT '食物菌落变质表';
```

　　③ 创建实验：进入阿里云 PAI 平台对应项目，新建空白实验，如图 6-13 所示。

　　④ 设计实验流程：本实验中需要用到 4 个组件，分别是读数据表、拆分、线性支持向量机、预测。其中"源/目标"组中的"读数据表"组件中，设置表名为 ODS_BACTERIA_DETERIORATION_INFO；在组件"拆分"中设置拆分比例为 0.7；在组件"线性支持向量机"中，设置特征列为 bacteria_01_content_value、bacteria_02_content_value，标签列为 deterioration_sign；在组件"预测"中，左侧输入为线性支持向量机模型，右侧输入为表 ODS_BACTERIA_DETERIORATION_INFO 中数据，如图 6-14 所示。

　　⑤ 运行实验：单击"运行"按钮，等待一段时间，待运行结束后，右击组件"预测"，查看数据。在数据列表中，字段 prediction_result 即为基于支持向量机模型根据 bacteria_01_content_value、bacteria_02_content_value 预测的是否变质，可与真实值 deterioration_sign 进行比对，如图 6-15 所示。

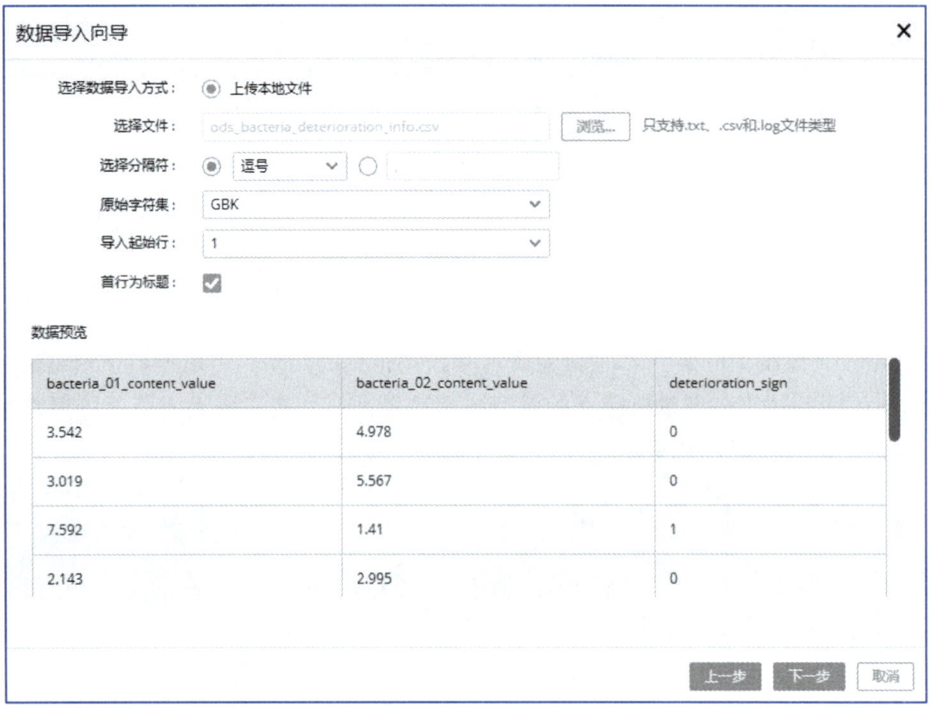

图 6-12 导入 CSV 数据

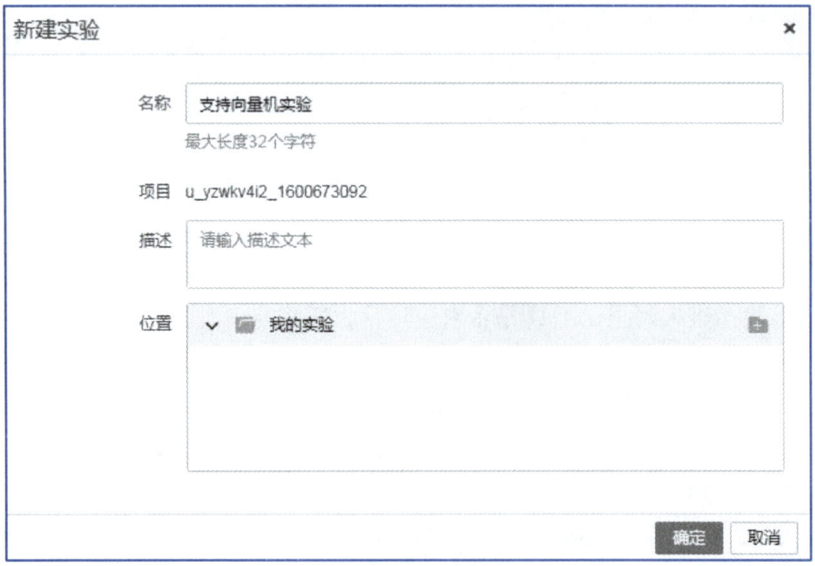

图 6-13 创建空白实验

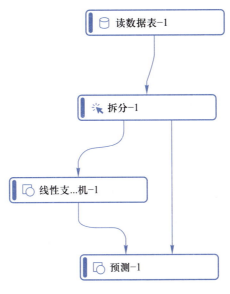

图 6-14 实验流程

图 6-15 预测结果

可以通过查看预测结果，和测试集中的属性"是否变质"进行比较，图中的测试集属性数据和预测结果都均为 0，表示属性"是否变质"的预测结果相同，说明使用支持向量机建立的模型预测效果良好，在二分类问题上可以选择使用支持向量机算法进行建模和预测。

6.3 逻辑回归

本节通过介绍逻辑回归算法的基本概念、提出的背景、原理和步骤等，再结合具体的实例，使用 Python 编程语言及阿里云机器学习 PAI 平台，进行基于逻辑回归算法的数据分析。

6.3.1　逻辑回归概念

逻辑回归又称逻辑回归分析，是一种广义的线性回归分析模型，自变量可以包括很多因素，因变量常为二分类结果，如图 6-16 所示。常用于数据挖掘、疾病自动诊断、经济预测等领域，例如，探讨引发疾病的危险因素，并根据危险因素预测疾病发生的概率等。

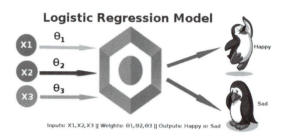

图 6-16　逻辑回归模型

逻辑回归与多重线性回归实际上有很多相同之处，最大的区别就在于它们的因变量不同，其他的都差不多，如图 6-17 所示。因此，这两类回归可以归于广义线性模型。如果是连续的，就是多重线性回归；如果是二项分布，就是逻辑回归；如果是泊松分布，就是泊松回归；如果是负二项分布，就是负二项回归。

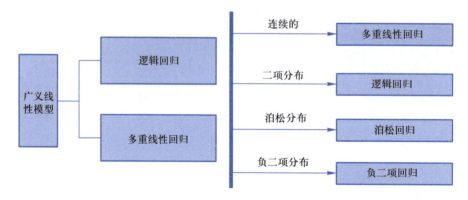

图 6-17　逻辑回归和多重线性回归

6.3.2　逻辑回归原理

逻辑回归虽然名字里带"回归"，但是实际上它是一种分类方法，主要用于二分类问题，所以需要使用 logistic 函数（或称为 sigmoid 函数），函数形式为：

$$g(z) = \frac{1}{1+e^{-z}}$$

逻辑回归首先把样本映射到 [0,1] 之间的数值，这就归功于 sigmoid 函数，可以把任何连续的值映射到 [0,1] 之间，数越大越趋向于 0，越小越趋近于 1。在逻辑回归中还有一个非常重要的步骤是选定阈值，意思是确定一个值作为阈值，如选定阈值为 0.5，那么小于 0.5 的预测为负例，哪怕结果是 0.49，也将这个样本预测为负例，反之则为正例。但由于只是根据阈值进行预测，误差都是存在的，所以选定阈值时需要选择可以接受误差的程度。

6.3.3 实战案例——市民属性与早餐饮品的关系分析

逻辑回归在分类的时候，计算量仅仅只和特征的数目相关，简单易理解，模型的可解释性非常好，从特征的权重可以看到不同的特征对最后结果的影响。本节通过一个具体的实例，使读者能够加深对逻辑回归模型的理解，掌握如何使用 Python 编程语言及阿里云机器学习 PAI 平台，进行基于逻辑回归算法的数据分析。

1. 数据分析任务

本节实例提供某卫生组织收集的人群类型属性及早餐饮品数据，需要分析不同类型的人群与早餐饮品间的关系，要求通过逻辑回归算法，建立人群与早餐饮品间的逻辑关系，以达成通过人群属性预测早餐饮品的目标。其中数据文件为 ods_breakfast_info.csv，字段说明见表 6-2。

表 6-2 市民属性与早餐饮品中表字段说明

字 段 名	类 型	含 义
age	数值	年龄
gender	数值	性别
occupation	数值	职业
marital_status	数值	婚姻状态
breakfast	字符串	早餐种类

2. 基于 Python 编程语言实现

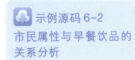
示例源码 6-2
市民属性与早餐饮品的关系分析

① 开发前准备工作：确保本机已安装 Anaconda3-5.1.0 及以上版本，准备本地数据文件 ods_breakfast_info.csv，运行 Jupyter Notebook 程序，在 Web 浏览器中新建 Python3 文件。

② 导入所需的 Python 模块。

```
#引入模块
import numpy as np
import pandas as pd
```

```
from sklearn. model_selection  import train_test_split
from sklearn. linear_model import LogisticRegression
from sklearn. metrics import classification_report
```

③ 加载 CSV 数据文件，并对数据进行必要的观察和探索，如图 6-18 和图 6-19 所示。

```
#读取数据
dataset = pd. read_csv( "ods_breakfast_info. csv"，encoding = "gb2312" )
#查看数据：查看数据的前几条记录
dataset. head( )
#数据集统计性描述：观察数据的数量、中值、标准值、最大值、最小值等
dataset. describe( )
#数据集信息：查看数据集属性的数据类型、数据量、是否有空值等
dataset. info( )
```

Out[3]:	age	gender	occupation	marital_status	breakfast
0	1	1	1	1	牛奶
1	3	1	3	1	酸奶
2	4	1	2	1	茶
3	2	0	1	1	饮料
4	3	1	2	1	牛奶

图 6-18　加载 CSV 数据文件

```
In  [4]:   dataset. info()

           <class 'pandas. core. frame. DataFrame'>
           RangeIndex: 26 entries, 0 to 25
           Data columns (total 5 columns):
           age               26 non-null int64
           gender            26 non-null int64
           occupation        26 non-null int64
           marital_status    26 non-null int64
           breakfast         26 non-null object
           dtypes: int64(4), object(1)
           memory usage: 1.1+ KB

In  [5]:   dataset. describe()

Out[5]:
```

	age	gender	occupation	marital_status
count	26.000000	26.000000	26.000000	26.000000
mean	2.384615	0.461538	1.807692	0.769231
std	1.134087	0.508391	0.849434	0.429669
min	1.000000	0.000000	1.000000	0.000000
25%	1.250000	0.000000	1.000000	1.000000
50%	2.000000	0.000000	2.000000	1.000000
75%	3.000000	1.000000	2.750000	1.000000
max	4.000000	1.000000	3.000000	1.000000

图 6-19　查看数据基本情况

④ 区分输入及输出数据，其中输入数据为人群属性，输出数据为早餐饮品，如图 6-20 所示。

```
#查看各类别计数
dataset["breakfast"].value_counts()
#区分特征及标签数据
x = dataset[["age","gender","occupation","marital_status"]].values
y = dataset["breakfast"].values
```

```
In  [6]:  dataset["breakfast"].value_counts()

Out[6]:  酸奶    11
         牛奶     7
         茶      5
         饮料     3
         Name: breakfast, dtype: int64
```

图 6-20　区分输入和输出数据

⑤ 设置随机数种子，确保结果可重现，并按比例随机拆分训练样本和测试样本。

```
#设置随机数种子
np.random.seed = 123
#拆分样本
(train_x, test_x, train_y, test_y) = train_test_split(x, y, train_size=0.8, test_size=0.2)
```

⑥ 使用多分类函数 multinomial 构建逻辑回归模型，并通过样本集对模型进行训练，如图 6-21 所示。

```
#构建模型,solvers=newton-cg/sag/lbfgs
model = LogisticRegression(multi_class="multinomial",solver="newton-cg")
#通过训练样本训练模型
model.fit(train_x, train_y)
```

```
In  [9]:  model = LogisticRegression(multi_class="multinomial",solver="newton-cg")
          model.fit(train_x, train_y)

Out[9]:  LogisticRegression(C=1.0, class_weight=None, dual=False, fit_intercept=True,
                   intercept_scaling=1, max_iter=100, multi_class='multinomial',
                   n_jobs=1, penalty='l2', random_state=None, solver='newton-cg',
                   tol=0.0001, verbose=0, warm_start=False)
```

图 6-21　构建并训练模型

⑦ 使用精准率 Precision、召回率 Recall、F1-score 等指标对模型进行评价，如图 6-22 所示。

```
#通过测试样本评估模型
print("模型评分:",model.score(test_x, test_y))
#测试样本分类报告
print(classification_report(test_y,model.predict(test_x)))
```

```
In  [10]:  print("模型评分:",model.score(test_x, test_y))
           模型评分: 0.5

In  [11]:  print(classification_report(test_y,model.predict(test_x)))

                     precision    recall   f1-score    support

              牛奶        0.00       0.00      0.00         3
              酸奶        0.50       1.00      0.67         3

       avg / total        0.25       0.50      0.33         6
```

图 6-22   评价模型

⑧ 利用模型预测新的数据,如图 6-23 所示。

```
#预测新数据
print(model.predict([[4, 0, 1, 1]]))
print("概率:",model.predict_proba([[4, 0, 1, 1]]).max())
```

```
In  [12]:  print(model.predict([[4, 0, 1, 1]]))
           print("概率:",model.predict_proba([[4, 0, 1, 1]]).max())

           ['茶']
           概率: 0.7748025119735683
```

图 6-23   根据人群属性预测早餐饮品

通过比较测试集中的属性"breakfast"和预测得到的结果,可以得出预测正确的概率为 0.7748,说明使用逻辑回归建立的模型预测效果较好,在分类问题上可以选择使用逻辑回归算法进行建模和预测。

实验手册 07
市民属性与早餐饮品的
关系分析

3. 基于阿里云机器学习 PAI 平台实现

① 开发前环境准备工作:确保已注册阿里云账号,并开通阿里云 DataWorks 及 PAI 平台服务。

② 数据准备:进入阿里云 PAI 平台,在"Studio-可视化建模"菜单项中创建项目(注:也可以使用旧项目),并切换到 DataWorks 平台,打开与阿里云 PAI 平台同名的工作空间。通过如下 SQL 语句建表,并导入 CSV 文件数据,如图 6-24 所示。

```
-- 新建人群属性与早餐饮品数据表
DROP TABLE IF EXISTS ODS_BREAKFAST_INFO;
CREATE TABLE ODS_BREAKFAST_INFO(
```

```
    age BIGINT COMMENT '年龄',
    gender BIGINT COMMENT '性别',
    occupation BIGINT COMMENT '职业',
    marital_status BIGINT COMMENT '婚姻状态',
    breakfast STRING COMMENT '早餐种类'
) COMMENT '早餐调查表';
```

图 6-24 导入 CSV 数据

③ 创建实验：进入阿里云 PAI 平台对应项目，新建空白实验，如图 6-25 所示。

④ 设计实验流程：本实验中需要用到 4 个组件，分别是读数据表、拆分、逻辑回归、预测。其中"源/目标"组中的"读数据表"组件中，设置表名为 ODS_BREAKFAST_INFO；在组件"拆分"中设置拆分比例为 0.8；在组件"逻辑回归"中，设置特征列为 age、gender、occupation、marital_status，标签列为 breakfast；在组件"预测"中，左侧输入为逻辑回归模型，右侧输入为表 ODS_BREAKFAST_INFO 中数据，如图 6-26 所示。

⑤ 运行实验：单击"运行"按钮，等待一段时间，待运行结束后，右击组件"预测"，查看数据。在数据列表中，字段 prediction_result 即为基于逻辑回归模型根据 age、gender、occupation、marital_status 预测的早餐饮品，可与真实值 breakfast 进行比对，如图 6-27所示。

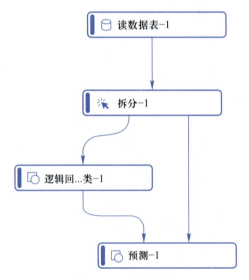

图 6-25　创建空白实验

读数据表-1

拆分-1

逻辑回...类-1

预测-1

图 6-26　实验流程

数据探查 - pai_temp_179641_1863123_1 - (仅显示前一百条)

序号 ▲	age ▲	gender ▲	occupation ▲	marital_status ▲	breakfast ▲	prediction_result ▲	prediction_score ▲
1	4	1	2	1	茶	牛奶	0.37094647806285036
2	2	0	1	1	饮料	酸奶	0.24605419001152434
3	4	1	2	1	牛奶	牛奶	0.37094647806285036
4	4	0	1	1	茶	茶	1
5	1	1	2	0	酸奶	牛奶	0.8293245227426541
6	3	1	1	0	酸奶	茶	1

图 6-27　预测结果

可以通过查看预测结果，和测试集中的属性"breakfast"进行比较，图中罗列的测试集属性数据和预测结果有 6 条，其中有 3 条预测结果相同，说明使用逻辑回归建立的模型预测效果较好，在分类问题上可以选择使用逻辑回归算法进行建模和预测。

6.4　决策树

本节通过介绍决策树算法的基本概念、提出的背景、原理和步骤等，再结合具体的实例，使用 Python 编程语言及阿里云机器学习 PAI 平台，进行基于决策树算法的数据分析。

6.4.1　决策树概念

决策树是在已知各种情况发生概率的基础上，通过构成决策树来求取净现值的期望值大于等于零的概率，评价项目风险，判断其可行性的决策分析方法，是直观运用概率分析的一种图解法，如图 6-28 所示。由于这种决策分支画成图形很像一棵树的枝干，故称决策树。在机器学习中，决策树是一个预测模型，它代表的是对象属性与对象值之间的一种映射关系。

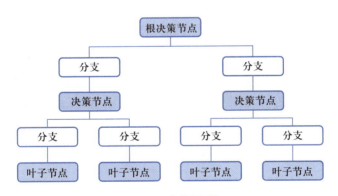

图 6-28　决策树图解

顾名思义，决策树就像是一棵树，一棵决策树包含一个根节点、若干个内部节点和若干个叶节点；叶节点对应于决策结果，其他每个节点则对应于一个属性测试；每个节点包含的样本集合根据属性测试的结果被划分到子节点中；根节点包含样本全集，从根节点到每个叶子节点的路径对应了一个判定测试序列。

决策树易于理解和实现，人们在学习过程中不需要了解很多的背景知识，这同时是其能够直接体现数据的特点，只要通过解释后都有能力去理解决策树所表达的意义。

6.4.2　决策树原理

用决策树解决分类问题可以分为两个步骤，第一步利用给定的数据集合建立一棵决策树模型；第二步利用生成的决策树模型对需要分类的样本进行分类。决策树在构建过程中需要重点解决以下两个问题，第 1 个问题是如何选择合适的属性作为决策节点去划分数据集合，不同的决策树算法给出了不同的解决方法来划分属性解决此问题；第 2 个问题是如何在适当位置停止划分，从而得到大小合适的决策树，解决方案是当属性列表为空，或者数据集中样本都已经分类，此时就可以停止决策树分支的形成及划分，从而得到初始的决策树。

6.4.3　实战案例——市民属性与是否购车的关系分析（基于决策树）

决策树是在已知各种情况发生概率的基础上，通过构成决策树来求取净现值的期望值大于等于零的概率，评价项目风险，判断其可行性的决策分析方法，是直观运用概率分析的一种图解法。本节通过一个具体的实例，使读者能够加深对决策树模型的理解，掌握如何使用 Python 编程语言及阿里云机器学习 PAI 平台，进行基于决策树算法的数据分析。

1. 数据分析任务

本节实例提供某市市民的人群类型属性及是否购车数据，需要分析不同类型的市民与购车行为间的关系，要求通过决策树算法，建立市民与购车行为间的逻辑关系，以达成通过市民属性预测购车行为的目标。其中数据文件为 ods_bye_car_info.csv，字段说明见表 6-3。

表 6-3　市民属性与是否购车中表字段说明

字　段　名	类　　型	含　　义
user_id	数值	调查用户 ID
age	数值	年龄
gender	字符串	性别
marital_status	字符串	婚姻状态
buy_car_sign	字符串	是否购车

示例源码 6-3
市民属性与是否购车的关系分析（基于决策树）

2. 基于 Python 编程语言实现

① 开发前准备工作：确保本机已安装 Anaconda3-5.1.0 及以上版本，准备本地数据文件 ods_bye_car_info.csv，运行 Jupyter Notebook 程序，在 Web 浏览器中新建 Python3 文件。

② 导入所需的 Python 模块。

```
#引入模块
import numpy as np
import pandas as pd
from sklearn import preprocessing
from sklearn. model_selection   import train_test_split
from sklearn import tree
from sklearn. metrics import classification_report
```

③ 加载 CSV 数据文件，并对数据进行必要的观察和探索，如图 6-29 和图 6-30 所示。

```
#读取数据集
dataset = pd. read_csv("ods_bye_car_info. csv", encoding="gb2312")
#查看数据:查看数据的前几条记录
dataset. head()
#数据集统计性描述:观察数据的数量、中值、标准值、最大值、最小值等
dataset. describe()
#数据集信息:查看数据集属性的数据类型、数据量、是否有空值等
dataset. info()
```

Out[3]:	user_id	age	gender	annual_income	marital_status	buy_car_sign
0	1	30-	male	10-20w	否	否
1	2	41-50	female	21-40w	是	是
2	3	31-40	male	10-20w	否	否
3	4	30-	male	41w+	否	是
4	5	41-50	male	21-40w	是	否

图 6-29　加载 CSV 数据文件

④ 区分输入及输出数据，其中输入数据为市民属性，输出数据为是否购车，如图 6-31 所示。

```
#查看各类别计数
dataset["buy_car_sign"]. value_counts()
#区分特征及标签数据
x = dataset[["age", "gender", "annual_income", "marital_status"]]. values
y = dataset["buy_car_sign"]. values
```

⑤ 决策树只能处理数值型数据，因此需要对字符串进行编码，如图 6-32 所示。

```
# sklearn 决策树只能处理数值型数据,需要对字符串进行编码
encoder = preprocessing. OrdinalEncoder()
```

```
encoder. fit( x)
x = encoder. transform( x)
print( x[ :5])
```

```
In  [4]:  dataset.info()

          <class 'pandas.core.frame.DataFrame'>
          RangeIndex: 30 entries, 0 to 29
          Data columns (total 6 columns):
          user_id           30 non-null int64
          age               30 non-null object
          gender            30 non-null object
          annual_income     30 non-null object
          marital_status    30 non-null object
          buy_car_sign      30 non-null object
          dtypes: int64(1), object(5)
          memory usage: 1.5+ KB

In  [5]:  dataset.describe()
Out[5]:
```

	user_id
count	30.000000
mean	15.500000
std	8.803408
min	1.000000
25%	8.250000
50%	15.500000
75%	22.750000
max	30.000000

图 6-30   查看数据基本情况

```
In  [6]:  dataset["buy_car_sign"].value_counts()
Out[6]:  否    16
         是    14
         Name: buy_car_sign, dtype: int64
```

图 6-31   区分输入和输出数据

```
In  [8]:  encoder = preprocessing.OrdinalEncoder()
          encoder.fit(x)
          x=encoder.transform(x)
          print(x[:5])

          [[0. 1. 0. 0.]
           [2. 0. 1. 1.]
           [1. 1. 0. 0.]
           [0. 1. 2. 0.]
           [2. 1. 1. 1.]]
```

图 6-32   字符串编码处理

⑥ 设置随机数种子，确保结果可重现，并按比例随机拆分训练样本和测试样本。

```
#设置随机数种子
np. random. seed = 123
#拆分样本
(train_x, test_x, train_y, test_y) = train_test_split(x, y, train_size=0.8, test_size=0.2)
```

⑦ 使用信息增益熵作为决策树的特征选取，构建决策树模型，并通过样本集对模型进行训练，如图 6-33 所示。

```
#构建模型,基尼系数 gini/信息熵 entropy
model = tree. DecisionTreeClassifier(criterion="gini", max_depth=None)
#通过训练样本训练模型
model. fit(train_x, train_y)
```

```
In  [10]:  model = tree.DecisionTreeClassifier(criterion="gini",max_depth=None)
           model.fit(train_x, train_y)
Out[10]:  DecisionTreeClassifier()
```

图 6-33　构建并训练模型

⑧ 使用精准率 Precision、召回率 Recall、F1-score 等指标对模型进行评价，如图 6-34 所示。

```
#通过测试样本评估模型
print("模型评分:", model. score(test_x, test_y))
#测试样本分类报告
print(classification_report(test_y, model. predict(test_x)))
```

```
In  [11]:  print("模型评分:",model.score(test_x, test_y))
           模型评分: 0.3333333333333333

In  [12]:  print(classification_report(test_y,model.predict(test_x)))

                       precision   recall  f1-score   support

                 否        0.50      0.50      0.50        4
                 是        0.00      0.00      0.00        2

           accuracy                            0.33        6
          macro avg        0.25      0.25      0.25        6
       weighted avg        0.33      0.33      0.33        6
```

图 6-34　评价模型

⑨ 利用模型预测新的数据，如图 6-35 所示。

```
#预测新数据
predict_x = encoder. transform( [ [ '41-50' ,'female' ,'21-40w' ,'是' ] ] )
print( model. predict( predict_x) )
print( "概率:" ,model. predict_proba( predict_x) . max( ) )
```

```
In [13]:  predict_x=encoder.transform([['41-50','female','21-40w','是']])
          print(model.predict(predict_x))
          print("概率:",model.predict_proba(predict_x).max())

          ['是']
          概率: 1.0
```

图 6-35   根据市民属性预测是否购车

通过比较测试集中的属性"是否购车"和预测得到的结果,可以得出预测正确的概率为 1.0,说明使用决策树建立的模型预测效果良好,在分类问题上可以选择使用决策树算法进行建模和预测。

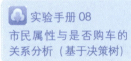
实验手册 08
市民属性与是否购车的关系分析(基于决策树)

3. 基于阿里云机器学习 PAI 平台实现

① 开发前环境准备工作:确保已注册阿里云账号,并开通阿里云 DataWorks 及 PAI 平台服务。

② 数据准备:进入阿里云 PAI 平台,在"Studio-可视化建模"菜单项中创建项目(注:也可以使用旧项目),并切换到 DataWorks 平台,打开与阿里云 PAI 平台同名的工作空间。通过如下 SQL 语句建表,并导入 CSV 文件数据。

```
-- 新建市民属性与是否购车数据表
DROP TABLE IF EXISTS ODS_BYE_CAR_INFO;
CREATE TABLE ODS_BYE_CAR_INFO(
user_id STRING COMMENT '调查用户 ID',
age STRING COMMENT '年龄',
gender STRING COMMENT '性别',
annual_income STRING COMMENT '年收入',
marital_status STRING COMMENT '婚姻状态',
buy_car_sign STRING COMMENT '是否购车'
)COMMENT '市民购车调查表';
```

③ 创建实验:进入阿里云 PAI 平台对应项目,新建空白实验,如图 6-36 所示。

④ 设计实验流程:本实验中需要用到 4 个组件,分别是读数据表、拆分、随机森林、预测。其中"源/目标"组中的"读数据表"组件中,设置表名为 ODS_BYE_CAR_INFO;在组件"拆分"中设置拆分比例为 0.8;由于随机森林中的树使用的就是决策树,在组件"随机森林"中,参数设置中树的数量设为 1,设置特征列为 user_id、age、gender、annual_income、marital_status,标签列为 buy_car_sign;在组件"预测"中,左侧输入为随机森林

图 6-36　创建空白实验

模型，右侧输入为表 ODS_BYE_CAR_INFO 中数据，如图 6-37 所示。

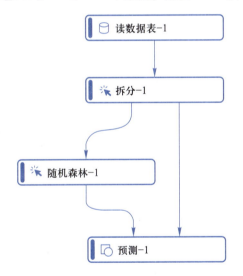

图 6-37　实验流程

⑤ 运行实验：单击"运行"按钮，等待一段时间，待运行结束后，右击组件"预测"，查看数据。在数据列表中，字段 prediction_result 即为基于决策树模型根据 user_id、age、gender、annual_income、marital_status 预测的是否购车数据，可与真实值 buy_car_sign 进行比对，如图 6-38 所示。

可以通过查看预测结果，和测试集中的属性"buy_car_sign"进行比较，图中罗列的测试集属性数据和预测结果有 6 条，其中有 5 条预测结果相同，说明使用决策树建立的模型预测效果良好，在分类问题上可以选择使用决策树算法进行建模和预测。

数据探查 - pai_temp_175157_1809197_1 - (仅显示前一百条)

user_id ▲	age ▲	gender ▲	annual_income ▲	marital_status ▲	buy_car_sign ▲	prediction_result ▲
1	30-	male	10-20w	否	否	否
5	41-50	male	21-40w	是	否	否
6	51+	male	21-40w	是	是	是
19	30-	female	21-40w	是	否	是
21	51+	female	21-40w	否	否	否
27	30-	female	10-20w	是	是	是

图 6-38 预测结果

6.5 K 近邻

本节通过介绍 K 近邻算法的基本概念、提出的背景、原理和步骤等，再结合具体的实例，使用 Python 编程语言及阿里云机器学习 PAI 平台，进行基于 K 近邻算法的数据分析。

6.5.1 K 近邻概念

K 近邻（K-NearestNeighbor，KNN）分类算法是分类技术中最简单的方法之一。K 近邻分类算法是给定一个训练数据集，对新的输入实例，在训练数据集中找到与该实例最邻近的 K 个实例（也就是上面所说的 K 个邻居），这 K 个实例的多数属于某个类，就把该输入实例分类到这个类中，如图 6-39 所示。该方法在确定分类决策上只依据最邻近的一个或者几个样本的类别来决定待分样本所属的类别。K 近邻算法在类别决策时，只与极少量的相邻样本有关。

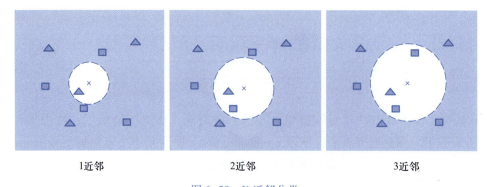

1近邻   2近邻   3近邻

图 6-39 K 近邻分类

K 近邻算法的指导思想是"近朱者赤，近墨者黑"，由样本的邻居来推断出样本的类别。K 近邻算法使用的模型实际上对应于对特征空间的划分。K 近邻算法有 3 个基本要素：K 值选择、距离度量、分类决策规则。当训练集、距离度量、K 值以及分类决策规则确定后，对于任何一个新的输入实例，它所属的类唯一地确定。这相当于根据上述要素将特征空间划分为一些子空间，确定子空间里的每个点所属的类。

6.5.2　K 近邻原理

K 近邻分析基本要素是 K 值选择，K 值选择的影响主要有以下几点：K 值较小意味着只有与输入实例较近的训练实例才会对预测结果起作用，但容易发生过拟合；如果 K 值较大，优点是可以减少学习的估计误差，但缺点是学习的近似误差增大，这时与输入实例较远的训练实例也会对预测起作用，使预测发生错误；在实际应用中，K 值一般选择一个较小的数值，通常采用交叉验证的方法来选择最优的 K 值。

K 近邻分析算法计算步骤：

① 算距离：给定测试对象，计算它和训练集中每个对象的距离。

② 找邻居：圈定距离最近的 K 个训练对象，作为测试对象的近邻。

③ 做分类：根据这 K 个近邻归属的主要类别，来对测试对象分类。

6.5.3　实战案例——幼儿属性与是否有龋齿的关系分析

K 近邻算法是一种在线技术，新数据可以直接加入数据集而不必进行重新训练，算法理论简单，容易实现，对异常值和噪声有较高的容忍度。本节通过一个具体的实例，使读者能够加深对 K 近邻模型的理解，掌握如何使用 Python 编程语言及阿里云机器学习 PAI 平台，进行基于 K 近邻算法的数据分析。

1. 数据分析任务

本节实例提供某幼儿园的幼儿属性及是否有龋齿的数据，需要分析不同属性的幼儿与是否有龋齿间的关系，要求通过 K 近邻算法，建立幼儿与是否有龋齿间的逻辑关系，以达成通过幼儿属性预测是否有龋齿的目标。其中数据文件为 ods_kindergarten_student_info.csv，字段说明见表 6-4。

表 6-4　幼儿属性与是否有龋齿的表字段说明

字 段 名	类 型	含 义
child_id	数值	幼儿 ID
child_name	字符串	幼儿名称
age	数值	年龄

续表

字 段 名	类 型	含 义
gender	数值	性别
height	数值	身高
weight	数值	体重
blood_type	数值	血型
vision	数值	视力
breast_feeding	数值	是否母乳喂养
dental_caries_sign	数值	是否有龋齿

示例源码 6-4
幼儿属性与是否有龋齿
的关系分析

2. 基于 Python 编程语言实现

① 开发前准备工作：确保本机已安装 Anaconda3-5.1.0 及以上版本，准备本地数据文件 ods_kindergarten_student_info.csv，运行 Jupyter Notebook 程序，在 Web 浏览器中新建Python3 文件。

② 导入所需的 Python 模块。

```
#引入模块
import numpy as np
import pandas as pd
from sklearn.model_selection   import train_test_split
from sklearn.neighbors import KNeighborsClassifier
from sklearn.metrics import classification_report
```

③ 加载 CSV 数据文件，并对数据进行必要的观察和探索，如图 6-40 和图 6-41 所示。

```
#读取数据集
dataset = pd.read_csv("ods_kindergarten_student_info.csv", encoding="gb2312")
#查看数据:查看数据的前几条记录
dataset.head()
#数据集统计性描述:观察数据的数量、中值、标准值、最大值、最小值等
dataset.describe()
#数据集信息:查看数据集属性的数据类型、数据量、是否有空值等
dataset.info()
```

④ 区分输入及输出数据，其中输入数据为幼儿属性，输出数据为是否有龋齿，如图 6-42 所示。

```
#查看各类别计数
dataset["dental_caries_sign"].value_counts()
```

#区分特征及标签数据
x = dataset[["age", "gender", "height", "weight", "blood_type", "vision", "breast_feeding"]].values
y = dataset["dental_caries_sign"].values

Out[3]:

	child_id	child_name	age	gender	height	weight	blood_type	vision	breast_feeding	dental_caries_sign
0	1	潘晓娟	4	0	0.90	14.8	1	4.9	1	0
1	2	车路	5	1	1.14	18.0	2	4.8	1	0
2	3	何云霞	4	0	1.02	15.6	3	5.0	1	1
3	4	郭川川	6	1	1.19	19.7	1	5.0	0	1
4	5	吴莎莎	4	0	1.03	15.9	0	4.8	1	0

图 6-40　加载 CSV 数据文件

In [4]: dataset.info()

```
<class 'pandas.core.frame.DataFrame'>
RangeIndex: 40 entries, 0 to 39
Data columns (total 10 columns):
child_id            40 non-null int64
child_name          40 non-null object
age                 40 non-null int64
gender              40 non-null int64
height              40 non-null float64
weight              40 non-null float64
blood_type          40 non-null int64
vision              40 non-null float64
breast_feeding      40 non-null int64
dental_caries_sign  40 non-null int64
dtypes: float64(3), int64(6), object(1)
memory usage: 3.2+ KB
```

In [5]: dataset.describe()

Out[5]:

	child_id	age	gender	height	weight	blood_type	vision	breast_feeding	dental_caries_sign
count	40.000000	40.000000	40.000000	40.000000	40.00000	40.000000	40.000000	40.000000	40.000000
mean	20.500000	4.450000	0.450000	1.096500	17.06500	1.725000	4.875000	0.800000	0.350000
std	11.690452	0.985797	0.503831	0.093138	1.81158	1.131994	0.105612	0.405096	0.483046
min	1.000000	3.000000	0.000000	0.880000	14.80000	0.000000	4.600000	0.000000	0.000000
25%	10.750000	4.000000	0.000000	1.037500	15.80000	1.000000	4.800000	1.000000	0.000000
50%	20.500000	4.000000	0.000000	1.105000	16.10000	2.000000	4.900000	1.000000	0.000000
75%	30.250000	5.000000	1.000000	1.162500	18.07500	3.000000	5.000000	1.000000	1.000000
max	40.000000	6.000000	1.000000	1.230000	21.00000	3.000000	5.000000	1.000000	1.000000

图 6-41　查看数据基本情况

In [6]: dataset["dental_caries_sign"].value_counts()

Out[6]:
```
0    26
1    14
Name: dental_caries_sign, dtype: int64
```

图 6-42　区分输入和输出数据

⑤ 使用近邻数为 5 构建 K 近邻模型，并通过样本集对模型进行训练，如图 6-43 所示。

```
#构建模型,近邻数为5
model = KNeighborsClassifier(n_neighbors=5)
#通过训练样本训练模型
model.fit(x, y)
```

```
In [8]:  model = KNeighborsClassifier(n_neighbors=5)
         model.fit(x, y)

Out[8]:  KNeighborsClassifier(algorithm='auto', leaf_size=30, metric='minkowski',
                   metric_params=None, n_jobs=1, n_neighbors=5, p=2,
                   weights='uniform')
```

图 6-43　构建并训练模型

⑥ 导入新的数据，使用建好的模型对新数据集进行预测。

```
#预测新数据
dataset_predict = pd.read_csv("ods_kindergarten_student_lose_info.csv", encoding="gb2312")
dataset_predict["dental_caries_sign_pre"] = model.predict(
    dataset_predict[["age", "gender", "height", "weight", "blood_type", "vision", "breast_feed-
ing"]])
```

⑦ 新数据集通过模型得到的预测结果，如图 6-44 所示。

```
dataset_predict
```

Out[11]:

	child_id	child_name	age	gender	height	weight	blood_type	vision	breast_feeding	dental_caries_sign_pre
0	41	李煜城	4	1	1.13	17.8	3	4.9	1	0
1	42	赵懿轩	4	1	1.14	18.0	2	4.9	1	0
2	43	王烨华	3	1	0.99	16.3	3	4.9	1	0
3	44	杨煜祺	3	1	1.02	16.2	3	5.0	1	0
4	45	阎智宸	5	1	1.15	19.7	3	4.6	0	0
5	46	孙正豪	4	1	1.02	17.5	2	4.8	1	0
6	47	吴昊然	6	1	1.21	19.5	3	4.9	1	0
7	48	郭志泽	4	1	1.02	17.2	2	4.9	1	0
8	49	李明杰	4	1	1.06	17.1	3	4.8	1	0
9	50	杨弘文	3	1	1.03	16.6	0	4.8	0	0
10	51	靳烨伟	3	1	1.02	16.1	2	4.9	1	0

图 6-44　根据幼儿属性预测是否龋齿

通过比较测试集中的属性"是否龋齿"和预测得到的结果，说明使用 K 近邻建立的模型预测效果良好，在分类问题上可以选择使用 K 近邻算法进行建模和预测。

3. 基于阿里云机器学习 PAI 平台实现

实验手册 09
幼儿属性与是否有龋齿
的关系分析

① 开发前环境准备工作：确保已注册阿里云账号，并开通阿里云 DataWorks 及 PAI 平台服务。

② 数据准备：进入阿里云 PAI 平台，在"Studio-可视化建模"菜单项中创建项目（注：也可以使用旧项目），并切换到 DataWorks 平台，打开与阿里云 PAI 平台同名的工作空间。通过如下 SQL 语句建表，并导入 CSV 文件数据，如图 6-45 和图 6-46 所示。

```
-- 新建幼儿属性与是否龋齿数据建模表
DROP TABLE IF EXISTS ODS_KINDERGARTEN_STUDENT_INFO；
CREATE TABLE ODS_KINDERGARTEN_STUDENT_INFO(
child_id BIGINT COMMENT '幼儿 ID'，
child_name STRING COMMENT '幼儿名称'，
age BIGINT COMMENT '年龄'，
gender BIGINT COMMENT '性别'，
height DOUBLE COMMENT '身高'，
weight DOUBLE COMMENT '体重'，
blood_type BIGINT COMMENT '血型'，
vision DOUBLE COMMENT '视力'，
breast_feeding BIGINT COMMENT '是否母乳喂养'，
dental_caries_sign BIGINT COMMENT '是否有龋齿'
)COMMENT '幼儿园学生信息表'；
```

图 6-45　K 近邻数据导入 1

```
DROP TABLE IF EXISTS ODS_KINDERGARTEN_STUDENT_LOSE_INFO；
CREATE TABLE ODS_KINDERGARTEN_STUDENT_LOSE_INFO(
child_id BIGINT COMMENT '幼儿 ID',
child_name STRING COMMENT '幼儿名称',
age BIGINT COMMENT '年龄',
gender BIGINT COMMENT '性别',
height DOUBLE COMMENT '身高',
weight DOUBLE COMMENT '体重',
blood_type BIGINT COMMENT '血型',
vision DOUBLE COMMENT '视力',
breast_feeding BIGINT COMMENT '是否母乳喂养'
）COMMENT '幼儿园学生信息丢失表';
```

图 6-46　K 近邻数据导入 2

　　③ 创建实验：进入阿里云 PAI 平台对应项目，新建空白实验，如图 6-47 所示。
　　④ 设计实验流程：本实验中需要用到 3 个组件，分别是读数据表 1、读数据表 2、K 近邻。其中在组件"读数据表 1"中，设置表名为 ODS_KINDERGARTEN_STUDENT_INFO；在组件"读数据表 2"中，设置表名为 ODS_KINDERGARTEN_STUDENT_LOSE_INFO，如

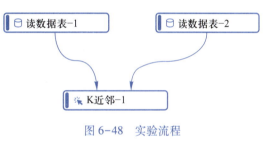

图 6-47　创建空白实验

图 6-48 所示；在组件"K 近邻"中，设置特征列为 child_name、age、gender、height、weight、blood_type、vision，标签列为 breast_feeding，左侧输入为 ODS_KIN-DERGARTEN_STUDENT_INFO 中数据，右侧输入为表 ODS_KINDERGARTEN_STUDENT_LOSE_INFO 中数据。

图 6-48　实验流程

⑤ 运行实验：单击"运行"按钮，等待一段时间，待运行结束后，右击组件"K 近邻"，查看数据。在数据列表中，字段 prediction_result 即为基于一元线性模型根据 child_name、age、gender、height、weight、blood_type、vision 预测的是否龋齿数据，可与真实值 breast_feeding 进行比对，如图 6-49 所示。

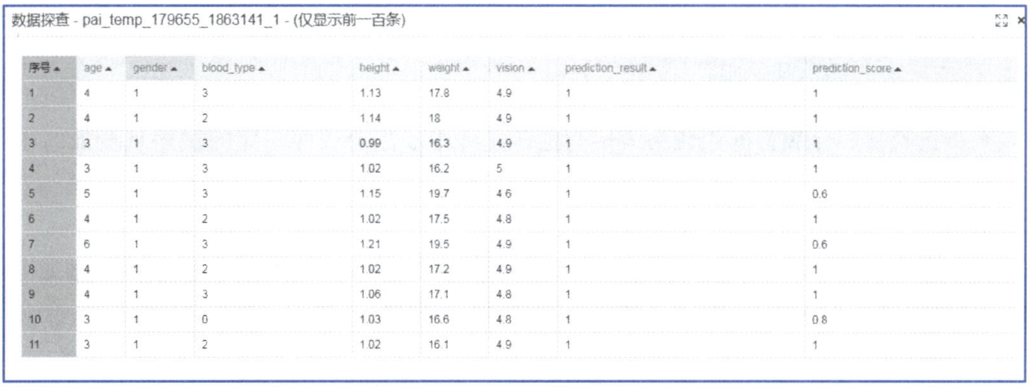

序号	age ▲	gender ▲	blood_type ▲	height ▲	weight ▲	vision ▲	prediction_result ▲	prediction_score ▲
1	4	1	3	1.13	17.8	4.9	1	1
2	4	1	2	1.14	18	4.9	1	1
3	3	1	3	0.99	16.3	4.9	1	1
4	3	1	3	1.02	16.2	5	1	1
5	5	1	3	1.15	19.7	4.6	1	0.6
6	4	1	2	1.02	17.5	4.8	1	1
7	6	1	3	1.21	19.5	4.9	1	0.6
8	4	1	2	1.02	17.2	4.9	1	1
9	4	1	3	1.06	17.1	4.8	1	1
10	3	1	0	1.03	16.6	4.8	1	0.8
11	3	1	2	1.02	16.1	4.9	1	

数据探查 - pai_temp_179655_1863141_1 - (仅显示前一百条)

图 6-49　预测结果

通过比较测试集中的属性"是否龋齿"和预测得到的结果，说明使用 K 近邻建立的模型预测效果良好，在分类问题上可以选择使用 K 近邻算法进行建模和预测。

6.6　随机森林

本节通过介绍随机森林算法的基本概念、提出的背景、原理和步骤等，再结合具体的实例，使用 Python 编程语言及阿里云机器学习 PAI 平台，进行基于随机森林算法的数据分析。

6.6.1　随机森林概念

随机森林是用随机的方式建立一个森林，森林由很多的决策树组成，且每一棵决策树之间是没有关联的，如图 6-50 所示。随机森林主要由决策树、集成算法构成。

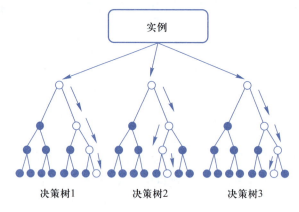

图 6-50　随机森林的构成

- 分裂：在决策树的训练过程中，需要一次次地将训练数据集分裂成两个子数据集，这个过程就叫作分裂。
- 特征：在分类问题中，输入到分类器中的数据叫作特征。
- 待选特征、分裂特征：在决策树的构建过程中，需要按照一定的次序从全部的特征中选取特征。待选特征就是在步骤之前还没有被选择的特征的集合，而每一次选取出来的特征就是分裂特征。

集成学习是通过构建并结合多个机器学习器来完成学习任务。对于训练集数据，通过训练若干个个体学习器（弱学习器），通过一定的结合策略，最终形成一个强学习器，如图 6-51 所示。个体学习器可以是同一个种类（同质），也可以是不同种类（异质）。

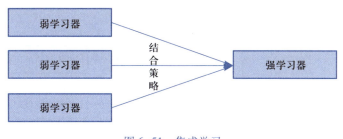

图 6-51　集成学习

结合策略：平均值、投票法。

同质个体学习器集成学习大致分为两类，一类为并行化，如 Bagging；一类为串行生成，如 Boosting。

（1）Bagging 即套袋法，其算法过程如下

① 从原始样本集中抽取训练集。每轮从原始样本集中使用自助法抽取 n 个训练样本（在训练集中，有些样本可能被多次抽取到，而有些样本可能一次都没有被抽中）。共进行 k 轮抽取，得到 k 个训练集（k 个训练集之间是相互独立的）。

② 每次使用一个训练集得到一个模型，k 个训练集共得到 k 个模型。

③ 选择结合策略，捕获最后的结果。

（2）Boosting 算法过程如下

① Boosting 是一种框架算法，主要是通过对样本集的操作获得样本子集，然后用弱分类算法在样本子集上训练生成一系列的基分类器。

② 它可以用来提高其他弱分类算法的识别率，也就是将其他的弱分类算法作为基分类算法放于 Boosting 框架中，通过 Boosting 框架对训练样本集的操作，得到不同的训练样本子集，用该样本子集去训练生成基分类器。

③ 每得到一个样本集就用该基分类算法在该样本集上产生一个基分类器，这样在给定训练轮数 n 后，就可产生 n 个基分类器，然后 Boosting 框架算法将这 n 个基分类器进行加权融合，产生一个最后的结果分类器。

6.6.2　随机森林原理

随机森林是 Bagging 的一个特化进阶版，所谓的特化是因为随机森林的弱学习器都是决策树。所谓的进阶是随机森林在 Bagging 的样本随机采样基础上，又加上了特征的随机选择，如图 6-52 所示。

图 6-52　随机森林步骤

随机森林算法实现过程如图 6-53 所示。

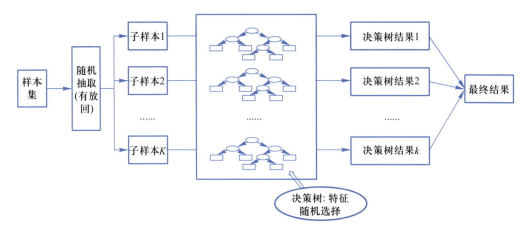

图 6-53   随机森林实现过程

随机森林实现过程中使用的数据随机选取，首先从原始数据集中采取有放回抽样，构造子数据集。子数据集数据量是与原始数据集相同的，不同子数据集的元素可以重复，同一子数据集中的元素也可重复。其次利用子数据集构建子决策树，将这个数据放到子决策树中，每个子决策树输出一个结果。最后如果有新数据需要通过随机森林得到分类结果，就可通过对子决策树的判断结果投票，得到随机森林输出结果。

随机森林实现过程中使用的待选特征随机选取，与数据集随机选取类似，随机森林子决策树的每一分裂过程（即每一枝节点处）并未用到所有待选特征，而是从所有待选特征中随机选取一定数量特征，之后再在随机选取特征中选取最优特征，如图 6-54 所示。这样能使随机森林中的决策树都能彼此不同，提升系统多样性从而提升分类性能。

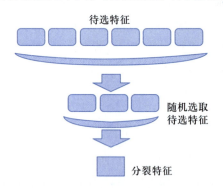

图 6-54   随机森林子树选取分裂特征过程

随机森林实现过程中使用的选取最终结果，一般使用平均法和投票法。

（1）平均法

对数值类的回归问题，将每个决策数据的输出结果做平均操作，作为最终随机森林输出。

（2）投票法

对于分类问题，通常使用的是投票法。

● 相对多数投票法，即少数服从多数。

● 绝对多数投票法，要求票数过半数。

● 加权投票法，每个决策树的分类票数要乘以一个权重，最终将各个类别的加权票数求和，最大的值对应的类别为最终类别，如图 6-55 所示。

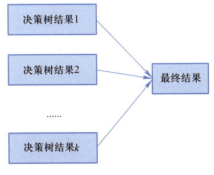

图 6-55　随机森林选取方式

6.6.3　实战案例——市民属性与是否购车的关系分析（基于随机森林）

随机森林可以处理大量的输入变量，可以在决定类别时，评估变量的重要性，在建造森林时，可以在内部对于一般化后的误差产生不偏差的估计。本节通过一个具体的实例，使读者能够加深对随机森林模型的理解，掌握如何使用 Python 编程语言及阿里云机器学习 PAI 平台，进行基于随机森林算法的数据分析。

1. 数据分析任务

本节实例提供某市市民的人群类型属性及是否购车数据，需要分析不同类型的市民与购车行为间的关系，要求通过随机森林算法，建立市民与购车行为间的逻辑关系，以达成通过市民属性预测购车行为的目标。其中数据文件为 ods_bye_car_info.csv，字段说明见表 6-5。

表 6-5　使用随机森林算法的市民属性与是否购车案例中的表字段说明

字　段　名	类　型	含　义
user_id	数值	调查用户 ID
age	数值	年龄
gender	字符串	性别
marital_status	字符串	婚姻状态
buy_car_sign	字符串	是否购车

示例源码6-5
市民属性与是否购车的关系分析（基于随机森林）

2. 基于 Python 编程语言实现

① 开发前准备工作：确保本机已安装 Anaconda3-5.1.0 及以上版本，准备本地数据文件 ods_bye_car_info.csv，运行 Jupyter Notebook 程序，在 Web 浏览器中新建 Python3 文件。

② 导入所需的 Python 模块。

```python
#引入模块
import numpy as np
import pandas as pd
from sklearn import preprocessing
from sklearn.model_selection  import train_test_split
from sklearn.ensemble import RandomForestClassifier
from sklearn.metrics import classification_report
```

③ 加载 CSV 数据文件，并对数据进行必要的观察和探索，如图6-56和图6-57所示。

```python
#读取数据集
dataset = pd.read_csv("ods_bye_car_info.csv", encoding="gb2312")
#查看数据:查看数据的前几条记录
dataset.head()
#数据集统计性描述:观察数据的数量、中值、标准值、最大值、最小值等
dataset.describe()
#数据集信息:查看数据集属性的数据类型、数据量、是否有空值等
dataset.info()
```

Out[3]:	user_id	age	gender	annual_income	marital_status	buy_car_sign
0	1	30-	male	10-20w	否	否
1	2	41-50	female	21-40w	是	是
2	3	31-40	male	10-20w	否	否
3	4	30-	male	41w+	否	是
4	5	41-50	male	21-40w	是	否

图 6-56　加载 CSV 数据文件

④ 区分输入及输出数据，其中输入数据为市民属性，输出数据为是否购车，如图6-58所示。

```python
#查看各类别计数
dataset["buy_car_sign"].value_counts()
#区分特征及标签数据
x = dataset[["age", "gender", "annual_income", "marital_status"]].values
y = dataset["buy_car_sign"].values
```

```
In [4]: dataset.info()

        <class 'pandas.core.frame.DataFrame'>
        RangeIndex: 30 entries, 0 to 29
        Data columns (total 6 columns):
        user_id         30 non-null int64
        age             30 non-null object
        gender          30 non-null object
        annual_income   30 non-null object
        marital_status  30 non-null object
        buy_car_sign    30 non-null object
        dtypes: int64(1), object(5)
        memory usage: 1.5+ KB


In [5]: dataset.describe()

Out[5]:
                 user_id

        count   30.000000

        mean    15.500000

        std      8.803408

        min      1.000000

        25%      8.250000

        50%     15.500000

        75%     22.750000

        max     30.000000
```

图 6-57　查看数据基本情况

```
In [6]: dataset["buy_car_sign"].value_counts()

Out[6]: 否    16
        是    14
        Name: buy_car_sign, dtype: int64
```

图 6-58　区分输入和输出数据

⑤ 随机森林只能处理数值型数据，需要对字符串进行编码，如图 6-59 所示。

```
In [8]: encoder = preprocessing.OrdinalEncoder()
        encoder.fit(x)
        x=encoder.transform(x)
        print(x[:5])

        [[0. 1. 0. 0.]
         [2. 0. 1. 1.]
         [1. 1. 0. 0.]
         [0. 1. 2. 0.]
         [2. 1. 1. 1.]]
```

图 6-59　字符串编码处理

```
# sklearn 随机森林只能处理数值型数据,需要对字符串进行编码
encoder = preprocessing. OrdinalEncoder( )
encoder. fit( x)
x = encoder. transform( x)
print( x[ :5] )
```

⑥ 设置随机数种子，确保结果可重现，并按比例随机拆分训练样本和测试样本。

```
#设置随机数种子
np. random. seed = 123
#拆分样本
( train_x, test_x, train_y, test_y) = train_test_split( x, y, train_size = 0. 8, test_size = 0. 2)
```

⑦ 使用信息增益熵作为树的特征选取，构建随机森林模型，并通过样本集对模型进行训练，如图 6-60 所示。

```
#构建模型,决策树数量 10, gini/entropy
model = RandomForestClassifier( n_estimators = 10, criterion = 'gini', max_depth = None)
#通过训练样本训练模型
model. fit( train_x, train_y)
```

```
In  [10]: model = RandomForestClassifier(n_estimators=10,criterion='gini',max_depth=None)
          model.fit(train_x, train_y)

Out[10]: RandomForestClassifier(n_estimators=10)
```

图 6-60   构建并训练模型

⑧ 使用精准率 Precision、召回率 Recall、F1-score 等指标对模型进行评价，如图 6-61 所示。

```
In  [11]: print("模型评分:",model.score(test_x, test_y))

          模型评分: 0.6666666666666666

In  [12]: print(classification_report(test_y,model.predict(test_x)))

                      precision    recall  f1-score   support

                  否      0.75       0.75      0.75         4
                  是      0.50       0.50      0.50         2

            accuracy                           0.67         6
           macro avg      0.62       0.62      0.62         6
        weighted avg      0.67       0.67      0.67         6
```

图 6-61   评价模型

```
#通过测试样本评估模型
print("模型评分:",model.score(test_x,test_y))
#测试样本分类报告
print(classification_report(test_y,model.predict(test_x)))
```

⑨ 利用模型预测新的数据,如图 6-62 所示。

```
#预测新数据
predict_x=encoder.transform([['41-50','female','21-40w','是']])
print(model.predict(predict_x))
print("概率:",model.predict_proba(predict_x).max())
```

```
In [13]: predict_x=encoder.transform([['41-50','female','21-40w','是']])
         print(model.predict(predict_x))
         print("概率:",model.predict_proba(predict_x).max())

['是']
概率: 0.9
```

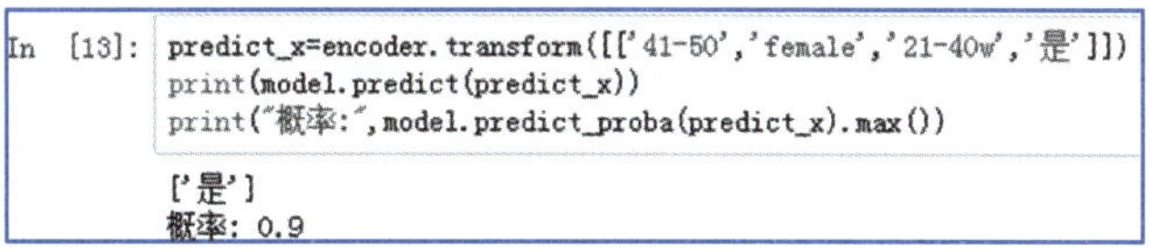

图 6-62 根据市民属性预测是否购车

通过比较测试集中的属性"是否购车"和预测得到的结果,可以得出预测正确的概率为 0.9,说明使用随机森林建立的模型预测效果良好,在分类问题上可以选择使用随机森林算法进行建模和预测。

3. 基于阿里云机器学习 PAI 平台实现

> 实验手册 10
> 市民属性与是否购车的关系分析（基于随机森林）

① 开发前环境准备工作:确保已注册阿里云账号,并开通阿里云 DataWorks 及 PAI 平台服务。

② 数据准备:进入阿里云 PAI 平台,在"Studio-可视化建模"菜单项中创建项目(注:也可以使用旧项目),并切换到 DataWorks 平台,打开与阿里云 PAI 平台同名的工作空间。通过如下 SQL 语句建表,并导入 CSV 文件数据,如图 6-63 所示。

```
-- 新建市民属性与是否购车数据表
DROP TABLE IF EXISTS ODS_BYE_CAR_INFO;
CREATE TABLE ODS_BYE_CAR_INFO(
user_id STRING COMMENT '调查用户 ID',
age STRING COMMENT '年龄',
gender STRING COMMENT '性别',
annual_income STRING COMMENT '年收入',
marital_status STRING COMMENT '婚姻状态',
buy_car_sign STRING COMMENT '是否购车'
)COMMENT '市民购车调查表';
```

图 6-63   导入 CSV 数据

③ 创建实验：进入阿里云 PAI 平台对应项目，新建空白实验，如图 6-64 所示。

图 6-64   创建空白实验

④ 设计实验流程：本实验中需要用到 4 个组件，分别是读数据表、拆分、随机森林、预测。其中"源/目标"组中的"读数据表"组件中，设置表名为 ODS_BYE_CAR_INFO；在组件"拆分"中设置拆分比例为 0.8；由于随机森林中的树使用的就是决策树，在组件"随机森林"中，参数设置中树的数量设为 10，设置特征列为 user_id、age、gender、annual_income、marital_status，标签列为 buy_car_sign；在组件"预测"中，左侧输入为随机森林模型，右侧输入为表 ODS_BYE_CAR_INFO 中数据，如图 6-65 所示。

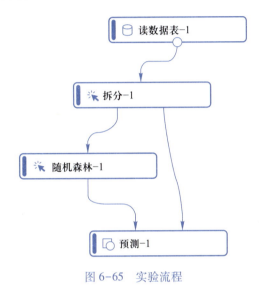

图 6-65　实验流程

⑤ 运行实验：单击"运行"按钮，等待一段时间，待运行结束后，右击组件"预测"，查看数据。在数据列表中，字段 prediction_result 即为基于随机森林模型根据 user_id、age、gender、annual_income、marital_status 预测的是否购车数据，可与真实值 buy_car_sign 进行比对，如图 6-66 所示。

数据探查 - pai_temp_175158_1809201_1 - (仅显示前一百条)							
序号 ▲	user_id ▲	age ▲	gender ▲	annual_income ▲	marital_status ▲	buy_car_sign ▲	prediction_result ▲
1	5	41-50	male	21-40w	是	否	否
2	6	51+	male	21-40w	是	是	否
3	12	30-	male	41w+	否	是	否
4	15	31-40	male	41w+	是	是	是
5	26	31-40	male	21-40w	是	否	否
6	30	31-40	male	21-40w	是	否	否

图 6-66　预测结果

可以通过查看预测结果，和测试集中的属性"buy_car_sign"进行比较，图中罗列的测试集属性数据和预测结果有 6 条，其中有 4 条预测结果相同，说明使用随机森林建立的模型预测效果良好，在分类问题上可以选择使用随机森林算法进行建模和预测。

6.7　朴素贝叶斯

本节通过介绍朴素贝叶斯算法的基本概念、提出的背景、原理和步骤等，再结合具体的实例，使用 Python 编程语言及阿里云机器学习 PAI 平台，进行基于朴素贝叶斯算法的数据分析。

6.7.1　贝叶斯概念

贝叶斯分类器是一类分类算法的总称，这类算法均以贝叶斯公式为基础，故统称为贝叶斯分类器。

朴素贝叶斯分类器是贝叶斯分类器中最简单，也是最常见的一种分类方法。该算法是有监督的学习算法，解决的是分类问题。该算法的优点在于简单易懂，学习效率高，在某些领域的分类问题中能够与决策树、神经网络相媲美。但由于该算法以自变量之间的独立（条件特征独立）性和连续变量的正态性假设为前提，就会导致算法精度在某种程度上受影响。

贝叶斯公式是建立在条件概率的基础上寻找事件发生的原因，即大事件 B 已经发生的条件下，分割中的小事件 A_i 的概率。设 $A_1, A_2, \cdots\cdots$ 是样本空间 Ω 的一个划分，则对任一事件 $B(P(B)>0)$，有贝叶斯公式

$$P(A_i \mid B) = \frac{P(A_i)P(B \mid A_i)}{P(B)} = \frac{P(A_i)P(B \mid A_i)}{\sum\limits_{j=1}^{n} P(A_j)P(B \mid A_j)}$$

对于每个特征 x，想要知道样本在这个特性 x 下属于哪个类别 c，即求后验概率 $P(c \mid x)$ 最大的类标记。这样基于贝叶斯公式，可以得到

$$P(c \mid x) = \frac{P(x, c)}{P(x)} = \frac{P(c)P(x \mid c)}{P(x)}$$

$$P(特征 \mid 类别) = \frac{P(类别)P(特征 \mid 类别)}{P(特征)}$$

6.7.2　贝叶斯原理

朴素贝叶斯是一种基于概率理论的分类算法，以贝叶斯公式为基础，通过计算样本归属于不同类别的概率来进行分类，是一种经典的分类算法。

- 朴素：单纯的、粗糙的，简单粗暴地假设给定目标值时，属性之间相互条件独立。
- 已知一组事件 $\{A_1, A_2, \cdots, A_n\}$，通过这组事件去估计一个事件 B 发生的概率，即求 $P(B \mid A_1, A_2, \cdots, A_n)$。

根据贝叶斯公式

$$P(B \mid A_1, A_2, \cdots, A_n) = \frac{P(B)P(A_1, A_2, \cdots, A_n \mid B)}{P(A_1, A_2, \cdots, A_n)}$$

假设有 100 个事件, 每个事件可能的结果有 2 个, 则该事件组的联合分布有 2^{100} 种组合, 无法计算。一旦"朴素", 即各事件独立, 马上变简单了

$$P(B \mid A_1, A_2, \cdots, A_n) = \frac{P(B)\prod\limits_{i=1}^{n} P(A_i \mid B)}{\prod\limits_{i=1}^{n} P(A_i)}$$

理论上, 朴素贝叶斯模型与其他分类方法相比具有最小的误差率。但是实际上因为朴素贝叶斯模型给定输出类别的情况下, 假设属性之间相互独立, 这个假设在实际应用中往往是不成立的, 所以在属性个数比较多或者属性之间相关性较大时, 分类效果不好; 而在属性相关性较小时, 朴素贝叶斯性能较为良好。

朴素贝叶斯模型有稳定的分类效率, 对小规模的数据表现很好, 能够处理多分类任务, 适合增量式训练。尤其是数据量超出内存时, 可以一批批地去增量训练, 对缺失数据不太敏感, 算法也比较简单。

6.7.3 实战案例——市民属性与是否购车的关系分析(基于朴素贝叶斯)

朴素贝叶斯模型有稳定的分类效率, 对小规模的数据表现很好。本节通过一个具体的实例, 使读者能够加深对朴素贝叶斯模型的理解, 掌握如何使用 Python 编程语言及阿里云机器学习 PAI 平台, 进行基于朴素贝叶斯算法的数据分析。

> 示例源码 6-6
> 市民属性与是否购车的关系分析(基于朴素贝叶斯)

1. 数据分析任务

本节实例提供某市市民的人群类型属性及是否购车数据, 需要分析不同类型的市民与购车行为间的关系, 要求通过朴素贝叶斯算法, 建立市民与购车行为间的逻辑关系, 以达成通过市民属性预测购车行为的目标。其中数据文件为 ods_bye_car_investigation_info.csv, 字段说明见表 6-6。

表 6-6 使用朴素贝叶斯算法的市民属性与是否购车案例中的表字段说明

字 段 名	类 型	含 义
user_id	数值	调查用户 ID
age	数值	年龄
gender	字符串	性别
annual_income	数值	年收入
marital_status	字符串	婚姻状态
is_local	字符串	是否本地户籍
buy_car_sign	字符串	是否购车

2. 基于 Python 编程语言实现

① 开发前准备工作：确保本机已安装 Anaconda3-5.1.0 及以上版本，准备本地数据文件 ods_bye_car_investigation_ info . csv，运行 Jupyter Notebook 程序，在 Web 浏览器中新建 Python3 文件。

② 导入所需的 Python 模块。

```
#引入模块
import numpy as np
import pandas as pd
from sklearn import preprocessing
from sklearn. model_selection   import train_test_split
from sklearn. naive_bayes import GaussianNB
from sklearn. naive_bayes import BernoulliNB
from sklearn. naive_bayes import MultinomialNB
from sklearn. metrics import classification_report
```

③ 加载 CSV 数据文件，并对数据进行必要的观察和探索，如图 6-67 和图 6-68 所示。

```
#读取数据集
dataset = pd. read_csv("ods_bye_car_investigation_info. csv", encoding="gb2312")
#查看数据:查看数据的前几条记录
dataset. head( )
#数据集统计性描述:观察数据的数量、中值、标准值、最大值、最小值等
dataset. describe( )
#数据集信息:查看数据集属性的数据类型、数据量、是否有空值等
dataset. info( )
```

Out[3]:		user_id	age	gender	annual_income	marital_status	is_local	buy_car_sign
0		1	30-	male	10-20w	否	是	否
1		2	41-50	female	21-40w	是	是	是
2		3	31-40	male	10-20w	否	否	否
3		4	30-	male	41w+	否	否	是
4		5	41-50	male	21-40w	是	是	否

图 6-67　加载 CSV 数据文件

④ 区分输入及输出数据，其中输入数据为市民属性，输出数据为是否购车，如图 6-69 所示。

```
#查看各类别计数
dataset["buy_car_sign"]. value_counts( )
```

```
#区分特征及标签数据
x = dataset[["age", "gender", "annual_income", "marital_status", "is_local"]].values
y = dataset["buy_car_sign"].values
```

```
In  [4]: dataset.info()

         <class 'pandas.core.frame.DataFrame'>
         RangeIndex: 30 entries, 0 to 29
         Data columns (total 7 columns):
         user_id          30 non-null int64
         age              30 non-null object
         gender           30 non-null object
         annual_income    30 non-null object
         marital_status   30 non-null object
         is_local         30 non-null object
         buy_car_sign     30 non-null object
         dtypes: int64(1), object(6)
         memory usage: 1.7+ KB

In  [5]: dataset.describe()
 Out[5]:
                     user_id

         count    30.000000
         mean     15.500000
         std       8.803408
         min       1.000000
         25%       8.250000
         50%      15.500000
         75%      22.750000
         max      30.000000
```

图 6-68　查看数据基本情况

```
In  [6]: dataset["buy_car_sign"].value_counts()
 Out[6]: 否    16
         是    14
         Name: buy_car_sign, dtype: int64
```

图 6-69　区分输入和输出数据

⑤ 朴素贝叶斯只能处理数值型数据，因此需要对字符串进行编码，如图 6-70 所示。

```
# sklearn 贝叶斯只能处理数值型,需要对字符串进行编码
encoder = preprocessing.OrdinalEncoder()
encoder.fit(x)
x = encoder.transform(x)
print(x[:5])
```

```
In [8]:  encoder = preprocessing.OrdinalEncoder()
         encoder.fit(x)
         x=encoder.transform(x)
         print(x[:5])

         [[0. 1. 0. 0. 1.]
          [2. 0. 1. 1. 1.]
          [1. 1. 0. 0. 0.]
          [0. 1. 2. 0. 0.]
          [2. 1. 1. 1. 1.]]
```

图 6-70　字符串编码处理

⑥ 设置随机数种子，确保结果可重现，并按比例随机拆分训练样本和测试样本。

```
#设置随机数种子,确保结果可重现
np. random. seed = 123
#按比例随机拆分训练样本和测试样本
(train_x, test_x, train_y, test_y) = train_test_split(x, y, train_size=0.8, test_size=0.2)
```

⑦ 构建朴素贝叶斯模型，并通过样本集对模型进行训练，如图 6-71 所示。

```
#构建模型,高斯模型 GaussianNB/伯努利模型 BernoulliNB/多项式模型 MultinomialNB
model = GaussianNB()
#通过训练样本训练模型
model. fit(train_x, train_y)
```

```
In [10]:  model = GaussianNB()
          model.fit(train_x, train_y)
Out[10]:  GaussianNB()
```

图 6-71　构建并训练模型

⑧ 使用精准率 Precision、召回率 Recall、F1-score 等指标对模型进行评价，如图 6-72 所示。

```
#通过测试样本评估模型
print("模型评分:",model. score(test_x, test_y))
#测试样本分类报告
print(classification_report(test_y,model. predict(test_x)))
```

⑨ 利用模型预测新的数据，如图 6-73 所示。

```
#预测新数据
predict_x = encoder. transform([['31-40','male','21-40w','是','是']])
print(model. predict(predict_x))
print("概率:",model. predict_proba(predict_x). max())
```

图 6-72　评价模型

图 6-73　根据市民属性预测是否购车

通过比较测试集中的属性"是否购车"和预测得到的结果，可以得出预测正确的概率为 0.723，说明使用朴素贝叶斯建立的模型预测效果较好，在分类问题上可以选择使用朴素贝叶斯算法进行建模和预测。

3. 基于阿里云机器学习 PAI 平台实现

> 实验手册 11
> 市民属性与是否购车的关系分析（基于朴素贝叶斯）

① 开发前环境准备工作：确保已注册阿里云账号，并开通阿里云 DataWorks 及 PAI 平台服务。

② 数据准备：进入阿里云 PAI 平台，在"Studio-可视化建模"菜单项中创建项目（注：也可以使用旧项目），并切换到 DataWorks 平台，打开与阿里云 PAI 平台同名的工作空间。通过如下 SQL 语句建表，并导入 CSV 文件数据，如图 6-74 所示。

```
-- 新建市民属性与是否购车数据表
DROP TABLE IF EXISTS ODS_BYE_CAR_INVESTIGATION_INFO;
CREATE TABLE ODS_BYE_CAR_INVESTIGATION_INFO(
user_id STRING COMMENT '调查用户 ID',
age STRING COMMENT '年龄',
gender STRING COMMENT '性别',
annual_income STRING COMMENT '年收入',
marital_status STRING COMMENT '婚姻状态',
is_local string COMMENT '是否本地户籍',
buy_car_sign STRING COMMENT '是否购车'
)COMMENT '市民购车情况调查表';
```

图 6-74 导入 CSV 数据

③ 创建实验：进入阿里云 PAI 平台对应项目，新建空白实验，如图 6-75 所示。

图 6-75 创建空白实验

④ 设计实验流程：本实验中需要用到 4 个组件，分别是读数据表、拆分、朴素贝叶斯、预测。其中"源/目标"组中的"读数据表"组件中，设置表名为 ODS_BYE_CAR_INVESTIGATION_INFO；在组件"贝叶斯"中，设置特征列为 age、gender、annual_income、marital_status、is_local，标签列为 buy_car_sign；在组件"预测"中，左侧输入为贝叶斯模型，右侧输入为表 ODS_BYE_CAR_INVESTIGATION_INFO 中数据，如图 6-76 所示。

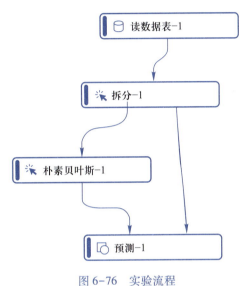

图 6-76　实验流程

⑤ 运行实验：单击"运行"按钮，等待一段时间，待运行结束后，右击组件"预测"，查看数据。在数据列表中，字段 prediction_result 即为基于贝叶斯模型根据 age、gender、annual_income、marital_status、is_local 预测的是否购车数据，可与真实值 buy_car_sign 进行比对，如图 6-77 所示。

序号	age ▲	gender ▲	annual_income ▲	marital_status ▲	is_local ▲	buy_car_sign ▲	prediction_result ▲
1	30-	male	41w+	否	否	是	否
2	30-	female	21-40w	是	是	是	否
3	41-50	male	21-40w	是	是	否	是
4	30-	male	41w+	否	否	是	否
5	41-50	female	10-20w	否	是	否	否
6	31-40	female	21-40w	否	否	否	否

数据探查 - pai_temp_175160_1809208_1 - (仅显示前一百条)

图 6-77　预测结果

可以通过查看预测结果，和测试集中的属性"buy_car_sign"进行比较，图中罗列的测试集属性数据和预测结果有 6 条，其中 2 条预测结果相同，说明使用朴素贝叶斯建立的模型预测效果较好，在分类问题上可以选择使用朴素贝叶斯算法进行建模和预测。

6.8　本章小结

　　分类是一种数据分析形式，分类和数值预测是两类主要的预测问题。本章对支持向量机、逻辑回归、决策树、K 近邻、随机森林、朴素贝叶斯等算法进行了介绍，通过不同的实例，使读者能够加深对不同模型的理解，掌握使用 Python 编程语言及阿里云机器学习 PAI 平台，进行不同算法的数据分析的方法。

6.9　本章习题

　　（1）回顾分类分析的概念，说一说常见的分类算法有哪些？
　　（2）简述支持向量机算法的原理是什么。
　　（3）简述逻辑回归算法的原理及相关用途。
　　（4）简述决策树算法与随机森林算法的相关原理，并评估两种算法的优缺点。
　　（5）简述朴素贝叶斯的原理，说一说朴素贝叶斯成立的假设条件有哪些？
　　（6）简述 K 近邻算法的概念，说一说 K 近邻算法的基本元素及计算步骤有哪些？

第 7 章　回归分析

　　本章主要介绍回归分析及其应用，通过介绍回归分析的背景和定义来引出回归分析的应用场景，重点介绍一元线性回归和多元线性回归，分别通过 Python 编程语言及阿里云机器学习 PAI 平台进行实例分析讲解。

7.1　回归分析概述

　　回归分析主要解决两个问题，一是确定几个变量之间是否存在相关关系，如果存在，找出它们之间适当的数学表达式；二是根据一个或几个变量的值，预测或控制另一个或几个变量的值。

7.1.1　回归分析提出的背景

　　高尔顿是英国生物学家兼统计学家，如图 7-1 所示，他从 19 世纪 80 年代开始思考人类父代和子代相似问题，如身高、性格及其他种种特质的相似性问题。他搜集了 1 078 对父亲及其儿子的身高数据，发现这些数据的散点图大致呈直线状态，也就是说，总的趋势是父亲的身高增加时，儿子的身高也倾向于增加。深入研究和分析后，他发现了一个很有趣的现象，后来被称为回归效应。当父亲高于平均身高时，他们的儿子身高比其更高的概率大；而如果父亲身高矮于平均身高，他们的儿子身高比其更矮的概率增大。这一现象说明，儿子的身高有向他们父辈的平均身高回归的趋势。这种现象后来的解释是，大自然具有一种约束力，使人类身高的分布相对稳定而不产生两极分化，这就是所谓的回归效应。

图 7-1   高尔顿

7.1.2   回归分析的定义

回归是处理变量之间关系的一种统计方法，主要用来处理数值型自变量和数值型因变量之间的关系。回归分析（Regression Analysis）是确定两种或两种以上变量间相互依赖的定量关系的一种统计分析方法。

例如：在当前的经济条件下，需要对一家公司的销售额增长情况进行预测。目前，已有公司最新的数据，从这些已有数据可以判断出销售额增长大约是社会经济增长的 2.5 倍。那么使用回归分析，就可以根据当前和过去的信息来预测公司未来的销售情况。如果公司的销售额增长还受到广告投放量的影响，则需要综合考虑社会经济增长和广告投放量两个因素进行回归分析。

因此，回归分析表明自变量和因变量之间的关系显著性，同时它也表明了多个自变量对一个因变量的影响强度。

比方说有一个公司，每月的广告费用和销售额有相关性，其广告费和销售额对应关系见表 7-1。

表 7-1   广告费和销售额对应关系

广告费（万元）	0	1	2	4	5	8
销售额（万元）	3.3	5.2	6.8	11.2	12.7	？

那么如果投入 8 万元广告费，能否预测销售额是多少？如果把广告费和销售额画在二维坐标内，就能够得到一个散点图。如果想探索广告费和销售额的关系，就可以利用一元线性回归做出一条拟合直线，如图 7-2 所示。

回归分析算法是一个大家族，其分类如图 7-3 所示。

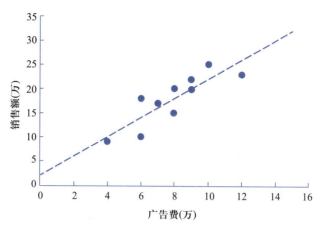

图 7-2　广告费和销售额拟合直线

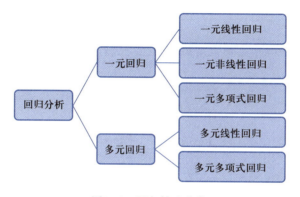

图 7-3　回归算法分类

这个分类是从回归分析所处理的变量多少来分的，如果研究的是两个变量之间的关系，则称为一元回归分析；如果研究的是两个以上变量之间的关系，则称为多元回归。从变量之间的关系形态来看，又分为线性回归分析及非线性回归分析。

7.1.3　使用最小二乘法求解回归方程

从前面广告费和销售额的例子可以看出，回归分析中数据的散点图基本在一条直线附近，如果能够求出这个直线方程，那么就可以预测未来的数据。这个直线方程就称为回归方程。

在散点图上取不同的点所画直线得到的回归方程是不同的，那么哪个回归方程才是最优的呢？我们可以通过实际值与回归方程上预测值之间的误差来求出损失函数，只要损失越小那么回归方程就越优。这种求解回归方程的方法称为最小二乘法。

1. 损失函数

损失函数（loss function）可用来计算实际值和预测值的误差大小，损失值越大误差越大。在线性回归中，计算两点的距离的平方叫作损失值，也叫作最小平方或误差。当把所有实际和预测出来的差距（距离）算出距离误差的和，就能量化预测值和实际值之间的误差，如图 7-4 所示。

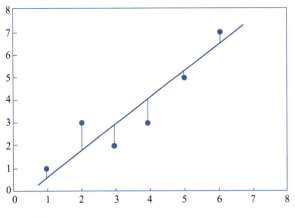

图 7-4   实际值与预测值之间的误差示意图

损失函数可以记为

$$loss(i) = (kx_i + b - y_i)^2$$

$$\sum_{i=1}^{i=n} loss(i) = \sum_{i=1}^{i=n} (kx_i + b - y_i)^2$$

2. 损失函数计算过程

在前面的广告费用案例中，其一元线性回归方程：$y = kx + b$ 损失函数的和的计算过程如图 7-5 所示。

i	x_i	$y_i = kx_i + b$	误差 $loss(i) = (y - y_i)^2$
1	1	3	$(1k + b - 3)^2$
2	2	5	$(2k + b - 5)^2$
3	3	7	$(3k + b - 7)^2$
4	4	9	$(4k + b - 9)^2$
5	5	10	$(5k + b - 10)^2$
$loss(i)$	x_i	y_i	$\Sigma(y - y_i)^2$

图 7-5   误差计算过程

3. 最小二乘法

最小二乘法（least square method）也叫作最小平方法，通过最小化的误差平方寻找数据的最佳函数匹配方法。

线性回归方程：　　　　$y = f(x) = kx + b$

平方距离损失：$loss(i) = \sum (f(x_i) - y_i)^2 = \sum (kx_i + b - y_i)^2$

距离损失求和：$\displaystyle\sum_{i=1}^{n} loss(i) = \sum_{i=1}^{n} (kx_i + b - y_i)^2$

求一组(k, b)满足：$Q(\hat{k}, \hat{b}) = \min_{k, b} \displaystyle\sum_{i=1}^{n} (kx_i + b - y_i)^2$

把 2 次降低为 1 次，Q 分别对 k 和 b 求偏导数

$$\left.\frac{\partial Q}{\partial k}\right|_{k=\hat{k}} = -2\sum_{i=1}^{n} (kx_i + b - y_i) = 0$$

$$\left.\frac{\partial Q}{\partial b}\right|_{b=\hat{b}} = -2\sum_{i=1}^{n} (kx_i + b - y_i) = 0$$

最后解得

$$k = \frac{\displaystyle\sum_{i=1}^{n} (x_i - \bar{x})(y_i - \bar{y})}{\displaystyle\sum_{i=1}^{n} (x_i - \bar{x})^2}$$

$$b = \bar{y} - k\bar{x}$$

为了更好理解最小二乘法，通过如下数据进行线性回归分析，预测数据见表 7-2。

表 7-2　预 测 数 据

x_i	1	2	3	4
y_i	3	5	7	?

首先，假设回归方程为：$y = kx + b$，然后按照最小二乘法求解 k 和 b 的公式，就可以得到

$$\begin{cases} k = 2 \\ b = 1 \end{cases}$$

从而，得到回归方程为：$y = 2x + 1$，就可以预测当 $x_i = 4$ 时，$y_i = 9$。

7.1.4　回归分析的应用场景

回归分析能够对定量的相关关系进行数值的预测，在现实生活中的应用十分广泛，除了本节之前父子身高关系以及广告费与销售额之间的关系外，还有很多场景都适合用回归分析来解决。

① 人流量，商品售价，温度等因素与商品销售额的预测。人流量的多少，售价的高低和温度的高低都会影响商品销售额的多少。

② 粮食产量与施肥量之间的关系。在一定范围内，施肥量越大，粮食产量就越高。但是，施肥量并不是决定粮食产量的唯一因素，因为粮食产量还会受到土壤质量、降雨

量、田间管理水平等因素的影响。

③ 人体内的脂肪含量与年龄的关系。在一定年龄段内，随着年龄的增长，人体内的脂肪含量会增加，但人体内的脂肪含量还与饮食习惯、体育锻炼等有关，可能还与个体的先天体质有关。

除此之外，在机场客流量分布预测、音乐流行趋势预测、股价走势预测和房地产销售影响因素分析等场景都会使用回归分析。

7.2　一元回归

用回归分析算法解决问题时，如果只涉及两个变量，通过一个变量（自变量）的变化来预测出另一个变量（因变量）的值，那么这种回归称为一元回归。例如在分析居民消费水平时，职工工资水平就是一个重要的因素，如果只考虑职工工资水平的因素，通过职工工资水平来预测居民消费水平，这时就可以用一元回归来进行预测了。这时的职工工资水平就是自变量，而预测出的居民消费水平就是因变量。

7.2.1　一元线性回归

一元回归中如果将自变量和因变量的值在二维坐标轴中画出散点图，如果这些点大致在一条直线附近，就用形式为 $Y=f(X)$ 的直线方程来描述，这种一元回归就称为一元线性回归。这个方程一般可表示为 $Y=A+BX$。根据最小二乘法，可以从样本数据确定常数项 A 与回归系数 B 的值。A、B 确定后，有一个 X 的观测值，就可得到一个 Y 的估计值。

1. 一元回归模型

假定自变量 x 是一般变量，因变量 y 是随机变量，对于固定的 x 值，y 值有可能是不同的。假定 y 的均值是 x 的线性函数，并且波动是一致的。此外总假定 n 组数据的收集是独立进行的，在以下的检验及计算概率时还进一步假定 y 服从正态分布。在这些假定的基础上，建立如下一元线性回归模型

$$y=\beta_0+\beta_1 x+e$$

其中，x 为自变量，y 为因变量。β_0 和 β_1 称为模型的参数，β_0 为截距，β_1 为回归系数，表明自变量对因变量的影响程度。误差项 e 是随机变量，反映了除 x 和 y 之间的线性关系外的随机因素对 y 的影响，是不能由 x 和 y 之间的线性关系所解释的变异性。

2. 回归模型成立的 4 种假设

① 正态性假设：要求总体误差项服从正态分布。如果违反这一假设，则最小二乘估

计不再是最佳无偏估计，不能进行区间估计。如果不涉及假设检验和区间估计，则此假设可以忽略。

② 零均值性假设：即在自变量取一定值的条件下，其总体各误差项的条件平均值为零。如果违反这一假设，则由最小二乘法得到的估计不再是无偏估计。

③ 等方差性假设：即在自变量取一定值的条件下，其总体各误差项的条件方差为一个常数。如果违反这一假设，则由最小二乘法得到的估计不再是有效估计，不能进行区间估计。

④ 独立性假设：误差项之间相互独立（不相关），误差项与自变量之间应相互独立。如果违反这一假设，则误差项之间可能出现序列相关，最小二乘估计不再是有效估计。

3. 一元线性回归方程及求法

根据一元线性回归模型和对误差项的假设，就可以建立如下一元线性回归方程，其表达式为

$$y = \beta_0 + \beta_1 x$$

该表达式描述了 y 的平均值或期望值如何依赖于自变量 x。现在给出了 n 对样本数据 (x_i, y_i)，$i = 1, 2, 3, \cdots, n$，下面要根据这些样本数据去估计 β_0 和 β_1，估计值记为 $\hat{\beta}_0$ 和 $\hat{\beta}_1$。如果 $\hat{\beta}_0$ 和 $\hat{\beta}_1$ 已经估计出来，那么在给定的 x_i 上，回归直线上对应的点的纵坐标为：

$$\hat{y}_i = \hat{\beta}_0 + \hat{\beta}_1 x_i$$

称 $\hat{y}_i$ 为回归值，实际的观测值 y_i 与 $\hat{y}_i$ 之间存在偏差，希望求得的直线（即确定 $\hat{\beta}_0$ 和 $\hat{\beta}_1$）使这种偏差的平方和达到最小，即要求 $\sum (y_i - \hat{y}_i)^2$ 达到最小。

其中：$\hat{y}_i = \hat{\beta}_0 + \hat{\beta}_1 x_i$ 中的 $\hat{\beta}_0$ 和 $\hat{\beta}_1$ 可用下式求出

$$\hat{\beta}_1 = \frac{n \sum\limits_{i=1}^{n} x_i y_i - \left(\sum\limits_{i=1}^{n} x_i \right) \left(\sum\limits_{i=1}^{n} y_i \right)}{n \sum\limits_{i=1}^{n} x_i^2 - \left(\sum\limits_{i=1}^{n} x_i \right)^2}$$

$$\hat{\beta}_0 = \bar{y} - \beta_1 \bar{x}$$

这一组解称为最小二乘估计，其中 $\hat{\beta}_1$ 是回归直线的斜率，称为回归系数；$\hat{\beta}_0$ 是回归直线的截距，一般称为常数项。这样就可以根据样本数据求得 $\hat{\beta}_0$ 和 $\hat{\beta}_1$，也就能找到回归方程，完成回归分析的主要任务。

例如：某种商品与家庭平均消费量的关系。

以某家庭为调查单位，某种商品在某年各月的家庭平均月消费量 $Y(\mathrm{kg})$ 与其价格 X $(元/\mathrm{kg})$ 间的调查数据见表 7-3。

表 7-3　商品价格与消费量的调查数据

价格 X（元/kg）	5.0	5.2	5.8	6.4	7.0	7.0	8.0	8.3	8.7	9.0	10.0	11
消费量 Y（kg）	4.0	5.0	3.6	3.8	3.0	3.5	2.9	3.1	2.9	2.2	2.5	2.6

在坐标轴上做出消费量 Y 与价格 X 的关系图如图 7-6 所示。

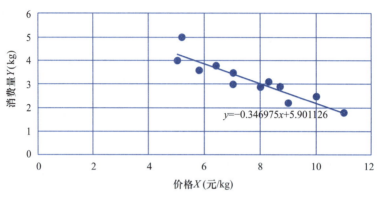

图 7-6　消费量 Y 与价格 X 的关系图

由图 7-6 可知，该商品在某家庭月平均消费量 Y 与价格 X 间基本呈线性关系，这些点与直线间的偏差是由其他一些无法控制的因素和观察误差引起的，根据 Y 与 X 之间的线性关系及表中数据，可以求得两者之间的回归方程。

依据最小二乘法公式，可得：

$$\bar{x} = \frac{1}{12}(5.0+5.2+5.8+6.4+7.0+7.0+8.0+8.3+8.7+9.0+10.0+11)$$

$$= 7.616\,667$$

$$\bar{y} = \frac{1}{12}(4.0+5.0+3.6+3.8+3.0+3.5+2.9+3.1+2.9+2.2+2.5+2.6)$$

$$= 3.258\,333$$

$$\hat{\beta}_1 = \frac{n\sum_{i=1}^{n}x_iy_i - \left(\sum_{i=1}^{n}x_i\right)\left(\sum_{i=1}^{n}y_i\right)}{n\sum_{i=1}^{n}x_i^2 - \left(\sum_{i=1}^{n}x_i\right)^2} = -0.346\,975$$

$$\hat{\beta}_0 = \bar{y} - \beta_1\bar{x} = 5.901\,126$$

故求得一元线性回归方程为：

$$y = -0.346\,975x + 5.901\,126$$

7.2.2　一元非线性回归

实际问题中，变量常常不是直线分布。这时，通常是选配一条比较接近的曲线，通过变量替换把非线性方程加以线性化，然后按照线性回归的方法进行拟合。

- 倒幂函数曲线 $y=a+b\cdot\dfrac{1}{x}$ 型，令 $x'=\dfrac{1}{x}$，则得 $y=a+b\cdot x'$。

- 双曲线 $\dfrac{1}{y}=a+b\cdot\dfrac{1}{x}$ 型，令 $x'=\dfrac{1}{x},y'=\dfrac{1}{y}$，则得 $y'=a+b\cdot x'$。

- 幂函数曲线 $y=d\cdot x^{b}$ 型，令 $y'=\ln y$，$x'=\ln x$，$a=\ln d$，则得 $y'=a+bx'$。

- 指数曲线 $y=d\cdot e^{bx}$ 型，令 $y'=\ln y$，$a=\ln d$，则得 $y'=a+bx$。

- 倒指数曲线 $y=d\cdot e^{\frac{b}{x}}$ 型，令 $y'=\ln y$，$x'=\dfrac{1}{x}$，$a=\ln d$，则得 $y'=a+bx'$。

许多曲线都可以通过变换化为直线，于是可以按直线拟合的方法来处理。对变换后的数据进行线性回归分析，之后将得到的结果再代回原方程。因而，回归分析是对变换后的数据进行的，所得结果仅对变换后的数据来说是最佳拟合，当再变换回原数据坐标时，所得的回归曲线严格地说并不是最佳拟合，不过，其拟合程度通常是令人满意的。

7.2.3　一元多项式回归

不是所有的一元非线性函数都能转换成一元线性方程，但任何复杂的一元连续函数都可用高阶多项式近似表示，因此对于那些较难直线化的一元函数，可用下式来拟合。

$$\hat{y}=b_0+b_1x+b_2x^2+\cdots+b_nx^n$$

如果令 $X_1=x,X_2=x^2,\cdots,X_n=x^n$，则上式可以转化为多元线性方程。

$$\hat{y}=b_0+b_1X_1+b_2X_2+\cdots+b_nX_n$$

这样就可以用多元线性回归分析求出系数 b_0，b_1，$\cdots$，b_n。

虽然多项式的阶数越高，回归方程与实际数据拟合程度越高，但回归计算过程中的舍入误差的积累也越大，因此当阶数 n 过高时，回归方程的精确度反而会降低，甚至得不到合理的结果。故一般取 n 值为 3~4。

7.2.4　实战案例——一元线性回归实例

本节通过一个具体的实例，使读者能够加深对一元线性回归模型的理解，掌握如何使用 Python 编程语言及阿里云机器学习 PAI 平台，进行基于一元线性回归算法的数据分析。

示例源码 7-1
一元线性回归

1. 数据分析任务

本节实例提供某年度各省份国内生产总值 GDP 及税收数据，需要分析各省份 GDP 与税收间的关系，要求通过一元线性回归算法，建立 GDP 与税收间的一元线性关系，以达成通过 GDP 预测税收值的目标。其中数据文件为 ods_prov_gdp_tax_info.csv，字段说明见表 7-4。

表 7-4   某年度各省份国内生产总值 GDP 及税收数据中表字段说明

字 段 名	类 型	含 义
province_name	字符串	省份名称
gdp_value	数值	国内生产总值
tax_value	数值	税收

2. 基于 Python 编程语言实现

① 开发前准备工作：确保本机已安装 Anaconda3-5.1.0 及以上版本，准备本地数据文件 ods_prov_gdp_tax_info.csv，运行 Jupyter Notebook 程序，在 Web 浏览器中新建 Python3 文件。

② 导入所需的 Python 模块。

```
import math
import numpy as np
import pandas as pd
import matplotlib. pyplot as plt
from sklearn. model_selection   import train_test_split
from sklearn. linear_model import LinearRegression
from sklearn. metrics import mean_squared_error
```

③ 加载 CSV 数据文件，并对数据进行必要的观察和探索，如图 7-7 和图 7-8 所示。

```
dataset = pd. read_csv( " ods_prov_gdp_tax_info. csv" , encoding="gb2312" )
dataset. head( )
```

Out[3]:

	province_name	gdp_value	tax_value
0	广东	89879.23	18284.98
1	江苏	85900.94	12849.93
2	山东	72678.18	8133.62
3	浙江	51768.00	9681.05
4	河南	44988.16	4328.50

图 7-7   一元线性回归实例中加载 CSV 数据文件

④ 区分输入及输出数据，其中输入数据为国内生产总值 GDP，输出数据为税收值。

```
x =dataset[ [ " gdp_value" ] ]. values
y =dataset[ " tax_value" ]. values
```

⑤ 使用 sklearn 构建线性回归模型，并通过样本集对模型进行训练。

```
In  [4]:  dataset.info()

          <class 'pandas.core.frame.DataFrame'>
          RangeIndex: 31 entries, 0 to 30
          Data columns (total 3 columns):
          #   Column          Non-Null Count  Dtype
          --- ------          --------------  -----
          0   province_name   31 non-null     object
          1   gdp_value       31 non-null     float64
          2   tax_value       31 non-null     float64
          dtypes: float64(2), object(1)
          memory usage: 872.0+ bytes

In  [5]:  dataset.describe()

Out[5]:
```

	gdp_value	tax_value
count	31.000000	31.000000
mean	27596.102258	4515.824194
std	22213.027990	4322.130276
min	1310.600000	331.870000
25%	15131.200000	2029.740000
50%	20818.500000	3003.170000
75%	35277.280000	4459.680000
max	89879.230000	18284.980000

图 7-8　一元线性回归实例中查看数据基本情况

```
model = LinearRegression()
model.fit(x, y)
print("模型系数:{},截距:{}".format(model.coef_,model.intercept_))
模型系数:[0.16041729],截距:88.93231128232674
```

⑥ 使用均方根误差 RMSE 对模型进行评价。

```
y_pred = model.predict(x)
print("回归模型 RMSE 值:{}".format(math.sqrt(mean_squared_error(y,y_pred))))
回归模型 RMSE 值:2406.306326625763
```

⑦ 利用 matplotlib 绘制回归函数曲线，观察数据点分布情况，如图 7-9 所示。

```
plt.plot(x, y, 'b.')
plt.plot(x,y_pred, 'r')
plt.xlabel("gdp_value")
plt.ylabel("tax_value")
plt.grid(True)
plt.show()
```

⑧ 利用模型预测新的数据。

```
print(model.predict([[16199]]))
[2687.53195881]
```

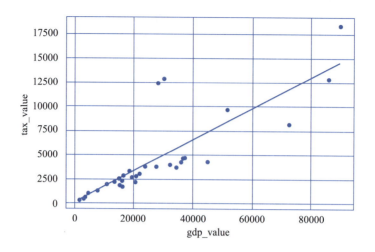

图 7-9   绘制回归函数曲线

实验手册 12
一元线性回归

3. 基于阿里云机器学习 PAI 平台实现

① 开发前环境准备工作：确保已注册阿里云账号，并开通阿里云 DataWorks 及 PAI 平台服务。

② 数据准备：进入阿里云 PAI 平台，单击"Studio-可视化建模"中创建项目（注：也可以使用旧项目），并切换到 DataWorks 平台，打开与阿里云 PAI 平台同名的工作空间。通过如下 SQL 语句建表，并导入 CSV 文件数据，如图 7-10 所示。

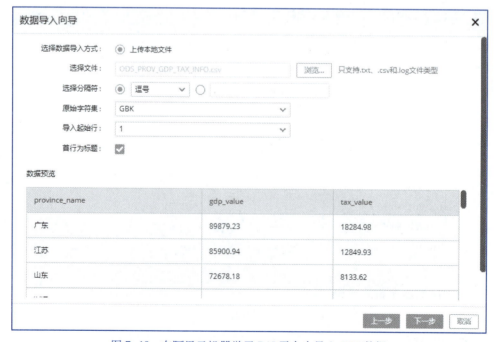

图 7-10   在阿里云机器学习 PAI 平台中导入 CSV 数据

```
-- 创建各省 GDP 与税收数据表
DROP TABLE IF EXISTS ods_prov_gdp_tax_info;
CREATE TABLE ods_prov_gdp_tax_info (
province_name STRING COMMENT '省份名称',
gdp_value DOUBLE COMMENT 'GDP 数值',
tax_value DOUBLE COMMENT '税收数值'
)COMMENT '各省 GDP 与税收数据表';
```

③ 创建实验：进入阿里云 PAI 平台对应项目单击 "新建实验" 按钮，打开如图 7-11 所示对话框。

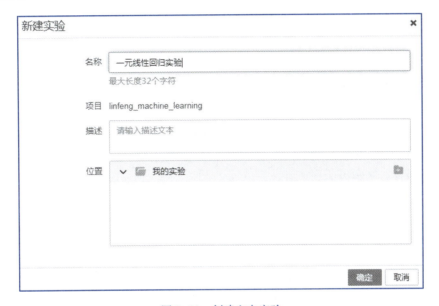

图 7-11 创建空白实验

④ 设计实验流程：本实验中需要用到 3 个组件，分别是 "读数据表" "线性回归" 和 "预测"。其中在组件 "读数据表" 中，设置表名为 ods_prov_gdp_tax_info；在组件 "线性回归" 中，设置特征列为 gdp_value，标签列为 tax_value；在组件 "预测" 中，左侧输入为线性回归模型，右侧输入为表 ods_prov_gdp_tax_info 中数据，如图 7-12 所示。

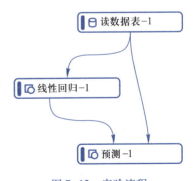

图 7-12 实验流程

⑤ 运行实验：单击 "运行" 按钮，等待一段时间，待运行结束后，右击组件 "预测"，查看数据。在数据列表中，字段 prediction_result 即为基于一元线性模型根据 gdp_value 预测的税收值，可与真实值 tax_value 进行比对，如图 7-13 所示。

序号 ▲	province_name ▲	gdp_value ▲	tax_value ▲	prediction_result ▲	prediction_score ▲
1	广东	89879.23	18284.98	14507.11463103545	14507.11463103545
2	江苏	85900.94	12849.93	13868.928138551586	13868.928138551586
3	山东	72678.18	8133.62	11747.768840120358	11747.768840120358
4	浙江	51768	9681.05	8393.414473946377	8393.414473946377
5	河南	44988.16	4328.5	7305.810928402486	7305.810928402486
6	四川	36980.2	4698.02	6021.195703179814	6021.195703179814
7	湖北	36522.95	4590.86	5947.844898264072	5947.844898264072
8	河北	35964	4243.45	5858.179655163681	5858.179655163681
9	湖南	34590.56	3665.15	5637.856135199816	5637.856135199816
10	福建	32298.28	3959.6	5270.13479437476	5270.13479437476

数据探查 - pai_temp_179632_1863076_1 - (仅显示前一百条)

图 7-13   一元线性回归实验预测结果

7.3   多元回归

在回归分析中，如果有两个或两个以上的自变量，就称为多元回归。事实上，一种现象常常是与多个因素相联系的，由多个自变量的最优组合共同来预测或估计因变量，比只用一个自变量进行预测或估计更有效，更符合实际。因此多元线性回归比一元线性回归的实用意义更大。

7.3.1   多元线性回归

多元线性回归分析是一元线性回归的推广，指的是多个因变量对多个自变量的回归分析。其中最常用的是只限于一个因变量但有多个自变量的情况，也叫多重回归分析。

1. 多元线性回归分析模型

多元线性回归模型表示的是多个自变量与一个因变量之间的线性关系。

设自变量 Y 与多个因变量 $X_1, X_2, \cdots, X_m$ 之间具有线性关系，称为多元线性回归模型，即：

$$Y = \beta_0 X_0 + \beta_1 X_1 + \beta_2 X_2 + \cdots + \beta_m X_m + e$$

其中，$\beta_j (j = 1, 2, \cdots, n)$ 表示在其他自变量保持不变时，X_j 增加或减少一个单元时 Y 的平均变化量，e 表示去除 m 个自变量对 Y 影响后的随机误差。

多元线性回归模型的应用需要满足如下条件：
- Y 与 $X_1, X_2, \cdots, X_m$ 之间具有线性关系。
- 各例观察值 $Y_i (i = 1, 2, \cdots, n)$ 相互独立。
- e 服从均数为 0、方差为 σ^2 的正态分布，等价于对任意一组自变量 $X_1, X_2, \cdots, X_m$ 值，

因变量 Y 具有相同方差，并且服从正态分布。

2. 多元线性回归方程

针对多元线性回归模型，$Y=\beta_0+\beta_1X_1+\beta_2X_2+\cdots+\beta_mX_m$，通过最小二乘法原理，如果 b_0，$b_1,b_2,\cdots,b_m$ 分别为 $\beta_0,\beta_1,\beta_2,\cdots,\beta_m$ 的拟合值，得到多元线性回归方程为：

$$\hat{Y}=b_0+b_1X_1+b_2X_2+\cdots+b_mX_m$$

式中 b_0 是常数，$b_1,b_2,\cdots,b_m$ 称为偏回归系数。偏回归系数 $b_i(i=1,2,\cdots,m)$ 的意义是，当其他自变量 $X_j(j\neq i)$ 都固定时，自变量 X_j 每变化一个单位而使因变量 Y 平均改变的数值。

3. 多元线性回归方程的假设检验及其评价

将回归方程所有自变量作为一个整体来检验它们与因变量之间是否有线性关系（方差分析法、复相关系数），对回归方程的预测或解释能力作出综合评价（决定系数），在此基础上进一步对各个自变量的重要性作出评价（偏回归平方和、t 检验、标准回归系数）。

7.3.2　多元多项式回归

研究一个因变量与多个自变量之间的多项式关系称为多项式回归（Polynomial Regression），若自变量的个数为 1，则称为一元多项式回归；若自变量的个数大于 1，则称为多元多项式回归。

一元二次多项式模型：$y_i=\beta_0+\beta_1x_i+\beta_2x_i^2+e_i,i=1,2,\cdots,n$。因其是抛物线，又被称为二项式回归函数。回归系数 β_1 为线性效应系数，β_2 为二次效应系数。

一元三次多项式模型：$y_i=\beta_0+\beta_1x_i+\beta_2x_i^2+\beta_3x_i^3+e_i,i=1,2,\cdots,n$。当自变量的幂次超过 3 时，回归系数解释变得困难，并且不稳定，因此不常用。

二元二次多项式模型：

$$y_i=\beta_0+\beta_1x_{i1}+\beta_2x_{i2}+\beta_{21}x_{i1}^2+\beta_{22}x_{i2}^2+\beta_{12}x_{i1}x_{i2}+e_i,i=1,2,\cdots,n$$

其中，$\beta_{12}x_{i1}x_{i2}$ 被称作交叉乘积项，表示了自变量 x_1 和 x_2 的交互作用，β_{12} 被称作交互影响系数。

多项式回归可以转换成线性回归，但是要注意自变量和高次自变量之间有很强的相关性，需要考虑多重共线性的影响。

7.4　实战案例——多元回归实例

本节通过一个具体的实例，使读者能够加深对多元回归模型的理解，掌握如何使用

Python 编程语言及阿里云机器学习 PAI 平台，进行基于多元回归算法的数据分析。

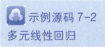
示例源码 7-2
多元线性回归

1. 数据分析任务

本节实例提供某年度各省份国内生产总值 GDP、居民消费
价格指数、财政支出及税收数据，需要分析各省份税收数据与其他数据间的关系。要求
通过线性回归算法，建立国内生产总值、居民消费价格指数、财政支出与税收间的多元
线性关系，以达成预测税收值的目标。其中数据文件为 ods_prov_gdp_tax_cpi_expenditure_info. csv，字段说明见表 7-5。

表 7-5   多元回归实例中表字段说明

字 段 名	类 型	含 义
province_name	字符串	省份名称
gdp_value	数值	国内生产总值
cpi_value	数值	居民消费价格指数
expenditure_value	数值	财政支出
tax_value	数值	税收

2. 基于 Python 编程语言实现

① 开发前准备工作：确保本机已安装 Anaconda3-5.1.0 及以上版本，准备本地数据文
件 ods_prov_gdp_tax_cpi_expenditure_info. csv，运行 Jupyter Notebook 程序，在 Web 浏览器
中新建 Python3 文件。

② 导入所需的 Python 模块。

```
import math
import numpy as np
import pandas as pd
from sklearn. linear_model import LinearRegression
from sklearn. metrics import mean_squared_error
```

③ 加载 CSV 数据文件，并对数据进行必要的观察和探索，如图 7-14 和图 7-15 所示。

Out[3]:	province_name	gdp_value	tax_value	cpi_value	expenditure_value
0	广东	89879.23	18284.98	101.5	15037.48
1	江苏	85900.94	12849.93	101.7	10621.03
2	山东	72678.18	8133.62	101.5	9258.40
3	浙江	51768.00	9681.05	102.1	7530.32
4	河南	44988.16	4328.50	101.4	8215.52

图 7-14   多元回归实例中加载 CSV 数据文件

```
In  [4]:   dataset.info()

           <class 'pandas.core.frame.DataFrame'>
           RangeIndex: 31 entries, 0 to 30
           Data columns (total 5 columns):
            #   Column             Non-Null Count   Dtype
           ---  ------             --------------   -----
            0   province_name      31 non-null      object
            1   gdp_value          31 non-null      float64
            2   tax_value          31 non-null      float64
            3   cpi_value          31 non-null      float64
            4   expenditure_value  31 non-null      float64
           dtypes: float64(4), object(1)
           memory usage: 1.3+ KB

In  [5]:   dataset.describe()

Out[5]:
```

	gdp_value	tax_value	cpi_value	expenditure_value
count	31.000000	31.000000	31.000000	31.000000
mean	27596.102258	4515.824194	101.564516	5588.011290
std	22213.027990	4322.130276	0.399623	2889.278617
min	1310.600000	331.870000	100.900000	1372.780000
25%	15131.200000	2029.740000	101.400000	4046.350000
50%	20818.500000	3003.170000	101.500000	4879.420000
75%	35277.280000	4459.680000	101.700000	6846.960000
max	89879.230000	18284.980000	102.800000	15037.480000

图 7-15　多元回归实例中查看数据基本情况

```
dataset = pd.read_csv("ods_prov_gdp_tax_cpi_expenditure_info.csv", encoding="gb2312")
dataset.head()
```

④ 区分输入及输出数据，其中输入数据为国内生产总值 GDP、居民消费价格指数、财政支出，输出数据为税收值。

```
x = dataset[['gdp_value', 'cpi_value', 'expenditure_value']].values
y = dataset["tax_value"].values
```

⑤ 使用 sklearn 构建多元线性回归模型，并通过样本集对模型进行训练。

```
model = LinearRegression()
model.fit(x, y)
```

⑥ 使用均方根误差 RMSE 对模型进行评价。

```
y_pred = model.predict(x)
print("回归模型 RMSE 值:{}".format(math.sqrt(mean_squared_error(y, y_pred))))
回归模型 RMSE 值:2040.0110024974556
```

⑦ 利用模型预测新的数据。

```
print(model.predict([[27596,102,5600]]))
[5439.01201309]
```

完整代码如下：

```python
#引入模块
import math
import numpy as np
import pandas as pd
from sklearn.linear_model import LinearRegression
from sklearn.metrics import mean_squared_error
#读取数据集
dataset = pd.read_csv("ODS_PROV_GDP_TAX_CPI_EXPENDITURE_INFO.csv", encoding="gb2312")
#查看数据
dataset.head()
#数据集信息
dataset.info()
#数据集统计性描述
dataset.describe()
#区分输入及输出数据
x = dataset[['gdp_value', 'cpi_value', 'expenditure_value']].values
y = dataset["tax_value"].values
#构建模型
model = LinearRegression()
#通过训练样本训练模型
model.fit(x, y)
y_pred = model.predict(x)
print("回归模型 RMSE 值:{}".format(math.sqrt(mean_squared_error(y, y_pred))))
#预测新数据
print(model.predict([[27596, 102, 5600]]))
```

实验手册 13
多元线性回归

3. 基于阿里云机器学习 PAI 平台实现

① 开发前环境准备工作：确保已注册阿里云账号，并开通阿里云 DataWorks 及 PAI 平台服务。

② 数据准备：进入阿里云 PAI 平台，单击"Studio-可视化建模"中创建项目（注：也可以使用旧项目），并切换到 DataWorks 平台，打开与阿里云 PAI 平台同名的工作空间。通过如下 SQL 语句建表，并导入 CSV 文件数据，如图 7-16 所示。

```sql
-- 创建 各省 GDP_CPI_财政支出及税收数据表
DROP TABLE IF EXISTS ods_prov_gdp_tax_cpi_expenditure_info;
CREATE TABLE ods_prov_gdp_tax_cpi_expenditure_info (
```

```
province_name STRING COMMENT '省份名称',
gdp_value DOUBLE COMMENT 'GDP 数值',
tax_value DOUBLE COMMENT '税收数值',
cpi_value DOUBLE COMMENT 'CPI 数值',
expenditure_value DOUBLE COMMENT '财政支出数值'
)COMMENT '各省 GDP_CPI_财政支出及税收数据表';
```

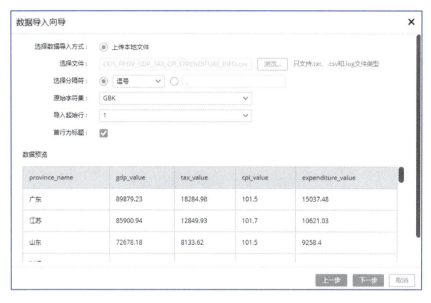

图 7-16　导入 CSV 数据

③ 创建实验：进入阿里云 PAI 平台对应项目单击"新建实验"按钮，如图 7-17 所示。

图 7-17　创建空白实验

④ 设计实验流程：本实验中需要用到 3 个组件，分别为"读数据表""线性回归"和"预测"。其中在组件"读数据表"中，设置表名为 ods_prov_gdp_tax_cpi_expenditure_info；在组件"线性回归"中，设置特征列为 gdp_value、cpi_value、expenditure_value，标签列为 tax_value；在组件"预测"中，左侧输入为线性回归模型，右侧输入为表 ods_prov_gdp_tax_cpi_expenditure_info 中的数据，如图 7-18 所示。

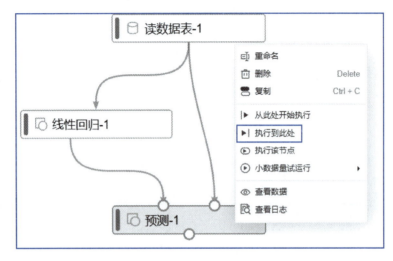

图 7-18　实验流程

⑤ 运行实验：单击"运行"按钮，等待一段时间，待运行结束后，右击组件"预测"，查看数据。在数据列表中，字段 prediction_result 即为基于多元线性模型根据 gdp_value 预测的税收值，可与真实值 tax_value 进行比对，如图 7-19 所示。

expenditure_value ▲	prediction_result ▲	prediction_score ▲	prediction_detail ▲
15037.48	16308.612483637082	16308.612483637082	{"tax_value": 16308.61248363708}
10621.03	11962.607742149688	11962.607742149688	{"tax_value": 11962.60774214969}
9258.4	10069.609421028392	10069.609421028392	{"tax_value": 10069.60942102839}
7530.32	7459.512984498691	7459.512984498691	{"tax_value": 7459.512984498691}
8215.52	7803.433056197645	7803.433056197645	{"tax_value": 7803.433056197645}
8694.76	7882.48061164447	7882.48061164447	{"tax_value": 7882.48061164447}
6801.26	6076.901092128495	6076.901092128495	{"tax_value": 6076.901092128495}
6639.18	5894.382611382256	5894.382611382256	{"tax_value": 5894.382611382256}
6869.39	6053.242435505778	6053.242435505778	{"tax_value": 6053.242435505778}
4684.15	3893.767496142339	3893.767496142339	{"tax_value": 3893.767496142339}
7547.62	6478.6182457538125	6478.6182457538125	{"tax_value": 6478.618245753813}
6824.53	5694.8699818007135	5694.8699818007135	{"tax_value": 5694.869981800714}
6203.81	5102.152051953297	5102.152051953297	{"tax_value": 5102.152051953297}
4879.42	3685.3481583936673	3685.3481583936673	{"tax_value": 3685.348158393667}
4833.19	3542.9192913868105	3542.9192913868105	{"tax_value": 3542.919291386811}
5111.47	3746.7029343085387	3746.7029343085387	{"tax_value": 3746.702934308539}
4908.55	3544.0446775909363	3544.0446775909363	{"tax_value": 3544.044677590936}

数据探查 - pai_temp_179633_1863079_1 - (仅显示前一百条)

图 7-19　多元回归实验预测结果

7.5　本章小结

　　本章主要介绍了数据挖掘中的回归分析。首先介绍提出回归分析的背景和回归分析定义，分析使用最小二乘法求解回归方程的过程，并介绍了回归分析的应用场景。回归分析主要分成一元回归和多元回归，在 7.2 节中对一元回归中的一元线性回归、一元非线性回归和一元多项式回归进行了介绍；在 7.3 节中对多元回归的多元线性回归和多元多项式回归进行了介绍。最后对一元线性回归和多元回归用 Python 语言和阿里云平台进行了实践。

7.6　本章习题

　　（1）回顾回归分析的概念及相关的应用场景有哪些。

　　（2）简述一元线性回归方程及求解方法。

　　（3）一元回归算法可分为哪几种，每种算法的适用场景可能有哪些？

　　（4）一元非线性回归和一元多项式回归在向一元线性回归转化的过程中，需要注意哪些问题？

　　（5）多元回归算法可分为哪几种，每种算法的适用场景可能有哪些？

第 8 章 聚类分析

本章主要介绍聚类分析，包括基于划分的聚类方法、基于层次的聚类方法、基于密度的聚类方法、基于网格的聚类方法和基于模型的聚类方法等。通过本章可以学习各类别聚类中代表性的聚类算法，掌握不同聚类算法的思想与算法步骤。同时本章通过实践案例，展示了聚类分析算法的实现流程。

8.1 聚类分析概述

俗话说："物以类聚，人以群分。"在数据分析科学中，存在着大量的聚类问题。假如现在有一个网上商城的运营主管，该主管有 5 个销售人员辅助工作。主管想把商城的所有消费会员划分成 5 个组，以便可以为每组安排一个销售人员专门服务。因此对于 5 个组来说，每组内部的会员消费习惯应尽可能相似，即两个消费习惯很不相同的消费会员不会放在同一组。随后即可分析每一组人员的消费模式，开发一些特别针对每组消费会员的商品推荐活动。什么类型的数据挖掘能够帮助完成这一任务？

能否使用第 6 章学习的分类分析来解决该任务？这里需要回顾一下分类的应用场景。分类分析是一种"有监督"的学习过程，如已知良性肿瘤细胞和恶性肿瘤细胞特征，预测某肿瘤细胞是良性还是恶性，这就是典型的"分类"。在分类分析中，类别已经明确。利用"标明每个数据样本类别"的训练数据集对分类器提前"训练"，训练完毕后，分类器即可知道每个类别的特征，随后即可使用该分类器预测新的数据属于哪个类别。然而在这个任务中，每个消费会员的到底属于哪个组是不知道的，需要通过分析方法发现这些分组。考虑到大量消费会员和描述消费会员的众多属性，靠人工研究数据并且将客户划分成有意义的组代价将会很大，甚至是不可行的。

聚类分析可以帮助实现这一任务需求。聚类分析可以在不知道样本类别的情况下，将样本划分成 K 个组，即簇（cluster），每个簇的样本组成了一个潜在的类别。这是一种典型的"无监督学习"算法,即在训练的过程中,并没有告诉训练算法某一个样本属于哪一个簇。对于聚类算法来说,就是研究如何通过一系列衡量方法来揭示样本的内在性质及规律,将算法认为"相似"的一堆数据聚集在一起然后当作同一个簇。

在上述任务中,如果该主管使用聚类分析,即可将消费会员通过划分,每个簇可能对应于一些潜在的概念(类别),如"高收入高消费""高收入低消费""低收入高消费"和"低收入低消费"等。需说明的是,这些概念对聚类算法而言事先是未知的,聚类过程仅能自动形成簇结构,簇所对应的概念语义需由使用者来把握和命名。

8.1.1 聚类分析的定义

聚类分析是进行"无标注数据类型"的数据分析工具,是一组将研究对象分为相对同质的群组的统计分析技术。聚类分析对具有共同趋势或结构的数据进行分组,将数据项分组成多个簇,簇之间的数据差别尽可能大,簇内的数据差别尽可能小,即"最小化"簇间的相似性,最大化簇间的相似性。因为有"物以类聚,人以群分"的说法,故得名聚类。它主要解决的是把一群对象划分成若干个组的问题,整体数据样本最终会被分成多个不同的组别,有助于寻找数据的内部结构。例如根据标签、主题和文档内容将文档分为多个不同的类别;根据各地区的天气观测数据(天气、温度、湿度、风向等)将全球划分成不同的气候区域;根据网页的内容、标签、点击数据等将网页划分成不同的网页分类,当用户搜索时,搜索引擎再将与用户搜索网页最相近的同一类的网页数据展示出来;根据鸢尾花的测量数据(萼长、萼宽、瓣长、瓣宽等),将类似的测量记录归类(同种花的测量数据具有类似的特征),如图 8-1 所示,展示了如何使用聚类算法将鸢尾花聚为 3 类。

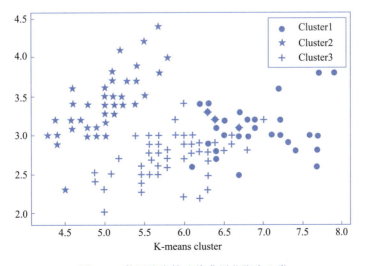

图 8-1　使用聚类算法将鸢尾花聚为 3 类

8.1.2   聚类分析提出的背景

聚类分析起源于分类学，在分类学中人们主要依靠经验和专业知识来实现分类。随着生产技术和科学的发展，人类的认识不断加深，分类越来越细，要求也越来越高，有时光凭经验和专业知识是不能进行确切分类的，往往需要定性和定量分析结合起来去分类，于是数学工具逐渐被引入分类学中，形成了数值分类学。后来随着多元分析的引进，聚类分析又逐渐从数值分类学中分离出来而形成一个相对独立的分支。聚类的意义就在于将观察到的内容组织成类分层结构，把类似的事物组织在一起。通过聚类分析，人们能够识别密集的和稀疏的区域因而发现全局的分布模式以及数据属性之间的有趣关系。

8.1.3   聚类分析的原理

聚类分析主要依据数据样本在性质上的亲疏程度进行分类。描述数据样本亲疏程度有两个途径。

① 个性间差异度：把每个数据样本看成是多维空间上的一个点，在多维坐标中，定义点与点、类和类之间的距离，用点与点间距离来描述样品或变量之间的亲疏程度。

② 个体间相似度：计算数据样本的简单相关系数或者等级相关系数，用相似系数来描述样品或变量之间的亲疏程度。

聚类分析的过程主要分为如下的 4 步。

（1）数据预处理

从数据样本的特征中选择重要的特征，避免维度过高问题，同时移除样本集中的离群数据。

（2）选择数据样本亲疏程度的函数

聚类中需要比较样本间的相似度或差异度，因此选择一个合适的数据样本亲疏程度函数对聚类分析很重要。例如通过样本特征空间距离计量来评估样本的亲密程度，常用方法包括欧式距离（Euclidean Distance）、曼哈顿距离（Manhattan Distance）等；通过样本间的相似度来评估样本的亲密程度，常用方法如 PMC 和 SMC。

（3）聚类

通过不同的聚类模型将数据样本划分到不同的类中，具体的聚类模型将在后续的章节中详细介绍。

（4）评估输出

聚类具有随机性，聚类效果的好坏并没有办法去判断，但是可以通过一些指标判断聚类的有效性。常用的聚类评估方式有内部评估（internal）和外部评估（external）两大类，内部评估是汇总得到一个单独质量分数，外部评估是通过与公认标准作比较。典型的内部评估指标，有 Silhouette coefficient（轮廓系数）和 Calinski-Harabaz（CH）。

8.1.4　聚类分析的应用场景

聚类分析在不同领域有着广泛应用。

1. 商业应用

商业数据分析师通过聚类将用户根据其性质分类，从而发现不同的客户群，并且通过购买模式刻画不同的客户群特征，以便后期对不同客户群定制商业策略。

2. 计算生物学

生物学家使用聚类分析大量的动植物的基因遗传信息，从而获得更加准确的生物分类。

3. 电子商务

聚类分析在电子商务领域主要用于挖掘具有相似浏览行为的客户，并分析客户的共同特征，从而帮助电商运营者了解自己的客户，向客户提供更合适的服务。

4. 信息检索

网络搜索引擎使用聚类将搜索结果分成若干簇，每个簇捕获查询的某个特定方面。例如，查询"电影"返回的网页可以分成诸如评论、电影预告片、影星和电影院等类别。每一个类别（簇）又可以划分成若干子类别（子簇），从而产生一个层次结构，帮助用户进一步探索查询结果。

8.1.5　聚类算法的分类

目前数据分析领域存在大量的聚类算法，具体分析过程中，聚类算法的选择取决于输入数据的类型、分析目的和具体应用场景。一般来说，聚类算法主要分为基于划分的聚类方法、基于层次的聚类方法、基于密度的聚类方法、基于网格的聚类方法和基于模型的聚类方法 5 大类。

1. 基于划分的聚类方法

基于划分的聚类方法是一种自顶向下的方法，给定一个 n 个对象的集合，划分方法构建数据的 k 个分区，其中每个分区表示一个簇，并且 $k \leqslant n$。也就是说，假设现在有一堆分散的数据样本需要聚类，期望的聚类效果是同一个簇中的对象尽可能相互"相似"，而不同簇中的对象尽可能"不相似"。这个过程主要根据样本间的相似度将样本分别"聚集"成 k 个群组。

典型的基于划分的聚类算法包括 K-means 算法、K-medoids 算法和 K-prototype 算法。

2. 基于层次的聚类方法

基于层次的聚类方法是在不同层级上对样本进行聚类，逐步通过计算不同类别样本间的相似度构建层级结构的聚类树。创建聚类树有自上而下和自下而上两种方式，故该类别的聚类算法根据层次分解的顺序分为凝聚式层次聚类算法（自下而上）和分裂式层次聚类算法（自上而下）。凝聚式层次聚类算法在开始会将每个样本作为单独的一个簇，然后计算样本之间的距离，每次将距离最近的点合并到同一个簇。随后，计算簇与簇之间的距离，将距离最近的簇合并为一个大簇。不停地合并，直到合成了一个簇，或者达到某个终止条件为止。分裂式层次聚类算法则与凝聚式过程相反，一开始将所有个体都归属于一个簇，然后逐渐细分为更小的簇，直到最终每个数据对象都在不同的簇中，或者达到某个终止条件为止。

典型的基于层次的聚类算法包括 AGNES 算法、DIANA 算法、BIRCH 算法和 CURE 算法。

3. 基于密度的聚类方法

基于密度概念的聚类方法假设聚类结果可以通过样本分布的密度（样本的聚集程度）来确定。对于所有样本，每个簇都是由一群密度样本组成，只要"邻域"中的密度超过某个阈值，就继续增长给定的簇。也就是说，对给定簇中的每个数据点，在给定半径的邻域中必须至少包含最少数目的点。这样的方法可以用来过滤噪声或离群点，对包含噪声样本的聚类场景效果较好，并且该方法能够发现任意形状的聚类簇。

典型的基于密度的聚类算法包括 DBSCAN 算法、OPTICS 算法和 DENCLUE 算法。

4. 基于网格的聚类方法

基于网格的聚类方法把对象空间量化为有限数目的单元，形成一个网格结构，所有的聚类流程都在这个网格结构上进行。因此该聚类方法需要根据样本数据中的属性分割成许多临近的区间，创建网格结构。该方法能够有效减少计算复杂度，因此聚类速度很快，对于许多空间数据挖掘问题，使用网格通常都是一种有效的方法。借用基于网格的方法能够降低计算时间的优点，它可以与基于密度的方法、基于层次的方法结合使用，从而提升聚类的效率与准确性。

典型的基于网格的聚类算法包括 STING 算法和 CLIQUE 算法。

5. 基于模型的聚类方法

基于模型的方法是假设每个聚类是一个模型，再去发现符合该模型的样本，通过数学方式实现样本与簇的最佳匹配，典型模型包括概率模型和神经网络模型。例如基于概率模型的聚类方法在进行聚类时对簇的划分以概率形式表现，样本归属于哪个类会依据概率确定。不过一般来说，由于需要依据概率模型，算法的执行效率不高。基于神经网络模型的方法则是利用神经网络模型，通过模拟人脑的过程，训练神经元，进行聚类。典型的基于模型的聚类算法包括 COBWEB 算法和 SOM 神经网络聚类算法，参见表 8-1。

表 8-1　聚类算法的分类

类　　别	特　　点	典型算法
基于划分的聚类	-对给定的数据集合，事先指定划分为 k 个类别 -发现球形互斥的簇 -基于距离 -可以用均值或中心点等代表簇中心 -对中小规模数据集有效	K-means 算法 K-medoids 算法 K-prototype 算法
基于层次的聚类	-对给定的数据集合进行层次分解，不需要预先给定聚类数 -聚类是一个层次分解（即多层） -不能纠正错误的合并或划分 -可以集成其他技术，如微聚类或考虑对象"连接"	BIRCH CURE Chameleon Agglomerative
基于密度的聚类	-只要某簇邻近区域的密度超过设定的阈值，则扩大簇的范围，继续聚类 -可以发现任意形状的簇 -簇是对象空间中被低密度区域分隔的稠密区域 -簇密度：每个点的"邻域"内必须具有最少个数的点 -可能过滤离群点	DBSCAN OPTICS DENCLUE
基于网格的聚类	-使用一种多分辨率网格数据结构 -快速处理（典型地，独立于数据对象数，但依赖于网格大小）	STING CLIQUE WareCluster
基于模型的聚类	为每个簇假定一个模型，寻找数据对模型的最佳拟合。基于的假设是：数据是根据潜在的概率分布生成的	COBWEB SOM 神经网络聚类算法

8.2　基于划分的聚类

　　聚类分析最简单、最基本的版本是划分，它把数据样本组织成多个互斥的组或簇。形式上，给定 n 个数据样本的数据集，以及要生成的簇数 k，划分算法把数据样本组织成 k（$k \leqslant n$）个分区，其中每个分区代表一个簇。使用划分的方法聚类时，每个数据样本必须属于一个簇。通常来说，划分的原则是依据样本之间的"距离"，这里的"距离"主要指的是样本间的相似度，因此，在基于划分的聚类算法中，相似度的衡量极为关键。划分聚类是聚类分析中最常用、最普遍的方法，使用简单，在实际中运用广泛。本节将学习几种常见基于划分的聚类算法。

8.2.1 K-means 算法

1. K-means 算法概述

最简单且经典的基于划分的聚类算法就是 K-means 算法，最早诞生于信号处理领域，是聚类分析算法中最著名且应用较广泛的算法。它采用距离作为相似性的评价指标，即认为两个对象的距离越近，其相似度就越大，最终将 n 个数据样本划分到 k 个簇中。教师-村民模型可以非常直观地描述 K-means 的工作过程，如图 8-2 所示。有 4 个教师去郊区授课，一开始教师们随意选了几个授课点，并且把这几个授课点的情况公告给了郊区所有的村民，于是每个村民到离自己家最近的授课点去听课。听课之后，大家觉得距离太远了，于是每个教师统计了一下自己的课上所有的村民的地址，搬到了所有地址的中心地带，并且在海报上更新了自己的授课点的位置。教师每一次移动不可能离所有人都更近，有的人发现 A 教师移动以后自己还不如去 B 教师处听课更近，于是每个村民又去了离自己最近的授课点，就这样，教师每个星期更新自己的位置，村民根据自己的情况选择授课点，最终稳定了下来。

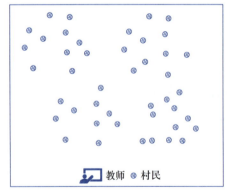
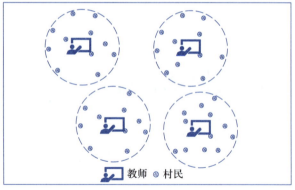

图 8-2　教师-村民模型

2. 算法原理与步骤

给定数据集

$$D = \{x_1, x_2, x_3, \cdots, x_n\}$$

其中 x_i 是 d 维实数向量，算法的目标是得到 k 个簇 $C = \{C_1, C_2, C_3, \cdots, C_k\}$，可选取欧式距离作为距离衡量指标，聚类目标函数可选最小化误差平方和 SSE（Sum of the Squared Error）

$$SSE = \sum_{i=1}^{k} \sum_{x \in C_i} dist(a_i, x)^2$$

其中 a_i 为簇 C_i 的中心点

$$a_i = \frac{1}{|C_i|} \sum_{x \in C_i} x$$

数据样本间的距离计算可根据具体场景选用欧式距离、余弦距离、曼哈顿距离等衡量方式。

K-means 算法的主要步骤描述如下。

① 确定聚类个数，确定距离计算公式。

② 选择初始化的 k 个样本作为初始质心（即簇的中心）$a_1, a_2, a_3, \cdots, a_k$。

③ 计算每个样本 x_i 到各个质心 $a_1, a_2, a_3, \cdots, a_k$ 的距离，将每个样本聚集到与之最近的簇。

④ 重新计算每个距离的中心 a_j，$a_j = \frac{1}{|C_j|} \sum_{x \in C_j} x$，即选择目前该簇的中心作为新的质心。

⑤ 重复上面步骤③和④，直到达到终止条件，如迭代到固定次数或误差变化等。

3. K-means 算法适用场景

K-means 聚类算法简单且有效，但是在使用 K-means 时，k 值的确定非常关键。当明确划分聚类个数时，K-means 算法就比较适用了。但是不能保证 K-means 方法收敛于全局最优解，并且它常常终止于一个局部最优解。结果可能依赖于初始簇中心的随机选择。实践中，为了得到好的结果，通常以不同的初始簇中心，多次运行 K-means 算法。

相对于其他聚类算法，K-means 算法的优缺点总结如下。

（1）优点

① 是解决聚类问题的一种经典算法，简单、快速、容易实现。

② 在处理大数据集时，该算法保持可伸缩性和高效率。

③ 当结果簇是密集的，它的效果较好。

④ 聚类结果容易解释且较好。

（2）缺点

① 在簇的平均值被定义的情况下才能使用，可能不适用于某些应用。

② 必须事先给出 k（要生成的簇的数目），而且对初始值敏感，对于不同的初始值，可能会导致不同结果。

③ 只能发现球状簇，非球状聚类效果差。

④ 对离群点和孤立点数据敏感。

⑤ 样本点较多时，计算量偏大。

4. K-means 算法的实现

本节通过一个具体的实例使用 K-means 算法进行鸢尾花数据集的聚类，希望依据 4 个鸢尾花的特征：花萼长度、花萼宽度、花瓣长度、花瓣宽度，将鸢尾花分为 3 类。数据集字段说明见表 8-2。

表 8-2　鸢尾花数据集中数据字段说明

字　段　名	类　　型	含　　义
sepal_length	数值	花萼长度
sepal_width	数值	花萼宽度
petal_length	数值	花瓣长度
petal_width	数值	花瓣宽度

下面是使用 Python 调用 sklearn 中的 K-means 的聚类过程，如图 8-3 所示。

> 示例源码 8-1
> 基于 K-means 算法实现鸢尾花聚类分析

```
#引入模块
import numpy as np
import pandas as pd
import matplotlib. pyplot as plt
from sklearn. cluster import KMeans
from sklearn. metrics import calinski_harabaz_score
#读取数据集
dataset = pd. read_csv("iris. csv")
#特征数据
x = dataset[["sepal_length","sepal_width","petal_length","petal_width"]]. values
#构建模型
model = KMeans(n_clusters=3)
#通过训练样本训练模型
model. fit(x)
#绘制聚类结果
label_pred = model. labels_
x0 = x[label_pred == 0]
x1 = x[label_pred == 1]
x2 = x[label_pred == 2]
plt. scatter(x0[:, 0], x0[:, 1], c="red", marker='o', label='Cluster 1')
plt. scatter(x1[:, 0], x1[:, 1], c="green", marker='*', label='Cluster 2')
plt. scatter(x2[:, 0], x2[:, 1], c="blue", marker='+', label='Cluster 3')
plt. xlabel('k-means cluster')
plt. legend(loc=1)
plt. show()
```

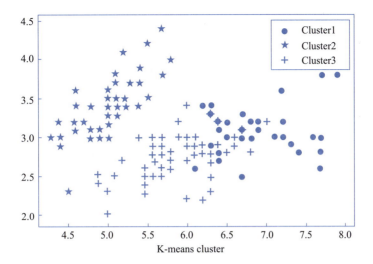

图 8-3 使用 K-means 算法将鸢尾花聚成 3 类

8.2.2 K-medoids 算法

1. K-medoids 算法概述

K-means 算法对于离群值十分敏感，根源在于 K-means 使用簇中样本的均值作为参照点，这时当存在某些数据样本远离大多数样本时，它们可能严重扭曲簇的均值，影响其他数据到簇的分配。因此可以不采用簇中对象的均值作为参照点，而是挑选集群中位于最中心的对象来作为参考点，这种方法被称为 K-medoids 算法。

2. 算法原理与步骤

K-medoids 算法仍然基于最小化所有对象与其对应的参照点之间的相异度之和原则。该算法首先为每个簇随意选择一个代表对象，剩余的对象根据其与代表对象的距离分配给最近的一个簇；然后反复地用非代表对象来替代代表对象，以改进聚类的质量。聚类结果的质量用一个代价函数来估算，该函数度量对象与其参照对象之间的平均相异度。为了确定非代表对象 O_{random} 是否能够替代当前代表对象 O_j，对于每一个非代表对象 p，考虑如图 8-4 所示 4 种情况：

(a) 重新分配给O_i (b) 重新分配给O_{random} (c) 不发生变化   (d) 重新分配给O_{random}

图 8-4 非代表对象的 4 种情况

K-medoids 算法的主要步骤描述如下。

① 确定聚类个数，确定距离计算公式。

② 选择初始化的 k 个样本作为初始 medoids 点 $a_1, a_2, a_3, \cdots, a_k$。

③ 计算剩余每个样本 x_i 到各个 medoids 点 $a_1, a_2, a_3, \cdots, a_k$ 的距离，将剩余各个样本聚集到与之最近的簇。

④ 对于第 i 个簇中除对应 medoids 点外的所有其他点，按顺序计算当其为新的 medoids 点时，准则函数的值，遍历所有可能，选取准则函数最小时对应的点作为新的 medoids 点。

⑤ 重复上面步骤③和④，直到达到终止条件，如迭代到固定次数或误差变化等。

3. K-medoids 算法适用场景

K-medoids 主要是在 K-means 上进行了改进，优缺点总结如下。

① 优点：K-medoids 比 K-means 更健壮，特别是当存在数据样本中存在噪声数据和离群值时。

② 缺点：当数据样本数量较大时，计算质心的步骤将会耗费大量的计算时间，因此聚类速度会变慢，不适用于大数据集。

8.2.3　K-prototype 算法

1. K-prototype 算法概述

K-prototype 继承了 K-mean 算法思想，提出了混合属性簇的原型，加入了描述数据簇的原型和混合属性数据之间的相异度计算公式，是处理混合属性聚类的典型算法。K-prototype 算法是设定了一个目标函数，类似于 K-means 的 SSE（误差平方和），不断迭代，直到目标函数值不变。K-prototype 算法提出了混合属性簇的原型，可以理解原型就是数值属性聚类的质心。混合属性中存在数值属性和分类属性，其原型的定义是数值属性原型用属性中所有属性取值的均值，分类属性原型是分类属性中选取属性值取值频率最高的属性，合起来就是原型。

2. 算法原理与步骤

给定数据集 $D = \{x_1, x_2, x_3, \cdots, x_n\}$，其中 x_i 包含 m 个属性，$x_i = \{x_{i1}, x_{i2}, x_{i3}, \cdots, x_{im}\}$。$A_j$ 表示属性 j，$dom(A_j)$ 表示属性 j 的值域：对于数值属性，值域 $dom(A_j)$ 表示的是取值的范围；当对于分类属性，值域 $dom(A_j)$ 表示集合，x_{ij} 表示数据 i 的第 j 个属性。x_i 在逻辑上通常表示为属性值对的并集

$$x_i = (A_1 = x_{i1}) \wedge (A_2 = x_{i2}) \wedge (A_3 = x_{i3}) \wedge \cdots \wedge (A_m = x_{im})$$

K-prototype 算法中的相异度距离：一般来说，数值属性的相异度一般选用欧式距离，

在 K-prototype 算法中混合属性的相异度分为数值属性和分类属性，分开求，然后相加。K-prototype 算法的数据和簇的距离函数 d 是由数值类型和可分类型两部分组成的：

$$d(x,y) = \sum_{j=1}^{p} (x_j - y_j)^2 + \sum_{j=p+1}^{m} \delta(x_j, y_j)$$

其中，前 p 个数据为数值属性，后 $m-p$ 个为分类属性，δ 是分类属性的权重因子。对于数值属性，可采用欧几里得距离衡量相似性，对于分类属性，这里采用的是海明威距离，即

$$\delta(x_j, y_j) = \begin{cases} 0, x_j = y_j \\ 1, x_j \neq y_j \end{cases}$$

K-prototype 算法的主要步骤描述如下。

① 选择初始化的 k 个样本作为初始代表对象 $a_1, a_2, a_3, \cdots, a_k$。

② 计算每个样本 x_i 到各个与 k 个簇的相异度。将该数据分配到相异度最小的对应的簇中。

③ 更新簇的原型。

④ 重复上面步骤②和③，直到达到终止条件，如迭代到固定次数或误差变化等。

8.3　基于层次的聚类

划分方法可实现将样本划分成具有区分度的簇群的基本聚类要求，不过有时某些任务希望在不同层级上对样本进行聚类，这时划分方法就实现不了了。对于层级聚类，可以以下面的生活例子理解，例如某学校校长，可以把学校人员组织成较大的组群，如教师、学生和教辅人员。进一步，他可以把每个群组划分为较小的子组群。例如，教师组可以进一步划分成子组群，如计算机系教师、商贸系教师、人文系教师等。所有这些组群形成了一个层次结构。

针对这种不同层级上的聚类需求，研究者提出了层次聚类方法（Hierarchical Clustering Method），该方法将数据对象组成层次结构或簇的"树"。有两种产生层次聚类的基本方法：

● 凝聚式层次聚类算法：将每个样本作为单独的一个簇，然后计算样本之间的距离，每次将距离最近的点合并到同一个簇。随后，计算簇与簇之间的距离，将距离最近的簇合并为一个大簇。不停地合并，直到合成了一个簇，或者达到某个终止条件为止，如图 8-5 所示。

● 分裂式层次聚类算法：一开始将所有个体都归属于一个簇，然后逐渐细分为更小的簇，直到最终每个数据对象都在不同的簇中，或者达到某个终止条件为止。

本节将介绍两个基于层次的聚类算法：BIRCH 聚类和 CURE 聚类。

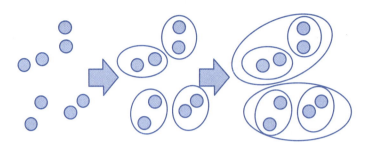

图 8-5 凝聚式层次聚类

8.3.1 BIRCH 算法

1. BIRCH 算法概述

BIRCH（Balanced Iterative Reducing and Clustering Using Hierarchies）聚类算法聚类特征树（Clustering Feature Tree，CF Tree）来帮助快速地聚类。该算法由 Wisconsin-Madison 大学 Tian Zhang 博士于 1996 年提出，该算法在处理数据样本较多的大数据集时，能够以低成本的内存消耗，完成高质量的聚类。

2. 算法原理与步骤

BIRCH 算法采用 B-树的思想实现，这棵树的每一个节点是由若干个聚类特征（Clustering Feature，CF）组成。算法的核心是聚类特征，CF-Tree 由 CF 组成，每个 CF 可以定义为一个三元组

$$CF = (n, LS, SS)$$

其中，LS 是 n 个样本的线性和$\left(\sum_{i=1}^{n} x_i\right)$，而 SS 是 n 个样本的平方和$\left(\sum_{i=1}^{n} x_i^2\right)$。

例如：假设簇一有 3 个数据点（2，5）、（3，2）和（4，3），根据定义，簇一的聚类特征是

$$CF_1 = (3, (2+3+4, 5+2+3), (2^2+5^2)+(3^2+2^2)+(4^2+3^2)) = (3, (9,10), 67)$$

CF 具有可加性，如 $CF_1 = (n_1, LS_1, SS_1)$，$CF_2 = (n_2, LS_2, SS_2)$，则 $CF_1 + CF_2 = (n_1+n_2, LS_1+LS_2, SS_1+SS_2)$ 可用于表示将两个不相交的簇合并成一个大簇的聚类特征。

假设簇 C_2 的 $CF_2 = (3, (35,36), 857)$，那么，由簇 C_1 和簇 C_2 合并而来的簇 C_3 的聚类特征 CF_3 计算如下

$$CF_3 = (3+3, (9+35, 10+36), (67+857)) = (6, (44,46), 924)$$

聚类特征本质上是给定簇的统计汇总，可以有效地对数据进行压缩，而且基于聚类特征可以很容易推导出簇的许多统计量和距离度量。

聚类特征本质上是给定簇的统计汇总。使用聚类特征，可以很容易推导出簇的许多有

用的统计量。例如，簇的形心 x_0、半径 R 和直径 D，如图 8-6 所示。

$$x_0 = \frac{\sum_{i=1}^{n} x_i}{n} = \frac{LS}{n}$$

$$R = \sqrt{\frac{\sum_{i=1}^{n} (x_i - x_0)^2}{n}} = \sqrt{\frac{nSS - 2LS^2 + nLS}{n^2}}$$

$$D = \sqrt{\frac{\sum_{i=1}^{n} \sum_{j=1}^{n} (x_i - x_j)^2}{n(n-1)}} = \sqrt{\frac{2nSS - 2LS^2}{n(n-1)}}$$

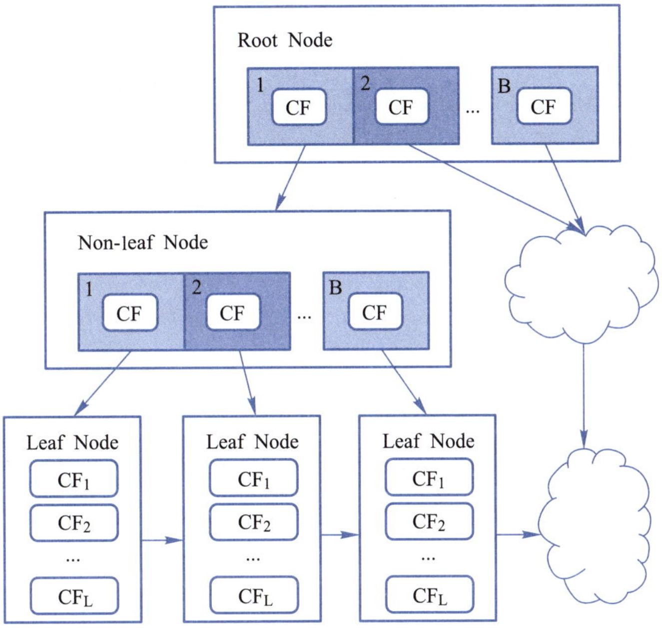

图 8-6　BIRCH 聚类算法的聚类特征树

BIRCH 主要包括两个阶段：

● 阶段 1：BIRCH 读取数据样本，在内存中建立初始 CF-Tree，保留数据的内在聚类结构。

● 阶段 2：BIRCH 采用某个（选定的）聚类算法对 CF-Tree 的叶结点进行聚类，把稀疏的簇当作离群点删除，而把稠密的簇合并为更大的簇。该阶段可使用任意聚类算法。

BIRCH 算法的主要步骤描述如下：

① 读取样本，在内存中建立一棵 CF-Tree。

② 将第一步建立的 CF-Tree 进行筛选，去除异常节点。

③ 利用其他聚类算法（如 K-means）对所有的 CF 元组进行聚类，得到一棵比较好的

CF-Tree，消除由于样本读入顺序导致的不合理的树结构，以及一些由于节点 CF 个数限制导致的树结构分裂。

④ 利用步骤③生成的 CF-Tree 的所有 CF 节点的质心，作为初始质心点，对所有的样本点按距离远近进行聚类。减少由于 CF-Tree 的一些限制导致的聚类不合理的情况。

3. BIRCH 算法适用场景

借助于 CF-Tree，BIRCH 算法只需要单遍扫描数据集就能进行聚类，同时帮助聚类方法在大型数据库甚至在流数据库中取得好的速度和伸缩性，还使得 BIRCH 方法对新对象增量或动态聚类也非常有效。

相对于其他聚类算法，BIRCH 算法的优缺点总结如下。

（1）优点

① 节约内存，所有的样本都在磁盘上，CF-Tree 仅仅存了 CF 节点和对应的指针。

② 聚类速度快，只需一遍扫描训练集就可建立 CF-Tree，CF-Tree 的增删改都很快。

③ 可以识别噪声点，还可以对数据集进行初步分类的预处理。

（2）缺点

① 由于 CF-Tree 对每个节点的 CF 个数有限制，导致聚类的结果可能和真实的类别分布不同。

② 必须事先给出 k（要生成的簇的数目），而且对初始值敏感，对于不同的初始值，可能会导致不同结果。

③ 对高维特征的数据聚类效果不好。此时可以选择 Mini Batch K-means。

④ 如果数据集的分布簇不是类似于超球体，或者说不是凸的，则聚类效果不好。

4. BIRCH 算法的实现

本节使用 BIRCH 算法进行鸢尾花数据集的聚类，此数据集与 K-means 算法实验中的数据一致。同样，本小节希望利用 BIRCH 算法将鸢尾花分为 3 类，如图 8-7 所示。

```
#引入模块
import numpy as np
import pandas as pd
import matplotlib. pyplot as plt
from sklearn. cluster import Birch
from sklearn. metrics import calinski_harabaz_score
#读取数据集
dataset = pd. read_csv( " iris. csv" )
#构建模型
model = Birch( n_clusters = 3)
#通过训练样本训练模型
```

示例源码 8-2
基于 BIRCH 算法实现鸢尾花聚类分析

```
model. fit( x)
label_pred = model. labels_
#绘制 BIRCH 算法聚类结果
x0 = x[label_pred == 0]
x1 = x[label_pred == 1]
x2 = x[label_pred == 2]
plt. scatter(x0[:,0], x0[:,1], c="red", marker='o', label='label0')
plt. scatter(x1[:,0], x1[:,1], c="green", marker='*', label='label1')
plt. scatter(x2[:,0], x2[:,1], c="blue", marker='+', label='label2')
plt. xlabel('BIRCH cluster')
plt. legend(loc=1)
plt. show( )
```

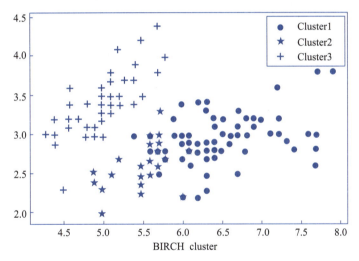

图 8-7　使用 BIRCH 算法将鸢尾花聚成 3 类

8.3.2　CURE 算法

1. CURE 算法概述

CURE（Clustering Using Representative）是另外一种层次聚类算法，该算法选择基于质心和基于代表对象方法之间的中间策略。该算法不同于其他算法使用一个节点来表示簇，而是使用多个簇内节点（代表点）来代表一个簇。得益于该方式，CURE 对离群点不敏感，可有效降低离群点带来的不利影响，解决了存在离群点时聚类算法变得比较脆弱的难题。此外 CURE 能够识别非球形和大小变化比较大的类。

2. 算法原理与步骤

CURE 算法的思想是用多个点代表一个簇。该算法首先选择簇中距离质心最远的点作为第一个点，随后依次选择距离已选到的点最远的点，直到选到 c 个点为止，使用这些点即可捕获簇的形状和大小。随后将选取到的点根据收缩因子 $\alpha(0 \leqslant \alpha \leqslant 10)$ 向该簇的质心收缩，距离质心越远的点（如离群点）的收缩程度越大，故 CURE 对离群点是不太敏感的。

CURE 算法的主要步骤描述如下：

① 从源数据对象中抽取一个随机样本 S。

② 将样本 S 分割为一组划分。

③ 对每个划分局部的聚类。

④ 通过随机取样剔除孤立点，如果一个类增长太慢，就去掉它。

⑤ 对局部的类进行聚类。落在每个新形成的类中的代表点根据用户定义的一个收缩因子收缩或向类中心移动。这些点代表和捕捉到了类的形状。

⑥ 用相应的类标签来标记数据。

3. CURE 算法适用场景

CURE 是针对传统聚类算法两个问题提出的，分别是传统算法通常得到的球状、相等大小的簇和传统算法对离群点敏感，而 CURE 能有效避免上述问题。CURE 算法的优缺点总结如下。

（1）优点

① 能够处理非球形分布的应用场景。

② 克服了利用单个代表点或基于质心的方法的缺点，可以发现非球形及大小差异较大的簇。

③ 采用随机抽样和分区的方式可以提高算法的执行效率。

（2）缺点：可伸缩性较差。

8.4　基于密度的聚类

划分和层次方法旨在发现球状簇，很难发现任意形状的簇。如图 8-8 所示形状，使用划分和层次方法很可能不能正确地识别凸区域，其中噪声或离群点被包含在簇中，只能完成图示的聚类结果。为了发现任意形状的簇，可以把簇看作数据空间中被稀疏区域分开的稠密区域。基于密度概念的聚类方法假设聚类结果可以通过样本分布的密度（样本的聚集程度）来确定。对于所有样本，每个簇都是由一群密度样本组成，只要"邻域"中的密度超过某个阈值，就继续增长给定的簇。也就是说，对给定簇中的每个数据点，在给定半径的邻域中必须至少包含最少数目的点。这样的方法可以用来过滤噪声或离群点，对包含噪声样本的聚类场景效果较好，并且该方法能够发现任意形状的聚类簇。

图 8-8   任意形状的簇

本节将介绍典型的基于密度聚类的基本技术，即 DBSCAN、OPTICS 和 DENCLUE。

8.4.1 DBSCAN 算法

1. DBSCAN 算法概述

DBSCAN（Density-Based Spatial Clustering of Applications with Noise）是一种非常著名的基于密度的聚类算法。该算法将样本聚集密集的区域划分为簇，可实现在有噪声的样本空间中发现任意形状的簇。

2. 算法原理和步骤

DBSCAN 算法的核心思想即基于密度，该算法定义了如下的概念用于描述该算法。

- ε 邻域：给定样本为中心，半径 ε 内的区域。
- 核心对象：若给定样本 x_i 的 ε 邻域的样本个数不少于最少点数目 N_{min}，则该样本 x_i 成为一个核心对象。如图 8-9 所示 $N_{min}=3$ 时，每个样本的 ε 邻域为虚线圆圈，x_1 是核心对象。
- 密度直达：若样本 x_j 在样本 x_i 的 ε 邻域中，且 x_i 是核心对象，则称样本 x_j 由样本 x_i 密度直达。如图 8-9 所示，样本 x_1 和样本 x_2 密度直达。
- 密度可达：若存在样本序列 $p_1,p_2 \cdots p_n$，且 p_i 可密度直达 p_{i+1}，对于样本 x_i 和样本 x_j，其中 $p_1=x_i,p_m=x_j$，则称样本 x_i 与样本 x_j 密度可达。如图 8-9 所示，样本 x_1 和样本 x_3 密度可达。

● 密度相连：对于样本 x_i 和样本 x_j，若存在样本 x_k 使得样本 x_k 到样本 x_i 和样本 x_j 均密度可达，则称样本 x_i 和样本 x_j 密度相连。如图 8-9 所示，样本 x_1 和样本 x_4 密度相连。

● DBSCAN 的簇：由密度可达关系导出的最大的密度相连样本集合。

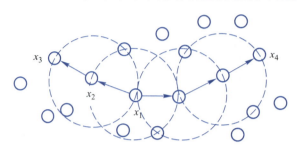

图 8-9　DBSCAN 概念

BSCAN 算法步骤大致描述如下：

① 确定参数 N_{min}，形成半径 ε，标注所有样本为"未检查"。

② 扫描样本，对尚未检查过的样本 x_i，若 x_i 未被处理（归为某个簇或者标记为噪声），则检查其邻域，若包含的样本数不小于 N_{min}，建立新簇 C，否则标记样本 x_i 为噪声。

③ 对簇 C 中所有尚未被处理的样本 x_j，检查其邻域，若包含不小于 N_{min} 的样本，则将这些样本加入簇 C；如果 x_j 未归入任何一个簇，则将 x_j 加入簇 C。

④ 重复上步骤，继续检查簇 C 中未处理的样本。

⑤ 重复步骤②~④，直到所有样本都归入了某个簇或标记为噪声。

3. DBSCAN 算法适用场景

DBSCAN 不需要输入类别数 k，而且可以发现任意形状的聚类簇，因此，如果数据集是稠密且非凸的，推荐使用 DBSCAN。数据集不稠密时，不推荐用 DBSCAN。DBSCAN 算法的优缺点总结如下。

（1）优点

① 能够不需要提前设定 k 值大小。

② 对噪声不敏感。

③ 可以发现任意形状的簇类。

④ 相对 K-means，聚类结果无偏倚。

（2）缺点

① 对两个参数的设置敏感，即半径 ε、阈值 N_{min}。

② DBSCAN 使用固定的参数识别聚类。

③ 样本集越大，收敛时间越长，计算量越大。

4. DBSCAN 算法的实现

示例源码 8-3
DBSCAN 算法

为了验证 DBSCAN 算法与其他算法的区别，本小节将通过生成非凸的数据，验证 K-means 算法与 DBSCAN 数据在聚类时的效果。

① 通过 sklearn 生成非凸数据，如图 8-10 所示。

```
#引入模块
import numpy as np
import matplotlib. pyplot as plt
from sklearn import datasets
#生成数据
x1, y1 = datasets. make_circles( n_samples = 1000, factor = 0. 2, noise = . 05 )
x2, y2 = datasets. make_blobs( n_samples = 200, n_features = 2, centers = [ [ -1, 1. 2 ] ], cluster_std =
[ [ . 1 ] ], random_state = 5 )
x3, y3 = datasets. make_blobs( n_samples = 300, n_features = 2, centers = [ [ -0. 8, -1. 2 ] ], cluster_std =
[ [ . 1 ] ], random_state = 5 )
x = np. concatenate( ( x1, x2, x3 ) )
plt. scatter( x[ :, 0 ], x[ :, 1 ],    marker = ' * ', color = 'gray' )
plt. show( )
```

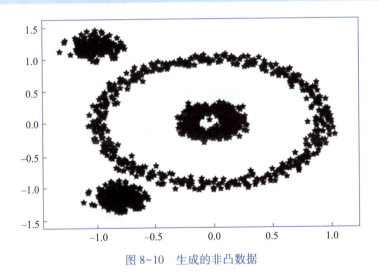

图 8-10　生成的非凸数据

② 使用 K-means 算法进行分类，类别个数设置为 4，如图 8-11 所示。

```
from sklearn. cluster import KMeans
model = KMeans( n_clusters = 4, random_state = 9 ). fit_predict( x )
plt. scatter( x[ :, 0 ], x[ :, 1 ], c = model )
plt. show( )
```

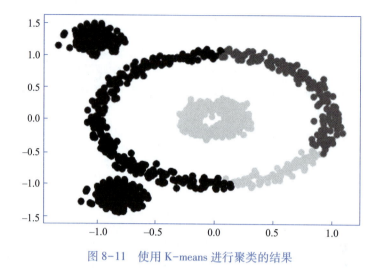

图 8-11   使用 K-means 进行聚类的结果

③ 使用 DBSCAN 算法进行分类，DBSCAN 的关键的参数设置为 $eps = 0.1$ 和 $min\_samples = 10$，如图 8-12 所示。

```
from sklearn. cluster import DBSCAN
model2 = DBSCAN(eps = 0.1 ,min_samples = 10). fit_predict(x)
plt. scatter(x[ : , 0], x[ : , 1], c = model2)
plt. show( )
```

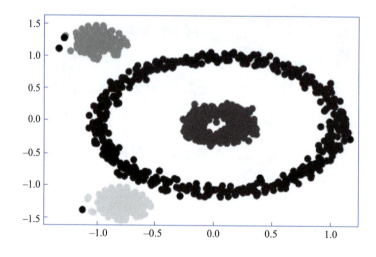

图 8-12   使用 DBSCAN 进行聚类的结果

上述实验结果充分说明了相比于 K-means 算法，DBSCAN 算法在聚类时不需要输入类别数 k，而且可以发现任意形状的聚类簇，对于此类特征的数据集具有非常好的聚类效果。

8.4.2　OPTICS 算法

1. OPTICS 算法概述

DBSCAN 算法能够在稠密数据的聚类场景中取得较好的聚类效果，但是聚类最终结果却依赖用户给定的半径 ε、阈值 N_{min} 两个参数，假设两个参数设置不合理，很可能取不了想要的聚类效果，当然这也是之前学习过的聚类算法存在的通病。需要通过大量的实验来确定参数的选取。在实际应用中，同样参数的设置会影响到实际聚类的效果，设置的细微不同可能导致聚类的结果差别很大。为了克服在聚类分析中使用一组全局参数的缺点，OPTICS（Ordering Points to Identify the Clustering Structure）聚类分析方法被提出，目的就是解决 DBSCAN 算法对参数依赖的问题。OPTICS 并不会直接得到聚类簇，而是为聚类分析生成一个增广的簇排序，较稠密簇中的对象在簇排序中相互靠近，由此排序可以得到基于任何半径 ε、阈值 N_{min} 的 DBSCAN 算法的聚类结果，甚至可以用来提取基本的聚类信息（如簇中心或任意形状的簇），导出内在的聚类结构，提供聚类的可视化。

2. 算法原理与步骤

OPTICS 在 DBSCAN 的基础上，定义了额外的两个概念用于描述该算法。

● 样本 x_i 的核心距离（core-distance）：假定样本 x_i 是核心对象，给定一个阈值 N_{min}，然后计算样本 x_i 满足阈值 N_{min} 的最小的半径 ε。

● 可达距离（reachability distance）：样本 x_i 到样本 x_j 的可达距离是指 x_i 的核心距离和 x_i 与 x_j 之间欧几里得距离之间的较大值。如果 x_i 不是核心对象，可达距离没有意义。

OPTICS 算法步骤大致描述如下：

① 确定可达距离和核心距离、半径 ε 和阈值 N_{min}。

② 建立两个队列，有序队列（核心点及该核心点的直接密度可达点）、结果队列（存储样本输出及处理次序）。

③ 从样本数据中选择一个未处理且未核心对象的点，将该核心点放入结果队列，该核心点的直接密度可达点放入有序队列，直接密度可达点并按可达距离升序排列。

④ 如果有序序列为空，则回到步骤③，否则从有序队列中取出第 1 个点；判断该点是否为核心点，不是则回到步骤③，是的话则将该点存入结果队列，如果该点不在结果队列；该点是核心点的话，找到其所有直接密度可达点，并将这些点放入有序队列，且将有序队列中的点按照可达距离重新排序，如果该点已经在有序队列中且新的可达距离较小，则更新该点的可达距离。

⑤ 重复步骤③，直至有序队列为空。

3. OPTICS 算法适用场景

相比于其他聚类算法，OPTICS 的最大特点是对参数的设置不敏感，因此，当面对聚类参数对结果影响较大，且不清楚如何设置相关参数时，可使用该算法进行聚类。

8.4.3　DENCLUE 算法

1. DENCLUE 算法概述

OPTICS 算法中虽然对 DBSCAN 算法进行了改进，将参数的影响降低了，但是本质上这两种算法中涉及的密度计算需要通过半径 ε、阈值 N_{min} 两个参数，导致密度估计对半径 ε 非常敏感，如图 8-13 所示。研究者为了解决这一问题，引入了统计学的非参数密度估计方法——核密度估计（kernel density estimation），把每个观测对象都看作周围区域中高概率密度的一个指示器。一个点上的概率密度依赖于从该点到观测对象的距离。基于此，提出了 DENCLUE（DENsity CLUstEring）算法。在该算法中，使用数学函数来描述每个样本的影响，称之为"影响函数"，通过计算所有样本的影响函数总和，构建样本空间的整体密度，即全局密度函数。在进行聚类时，依据密度吸引点，即全局密度函数的最大值，来实现聚类。

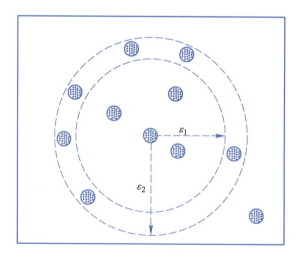

图 8-13　DBSCAN 和 OPTICS 中半径对密度的影响

2. 算法原理与步骤

DENCLUE 是一种基于一组密度分布函数的聚类算法。该算法认为一个数据样本的影响可以用一个数学函数形式化建模，该函数称为影响函数 f，描述数据点对其邻域的影响

$$f(x,y) = \rho e^{-\frac{d^2(x,y)}{2\sigma^2}}$$

其中 $d(x,y)$ 表示样本 x 与 y 之间的距离（如欧式距离、余弦距离等）；ρ 反映数据样本的影响量；σ 表示影响函数的辐射因子，反映数据样本对周围影响能力。

数据空间的整体密度可以用所有数据点的影响函数的和来建模。簇可以通过识别密度吸引点数学确定，其密度吸引点是全局密度函数的局部最大值。

DENCLUE 算法步骤大致描述如下。

① 依据样本占据的空间计算密度函数。

② 沿着密度增长最大的方向移动，识别局部极大点，得到密度吸引点，每个样本关联到密度吸引点。

③ 定义与特定密度吸引点相关联的点构成的簇。

④ 除去与非密度吸引点的密度小于用户指定阈值 ξ 的簇。

⑤ 合并通过密度大于或等于 ξ 的点路径连接的簇。

3. DENCLUE 算法适用场景

得益于 DENCLUE 算法依赖的严格数学理论，该算法对存在大量噪声的数据集具有很好的聚类效果，同时可以获得任意形状的簇，且能够给出簇的数学描述。DENCLUE 算法的优缺点总结如下。

（1）优点

① 数学基础优秀。

② 抗噪声能力强。

③ 可聚类任意形状的簇。

④ 能够给出簇的数学描述。

⑤ 速度快，效率高。

（2）缺点

① 需要大量参数。

② 参数影响较大。

8.5　基于网格的聚类

前面已经学习了划分聚类、层次聚类和密度聚类，但是这 3 类方法都存在缺陷，其中划分聚类、层次聚类执行效率较高，但是没办法实现任意形状的簇的挖掘；密度聚类可以发现任意形状的簇，但是算法的时间复杂度较高，聚类效率较低。针对上述问题，人们借助空间划分的思想，提出了基于网格的聚类算法。该算法对数据集所分布的空间进行划分，生成一系列单元的集合，即一个网格结构，所有的聚类操作都在网格上进行。该算法在聚类时，能有效降低计算复杂度，提升聚类效率。对于许多空间数据挖掘问题，使用网格通常都是一种有效的方法。借用基于网格的方法能够降低计算时间的优点，它可以与基于密度的方法、基于层次的方法结合使用，从而提升聚类的效率与准确性。

本节将介绍典型的基于网格聚类的基本技术，即 STING 算法和 CLIQUE 算法。

8.5.1　STING 算法

1. STING 算法概述

STING（Statistical Information Grid）算法是一种基于网格的多分辨率的聚类技术，该算法将样本空间区域划分成矩形单元，采用分层和递归方法进行样本空间划分，高层的每个单元被划分成多个底一层的单元，如图 8-14 所示。不同层次的矩形单元对应不同的分辨率。每个网格单元的属性的统计信息被作为统计参数预先计算和存储。该算法处理速度很快，其处理时间独立于数据对象的数目，只与量化空间中每一维的单元数有关。

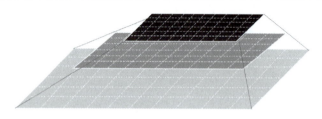

图 8-14　STING 聚类的层次结构

2. 算法原理与步骤

（1）STING 算法中每个网格单元的属性的统计信息

① count：网格中对象数目。

② mean：网格中所有值的平均值。

③ stdev：网格中属性值的标准偏差。

④ min：网格中属性值的最小值。

⑤ max：网格中属性值的最大值。

⑥ distribution：网格中属性值符合的分布类型，如正态分布、均匀分布。

（2）STING 算法的执行步骤

① 从一个层次开始。

② 对于这一个层次的每个单元格，计算查询相关的属性值。

③ 从计算的属性值以及约束条件下，将每一个单元格标记成相关或者不相关（不相关的单元格不再考虑，下一个较低层的处理就只检查剩余的相关单元）。

④ 如果这一层是底层，那么转步骤⑥，否则转步骤⑤。

⑤ 由层次结构转到下一层，依照步骤②进行。

⑥ 查询结果得到满足，转到步骤⑧，否则转步骤⑦。

⑦ 恢复数据到相关的单元格进一步处理以得到满意的结果，转到步骤⑧。

⑧ 停止。

3. STING 算法优缺点

（1）优点

① 网格的计算是独立于查询的，且网格结构有利于增量更新和并行处理。

② STING 算法执行效率高，聚类的时间复杂度为 $O(n)$，在层次结构建立之后，查询处理时间为 $O(g)$，其中 g 为最底层网格单元的数目，通常远远小于 n。

（2）缺点

① STING 的聚类质量取决于网格结构的最底层的粒度，如果粒度很细，则处理的代价会显著增加；如果粒度太粗，聚类质量难以得到保证。

② STING 在构建一个父亲单元时没有考虑到子女单元和其他相邻单元之间的联系。所有的簇边界不是水平的，就是竖直的，没有斜的分界线，降低了聚类质量。

8.5.2　CLIQUE 算法

1. CLIQUE 算法概述

1998 年，部分学者尝试将基于密度的聚类算法和基于网格的聚类算法的优点做结合，提出了多维空间数据分析的 CLIQUE（Clustering In QUEst）算法。CLIQUE 算法把数据空间分割成若干个矩形网格单元，将落到每一个网格单元中的点数作为这个单元的数据对象密度，使用一个密度阈值来识别稠密单位，如果映射到一个单元的对象超过密度阈值，那么它是稠密的。该算法针对高维空间数据集采用了子空间的概念来进行聚类，因此适用于处理高维数据，并可应用于大数据集。另外，该算法给出了用户易于理解的聚类结果最小表达式。CLIQUE 算法采用子空间的概念进行聚类还有一个内在的优点，即其形成的聚类不一定存在于全维空间，可以存在于原始全维空间的一个子空间。例如，在流感患者的特征中，全维特征空间包括发热、咳嗽、流鼻涕、年龄、性别、工作等特征，但是如果使用全维特征空间进行聚类，年龄、工作等特征可能在一个很大的值域中变化，并不利于聚类。然而，通过子空间搜索（如使用发热、咳嗽、鼻涕特征），算法就能在较低维空间中发现类似的患者。

2. 算法原理与步骤

CLIQUE 算法进行候选搜索的策略是使用稠密单元关于维度的单调性。在子空间聚类的背景下，单调性是指一个 k-维单元 c 至少有 1 个点，仅当 c 的每个（$k-1$）-维投影至少有 1 个点。

CLIQUE 聚类过程分为两个阶段，在第一阶段中，CLIQUE 把 d-维数据空间划分若干互不重叠的矩形单元，并且从中识别出稠密单元；随后在第二阶段中，CLIQUE 使用每个子空间中的稠密单元来装配可能具有任意形状的簇。

CLIQUE 算法的执行步骤如下：

① 把数据空间划分为若干不重叠的矩形单元，并计算每个网格的密度，根据给定的阈值，识别稠密网格和非稠密网格，且置所有网格初始状态为"未处理标记"。

② 遍历所有网格，判断当前网格是否有"未处理标记"；若没有，则处理下一个网格；否则进行如下步骤③~⑦处理，直到所有网格处理完成，转步骤⑧。

③ 改变网格标记为"已处理"。若是非稠密网格，则转步骤②。

④ 若是稠密网格，则将其赋予新的簇标记，创建一个队列，将该稠密网格置入队列。

⑤ 判断队列是否为空，若空，则转处理下一个网格，转步骤②；否则进行如下处理：

- 取出队头的网格元素，检查其所有邻接的有"未处理标记"的网格。
- 更改网格标记为"已处理"。
- 若邻接网格为稠密网格，则将其赋予当前簇标记，并将其加入队列。
- 转步骤⑥。

⑥ 密度连通区域检查结束，标记相同的稠密网格组成密度连通区域，即目标簇。

⑦ 修改簇标记，进行下一个簇的查找，转步骤②。

⑧ 遍历整个数据集，将数据元素标记为所在网格簇标记值。

3. CLIQUE 算法优缺点

（1）优点

① 效率高，给定属性的划分，扫描一次样本就可确定每个对象的网格单元和网格单元的计数。

② 尽管潜在的网格单元数量可能很高，但是只需要为非空单元创建网格。

③ 将每个对象指派到一个单元并计算每个单元的密度的时间复杂度和空间复杂度为 $O(m)$，整个聚类过程是非常高效的。

（2）缺点

① 像大多数基于密度的聚类算法一样，基于网格的聚类非常依赖于密度阈值的选择。

② 如果存在不同密度的簇和噪声，则也许不可能找到适合于数据空间所有部分的值。

③ 随着维度的增加，网格单元个数迅速增加（指数增长）。即对于高维数据，基于网格的聚类倾向于效果很差。

8.6　实战案例——K-means 聚类分析实例

本节通过一个具体的实例，使用使 K-means 聚类算法讲解实际数据的聚类分析过程，掌握如何使用本地 Python 编程语言及阿里云机器学习 PAI 平台，进行基于 K-means 聚类算法的数据聚类。

1. 数据分析任务

本节实例提供某公司线上产品售卖数据，需要根据近 3 个月的售卖记录，梳理出相关的数据信息，包括客户最近一次消费时间距离目前的时间间隔、消费频次、消费金额、参与折扣次数、积分兑换次数等相关信息，建立 K-means 聚类分析模型，实现将客户分为不同的客户群的目标。其中数据文件为 ods_cust_cosumption_info.csv，字段说明见表 8-3。

表 8-3　产品售卖数据中表字段说明

字　段　名	类　　型	含　　义
cust_id	字符串	调查用户 ID
last_current_days	数值	最近一次消费距离目前的时间
consumption_cnt	数值	三个月内消费次数
consumption_fee	数值	三个月内消费金额
discount_cnt	数值	参与折扣次数
integral_exchange_cnt	数值	积分兑换次数

2. 基于本地 Python 编程语言实现

① 开发前准备工作：确保本机已安装 Anaconda3-5.1.0 及以上版本，准备本地数据文件 ods_cust_cosumption_info.csv，运行 Jupyter Notebook 程序，在 Web 浏览器中新建 Python3 文件。

② 导入所需的 Python 模块，如图 8-15 所示。

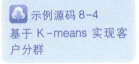

示例源码 8-4
基于 K-means 实现客户分群

```
In [1]:  import numpy as np
         import pandas as pd
         from sklearn.cluster import KMeans
```

图 8-15　导入模块

③ 加载 CSV 数据文件，查看数据字段，如图 8-16 和图 8-17 所示。

```
In [2]:  dataset = pd.read_csv("ods_cust_cosumption_info.csv")

In [3]:  dataset.head()

Out[3]:      cust_id  last_current_days  consumption_cnt  consumption_fee  discount_cnt  integral_exchange_cnt
         0   100001          60                 6               4403             1                 0
         1   100002          35                 5               9005             0                 0
         2   100003          29                12                845             2                 0
         3   100004          66                 7               8355             6                 2
         4   100005          75                10               6661             3                 1
```

图 8-16　加载 CSV 数据文件

```
In [4]: dataset.info()

        <class 'pandas.core.frame.DataFrame'>
        RangeIndex: 219 entries, 0 to 218
        Data columns (total 6 columns):
        #    Column                Non-Null Count   Dtype
        ---  ------                --------------   -----
        0    cust_id               219 non-null     int64
        1    last_current_days     219 non-null     int64
        2    consumption_cnt       219 non-null     int64
        3    consumption_fee       219 non-null     int64
        4    discount_cnt          219 non-null     int64
        5    integral_exchange_cnt 219 non-null     int64
        dtypes: int64(6)
        memory usage: 10.4 KB
```

```
In [5]: dataset.describe()
```

Out[5]:

	cust_id	last_current_days	consumption_cnt	consumption_fee	discount_cnt	integral_exchange_cnt
count	219.000000	219.000000	219.000000	219.000000	219.000000	219.000000
mean	100110.000000	43.000000	7.707763	4980.401826	3.278539	0.840183
std	63.364028	25.685644	4.462534	2941.567856	3.087418	1.152195
min	100001.000000	0.000000	1.000000	107.000000	0.000000	0.000000
25%	100055.500000	22.000000	4.000000	2481.500000	1.000000	0.000000
50%	100110.000000	44.000000	7.000000	5030.000000	2.000000	0.000000
75%	100164.500000	62.000000	12.000000	7626.000000	5.500000	1.000000
max	100219.000000	91.000000	15.000000	9950.000000	12.000000	6.000000

图 8-17　查看数据基本情况

④ 构建输入数据，本实验的输入数据为客户除 ID 以外的所有字段，如图 8-18 所示。

```
In[6]: x = dataset[["last_current_days", "consumption_cnt", "consumption_fee", "discount_cnt", "integral_exchange_cnt"]].values
```

图 8-18　区分输入和输出数据

⑤ 使用 sklearn 构建 K-means 聚类模型，并通过样本集对模型进行训练，如图 8-19 所示。

```
In [7]: model = KMeans(n_clusters=10)
        model.fit(x)

Out[7]: KMeans(n_clusters=10)

In [8]: print(model.cluster_centers_)

        [[4.27741935e+01 7.22580645e+00 6.22096774e+02 3.00000000e+00
          7.09677419e-01]
         [4.42692308e+01 7.15384615e+00 8.01530769e+03 3.57692308e+00
          1.03846154e+00]
         [4.56000000e+01 8.68000000e+00 4.14856000e+03 3.44000000e+00
          8.00000000e-01]
         [3.86296296e+01 6.59259259e+00 3.03207407e+03 2.62962963e+00
          5.18518519e-01]
         [3.34615385e+01 1.03076923e+01 6.11207692e+03 3.15384615e+00
          9.23076923e-01]
         [3.46666667e+01 6.55555556e+00 9.76211111e+03 4.00000000e+00
          7.77777778e-01]
         [4.51666667e+01 7.29166667e+00 7.02095833e+03 3.08333333e+00
          7.50000000e-01]
         [4.46363636e+01 7.90909091e+00 9.09300000e+03 3.54545455e+00
          7.72727273e-01]
         [5.07083333e+01 7.41666667e+00 1.91262500e+03 3.70833333e+00
          1.04166667e+00]
         [4.03888889e+01 9.05555556e+00 5.31538889e+03 3.16666667e+00
          1.22222222e+00]]]
```

图 8-19　构建并训练模型

⑥ 为了查看各信息所属簇的情况，增加簇 ID 信息列"cluster_index"，如图 8-20 所示。

```
In [9]: dataset["cluster_index"]=model.labels_
        dataset.head(10)
```

Out[9]:

	cust_id	last_current_days	consumption_cnt	consumption_fee	discount_cnt	integral_exchange_cnt	cluster_index
0	100001	60	6	4403	1	0	2
1	100002	35	5	9005	0	0	7
2	100003	29	12	845	2	0	0
3	100004	66	7	8355	6	2	1
4	100005	75	10	6661	3	1	6
5	100006	49	14	3881	0	0	2
6	100007	13	4	3092	0	0	3
7	100008	63	9	3309	6	0	3
8	100009	29	1	8528	1	0	1
9	100010	44	1	6864	0	0	6

图 8-20　查看簇 ID

⑦ 查看各簇内样本的数目，如图 8-21 所示。

```
In [10]: dataset["cluster_index"].value_counts()
Out[10]: 0    31
         3    27
         1    26
         2    25
         8    24
         6    24
         7    22
         9    18
         4    13
         5     9
         Name: cluster_index, dtype: int64
```

图 8-21　各簇节点的数目

完整代码如下。

```
#引入模块
import numpy as np
import pandas as pd
from sklearn.cluster import KMeans
#读取数据集
dataset = pd.read_csv("ods_cust_cosumption_info.csv")
#查看数据
dataset.head()
#数据集信息
dataset.info()
#数据集统计性描述
dataset.describe()
#特征数据
```

```
x = dataset[["last_current_days","consumption_cnt","consumption_fee","discount_cnt","integral_
exchange_cnt"]].values
#构建模型
model = KMeans(n_clusters=10)
#通过训练样本训练模型
model.fit(x)
#打印簇中心点
print(model.cluster_centers_)
dataset["cluster_index"] = model.labels_
dataset.head(10)
#查看各类别计数
dataset["cluster_index"].value_counts()
```

实验手册 14
基于 K-means 实现客户分群

3. 基于阿里云机器学习 PAI 平台实现

① 开发前环境准备工作：确保已注册阿里云账号，并开通阿里云 DataWorks 及 PAI 平台服务。

② 数据准备：进入阿里云 PAI 平台，在"Studio-可视化建模"中创建项目（注：也可以使用旧项目），并切换到 DataWorks 平台，打开与阿里云 PAI 平台同名的工作空间。通过如下 SQL 语句建表，并导入 CSV 文件数据，如图 8-22 所示。

图 8-22　导入 CSV 数据

```
-- 创建表
drop table if exists ods_cust_cosumption_info;
create table ods_cust_cosumption_info(
cust_id string comment '调查用户 ID',
last_current_days bigint comment '最近一次消费距离目前的时间',
consumption_cnt bigint comment '三个月内消费次数',
consumption_fee double comment '三个月内消费金额',
```

```
discount_cnt bigint comment '参与折扣次数',
integral_exchange_cnt bigint comment '积分兑换次数'
)comment '客户消费情况调查表';';
```

③ 创建实验：进入阿里云 PAI 平台对应项目，新建空白实验，在"名称"文本框中输入"K-means 聚类分析实验"，如图 8-23 所示。

图 8-23　创建空白实验

④ 设计实验流程：本实验中需要用到 3 个组件，分别是读数据表、k 均值聚类、预测。其中在组件"读数据表"中，设置表名为"ods_cust_cosumption_info"；在组件"k 均值聚类"中，设置特征列为"last_current_days""consumption_cnt""discount_cnt""interral_exchange_cnt"和"consumption_fee"；附加列全选；参数设置中，本实验采用默认设置，如图 8-24 所示。

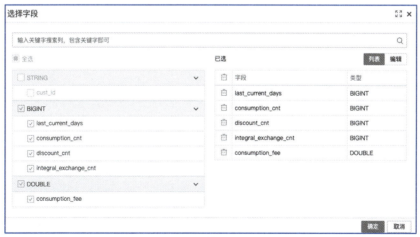

(a)

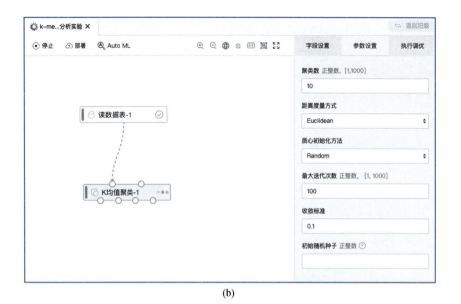

(b)

图 8-24 实验流程

⑤ 运行实验：单击"运行"按钮，等待一段时间，待运行结束后，右击组件"k 均值聚类"，选择"查看数据"→"输出桩 1"菜单项。在数据列表中，字段 cluster 即为基于 K-means 聚类算法得到的簇 ID，字段 distance 表示该样本距离簇中心的距离，如图 8-25 所示。

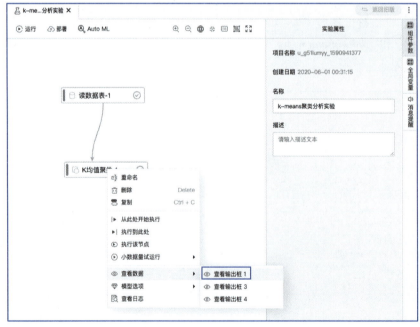

(a)

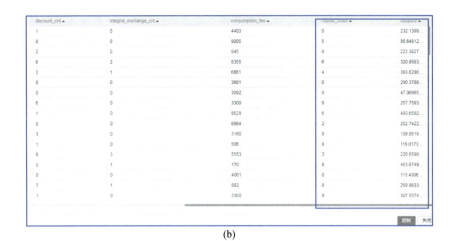

(b)

图 8-25　预测结果

8.7　本章小结

　　本章主要介绍了数据挖掘中的聚类分析。首先介绍聚类分析定义和背景，分析了聚类分析的原理，并介绍了聚类分析的应用场景。聚类分析主要分成基于划分的聚类方法、基于层次的聚类方法、基于密度的聚类方法、基于网格的聚类方法和基于模型的聚类方法。随后分别介绍各类算法中经典的算法细节，最后用 Python 语言和阿里云平台实现了 K-means 聚类分析过程，带领读者们理解实践步骤。

8.8　本章习题

　　（1）简述聚类和分类之间的区别。
　　（2）简述 K-means 算法思想及流程。
　　（3）简述层次分析方法的应用场景，并介绍 BIRCH 特征树的构建过程。
　　（4）简述基于密度的聚类 DBSCAN 算法的流程。
　　（5）简述各类聚类算法的特点及主要思想。

第3篇

数据挖掘综合应用

第9章 综合实战——构建商品推荐系统

构建商品推荐系统是提高电子商务网站销售转换率的重要技术手段之一。通过搭建智能推荐系统，电子商务网站能够针对用户历史行为数据，深度挖掘用户潜在需求，提供个性化商品推荐服务，帮助用户快速获取所需商品信息，提升购物效率和消费满意度。协同过滤算法在商品推荐系统中被广泛使用，通过对电子商务网站历史数据的分析建模，寻找用户或商品的内在联系，可以形成用户商品推荐列表。通过本章实例的学习，读者可了解阿里云机器学习 PAI 平台中协同过滤组件的功能和用法，体验和掌握基于协同过滤算法构建智能商品推荐系统的基本方法和完整流程。

9.1 案例背景

数据挖掘的一个经典案例就是"尿布与啤酒"。尿布与啤酒是看似毫不相关的两类商品，当被置于商场相邻货架进行销售时，反而会同时提高二者的销量。在日常生产生活中，很多时候看似不相关的商品，却存在着某种"神秘"的关联关系，获取并利用这种关系将会对提高销售额起到积极的作用。然而这种关联关系很难通过传统的统计分析方法得到，必须借助数据挖掘中的常用算法——协同过滤算法来获取。

协同过滤算法是一类基于关联规则的算法，常用于挖掘人与人之间以及商品与商品之间的关联关系。以购物行为为例，假设某购物平台有甲、乙两名用户，a、b、c 三款商品。如果用户甲和乙均购买了商品 a 和 b，则可以简单推测甲和乙有相似的购物习惯。当甲购买了商品 c 而乙未购买时，购物平台可将商品 c 主动推荐给乙，以达到提高商品 c 被销售的概率，从而提升购物平台整体销售额的目的。

在本章实例中，所用数据为某电商网站 2015 年用户的购物行为数据。通过处理和分析用户 2015 年 7 月份之前的购物行为数据，获取商品间的关联关系，对用户 7 月份之后的购物活动进行商品推荐，并评估推荐的效果。例如用户甲在 2015 年 7 月份之前在该电商网站中购买了商品 a，商品 a 与 b 强相关，电商网站在 7 月份之后向用户甲适时推荐商品 b，并探究该推荐是否命中（注意：若用户甲在 7 月份之后购买了商品 b 则判定为推荐命中）。

9.2　算法简介

推荐系统的目的是为用户进行精准高效的信息推送，它可依据用户的兴趣进行推荐，从而满足个性化推荐的需求。在现有的各类推荐技术中，基于协同过滤算法的推荐技术无疑是应用最为广泛和成功的。该算法的基本步骤是：首先收集、清洗电商平台中的历史数据，计算用户或商品之间的相似度；接着根据相似度，通过预测公式对商品进行评分预测；最后对所有评分结果进行排序计算，并截取前 TopN 商品对用户进行推荐。基于协同过滤算法的推荐过程如图 9-1 所示。

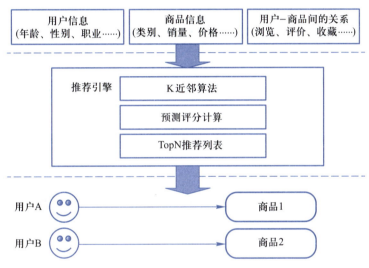

图 9-1　基于协同过滤算法的推荐过程

协同过滤算法主要分为基于用户（User-Based）的协同过滤推荐算法和基于商品（Item-Based）的协同过滤推荐算法。前者基于用户间的相似度，为目标用户推荐其相似用户感兴趣的商品。后者基于商品间的相似度，为目标用户推荐与其感兴趣商品相似度高的商品。换而言之，基于用户的协同过滤算法，推荐系统能够找到与之相似的用户，他们喜欢的商品很有可能其他用户也喜欢，可以从历史购物记录中寻找和其购物行为类似的用户作为相似用户，该算法可以用"志趣相投"来概述。基于商品的协同过滤算法，指当用户正在浏览某款商品时，系统通过历史数据，将与该款商品相似度高的商品主动推荐给用户，增加用户此次购物的商品选择范围，该算法可以用"物以类聚"来概述。

基于用户的协同过滤推荐算法与基于商品的协同过滤推荐算法在各电商网站中均被广泛使用，在本章实例中主要使用阿里云机器学习 PAI 平台自带的协同过滤 etrec 组件，该组件使用的是基于商品的协同过滤算法。

9.3　思路及流程

　　根据上述介绍可知推荐系统的基本流程就是基于历史数据构建推荐模型，为系统所有用户生成 TopN 推荐商品清单。本章实例所用的数据为某电商网站真实用户的购物行为数据，记录了用户单击、收藏、加入购物车或购买商品的动作，总计 182 880 条，时间跨度从 2015 年 4 月 15 日到 2015 年 8 月 15 日。为模拟推荐系统的创建和工作流程，一种可行的思路是，选取从 2015 年 4 月 15 日到 6 月 30 日的数据作为用户历史购物行为数据，通过阿里云机器学习 PAI 平台的协同过滤 etrec 组件为每位用户生成 TopN 推荐商品列表。为了简化操作，此处 N 可设置为 1，即为每位用户寻找其最有可能购买的 1 款商品。然后根据2015 年 7 月 1 日到 8 月 15 日的真实购物行为数据，查看系统推荐是否被命中（即在指定时间段内，用户确实购买了系统推荐的商品）。

　　因此本章实例整体流程大致分为 3 个步骤，如图 9-2 所示。

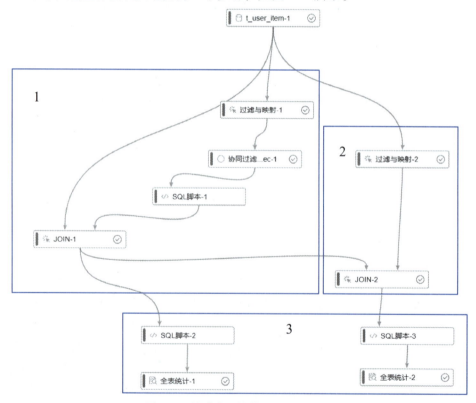

图 9-2　构建商品推荐系统流程步骤

　　（1）根据用户 7 月份之前的购物行为数据生成商品推荐列表

　　从实例数据集中筛选出用户 7 月份之前产生实际购物的数据作为训练样本集，使用协同过滤算法生成商品推荐列表，并向训练样本集中的用户进行相关商品推荐。

（2）提取用户 7 月份之后的真实购物行为数据

从实例数据集中筛选出用户 7 月份之后产生的真实购物行为数据，并与步骤（1）中的用户商品推荐数据进行关联。

（3）统计推荐数和命中数

统计推荐用户商品数量、命中用户商品数量，并对推荐效果进行分析。

9.4　案例实施

9.4.1　数据准备

实验手册 15
构建商品推荐系统

本章实例数据为某电商网站用户购物行为数据，具体字段及描述信息见表 9-1。

表 9-1　实例数据字段含义

字段名	含义	类型	描　　述
user_id	用户编号	string	用户 ID，已做脱敏处理
item_id	商品编号	string	商品 ID，已做脱敏处理
active_type	行为类型	string	0 表示单击，1 表示购买，2 表示收藏，3 表示加入购物车
active_date	行为日期	string	发生 active_type 对应行为的日期，如 20150601

将本章实例数据文件 t_user_item.csv 下载并保存到本地备用，并按如下步骤将数据加载到阿里云机器学习 PAI 平台中。

① 进入阿里云控制台，单击左侧"产品与服务"菜单项，在"大数据（数加）"产品列表中，单击"机器学习 PAI"超链接，如图 9-3 所示。

图 9-3　阿里云平台"产品与服务"菜单

在"可视化建模"栏目中，单击"项目列表"按钮，选择实例对应的项目，进入阿里云机器学习 PAI 平台，如图 9-4 所示。

图 9-4　PAI 可视化建模项目列表

② 单击"首页"→"新建实验"→"新建空白实验"按钮。在弹出的"新建实验"对话框中，输入实验名称（如"构建商品推荐系统"），选择保存位置，并单击"确定"按钮，如图 9-5 所示。

图 9-5　新建实验

③ 新建空白实验后，单击页面左侧"数据源"图标，单击底部"创建表"按钮，弹出如图 9-6 所示的"创建表"对话框。

通过命令行方式建表，建表语句参考如下。

```
CREATE TABLE t_user_item (
user_id string,
item_id string,
active_type string,
active_date string
);
```

④ 单击"选择文件"按钮，选择本地数据文件 t_user_item.csv 进行上传。文件上传成功后，在"数据预览"栏目处，确认所导入数据无误，单击"确定"按钮。平台将在 MaxCompute 中创建表 t_user_item，并导入相关数据，如图 9-7 所示。

图 9-6　创建表

图 9-7　上传本地数据文件

9.4.2　使用协同过滤算法生成商品推荐列表

① 单击平台左侧菜单栏中的"组件"图标，展开"源/目标"组，将"读数据表"组件拖至右侧画布中。单击"读数据表-1"组件，在右侧"表选择"选项卡中填入对应

的表名 t_user_item，如图 9-8 所示。

图 9-8　配置"读数据表-1"组件

② 右击"读数据表-1"组件，查看数据。若显示如图 9-9 所示的数据，表明数据加载成功。

序号 ▲	user_id ▲	item_id ▲	active_type ▲	active_date ▲
1	10944750	13451	0	20150604
2	10944750	13451	2	20150604
3	10944750	13451	2	20150604
4	10944750	13451	0	20150604
5	10944750	13451	0	20150604
6	10944750	13451	0	20150604
7	10944750	13451	0	20150604
8	10944750	13451	0	20150604
9	10944750	21110	0	20150607
10	10944750	1131	0	20150723

数据探查 - t_user_item - (仅显示前一百条)

图 9-9　查看表 t_user_item 数据

③ 在左侧"组件"列表中，依次单击"数据预处理"组、"采样与过滤"组，将"过滤与映射"组件拖动至右侧画布。单击组件"读数据表-1"的输出桩，拖动连线至"过滤与映射-1"组件的输入，并在右侧面板的"过滤条件"文本框中输入如下条件过滤语句，如图 9-10 所示。

```
active_type = '1'AND active_date < '20150701'
```

右击"过滤与映射-1"组件，在弹出菜单中选择"执行到此处"菜单项，如图 9-11 所示。

待执行成功后，可右击"过滤与映射-1"组件，查看过滤后的数据。过滤后的数据如图 9-12 所示。

④ 在左侧"组件"列表中，依次单击"机器学习"组、"推荐算法"组，将"协同过滤 etrec"组件拖动至右侧画布，如图 9-13 所示连接组件，并在右侧设置字段。

同时对"协同过滤 etrec-1"组件进行参数设置,设置相似度类型为 wbcosine(表明相似度计算公式为计算夹角余弦值),TopN 为 1,如图 9-14 所示。

图 9-10 配置"过滤与映射-1"组件

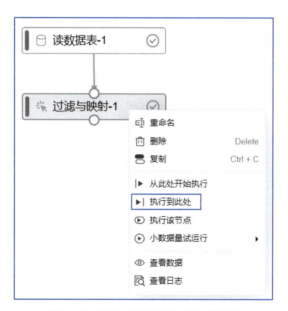

图 9-11 选择"执行到此处"菜单项

数据探查 - pai_temp_179622_1862960_1 - (仅显示前一百条)				
序号 ▲	user_id ▲	item_id ▲	active_type ▲	active_date ▲
1	10944750	7150	1	20150607
2	12028500	13390	1	20150616
3	12154500	8689	1	20150519
4	12154500	8689	1	20150519
5	12154500	15086	1	20150524
6	12154500	13226	1	20150630
7	12154500	9471	1	20150519
8	12154500	9471	1	20150519
9	12154500	17640	1	20150628
10	12154500	17640	1	20150425

图 9-12 发生在 7 月份之前的用户实际购物数据

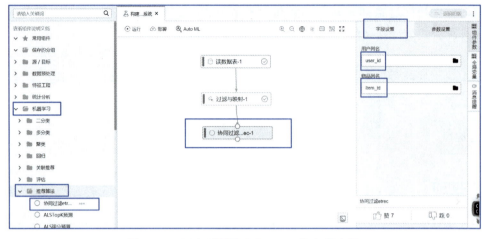

图 9-13　配置"协同过滤 etrec-1"组件字段

图 9-14　对"协同过滤 etrec-1"组件进行参数设置

　　右击"协同过滤 etrec-1"组件，选择"执行到此处"菜单项，待执行成功后，右击"协同过滤 etrec-1"组件，选择"查看数据"菜单项，结果如图 9-15 所示。

序号	itemid	similarity
1	1000	11849:1
2	10014	26523:0.6819064431
3	10066	13888:0.6195164562
4	1008	24507:1
5	10082	12717:1
6	1010	1015:1
7	10133	11826:1
8	1015	1010:1
9	10151	11665:1
10	10171	11904:1

数据探查 - pai_temp_179622_1862965_1 - (仅显示前一百条)

图 9-15　"协同过滤 etrec-1"组件执行结果

如图 9-15 所示的数据表示的是商品间的关联性，其中 itemid 字段为目标商品，simi-larity 字段中冒号左侧内容表示与目标商品相似度最高的商品，冒号右侧内容表示两款商品的相似度。

⑤ 在左侧"组件"列表中，单击"工具"组，拖动"SQL 脚本"组件到画布，如图 9-16 所示。

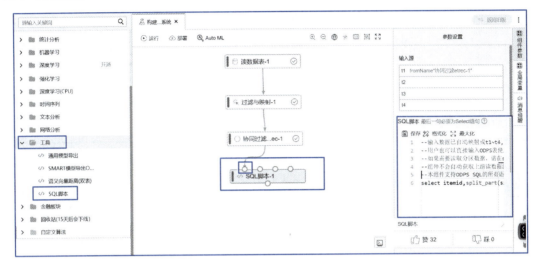

图 9-16　配置"SQL 脚本-1"组件

连接输入输出，在右侧"SQL 脚本"编辑区域中输入如下脚本，并单击"保存"按钮。

SELECT itemid, split_part(similarity,':',1) AS sitemid FROM $ {t1};

上述脚本提取协同过滤组件输出的 similarity 字段中待推荐商品的 ID，为后续关联统计做好准备。右击"SQL 脚本-1"组件选择"执行到此处"菜单项，待执行成功后右击"SQL 脚本-1"组件选择"查看数据"菜单项，结果如图 9-17 所示。

数据探查 - pai_temp_179622_1862976_1 - (仅显示前一百条)

序号	itemid ▲	sitemid ▲
1	1000	11849
2	10014	26523
3	10066	13888
4	1008	24507
5	10082	12717
6	1010	1015
7	10133	11826
8	1015	1010
9	10151	11665
10	10171	11904

图 9-17　"SQL 脚本-1"组件输出结果

⑥ 在左侧"组件"列表中，依次单击"数据预处理"组→"数据合并"组，拖动"JOIN"组件到画布，如图 9-18 所示。

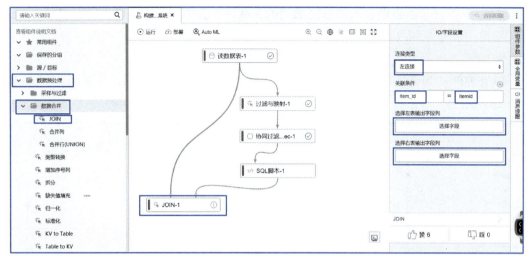

图 9-18 配置"JOIN-1"组件

对"JOIN-1"组件进行连线,并在右侧"字段设置"选项卡中设置连接类型、关联条件,并单击"选择字段"按钮,设置左表、右表输出字段列,如图 9-19 和图 9-20 所示。

图 9-19 "JOIN-1"组件左表输出字段

图 9-20 "JOIN-1"组件右表输出字段

右击“JOIN-1”组件选择“执行到此处”菜单项，待执行结束后，右击“JOIN-1”组件选择“查看数据”菜单项，结果如图 9-21 所示，其中 sitemid 列即为按照协同过滤算法对用户进行商品推荐的结果。

数据探查 - pai_temp_179622_1862983_1 - (仅显示前一百条)

序号	user_id	sitemid
1	10944750	-
2	10944750	-
3	10944750	-
4	10944750	-
5	10944750	-
6	10944750	-
7	10944750	-
8	10944750	-
9	10944750	7680
10	10944750	-
11	10944750	-
12	10944750	22609
13	10944750	22609
14	10944750	22609
15	10944750	22609

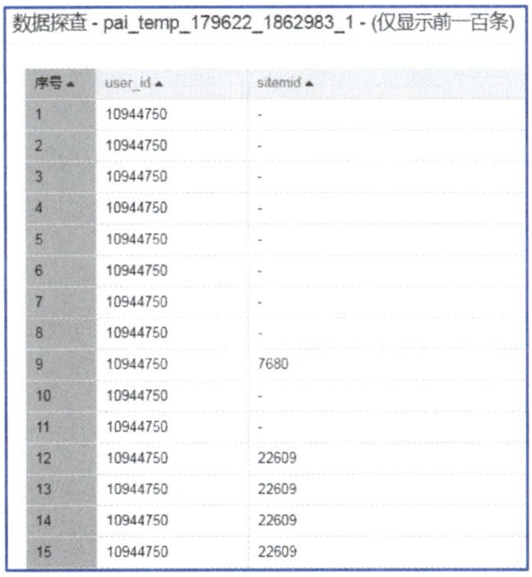

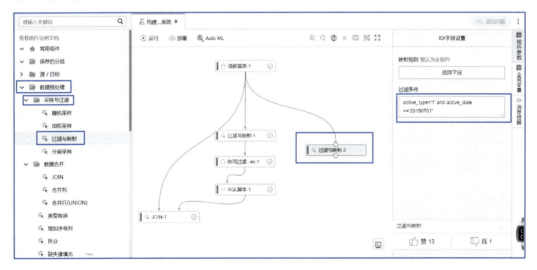

图 9-21　“JOIN-1”组件输出结果

9.4.3　提取 7 月份之后真实购物行为数据

① 在左侧“组件”列表中，依次单击“数据预处理”组→“采样与过滤”组，拖动“过滤与映射”组件到画布，如图 9-22 所示。

图 9-22　配置“过滤与映射-2”组件

在右侧面板“过滤条件”文本框中输入如下语句，提取出 7 月份之后的用户购物记录。

```
active_type = '1' AND active_date >= '20150701'
```

右击“过滤与映射-2”组件，选择“执行到此处”菜单项，待执行结束后，查看“过滤与映射-2”组件数据，输出结果如图 9-23 所示。

数据探查 - pai_temp_179622_1862998_1 - (仅显示前一百条)

序号	user_id	item_id	active_type	active_date
1	10944750	19673	1	20150705
2	10944750	25372	1	20150703
3	10944750	25372	1	20150703
4	10944750	28752	1	20150731
5	10944750	28752	1	20150731
6	12028500	21392	1	20150803
7	12028500	21392	1	20150803
8	12028500	16540	1	20150719
9	12028500	18496	1	20150804
10	12028500	11196	1	20150803

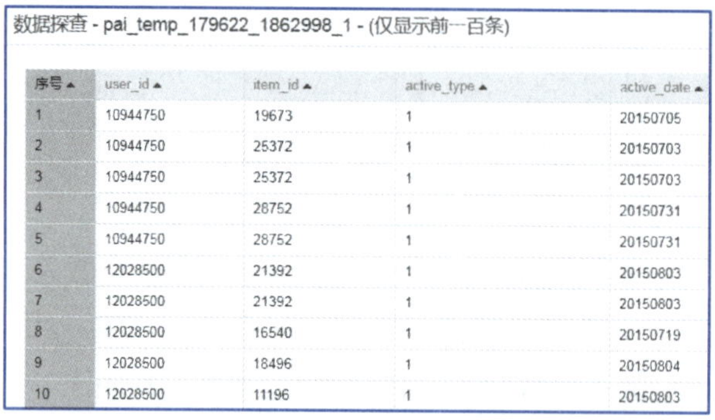

图 9-23 “过滤与映射-2”组件输出结果

② 在左侧“组件”列表中，依次单击“数据预处理”组→“数据合并”组，拖动“JOIN”组件到画布，按如图 9-24 所示进行连线。

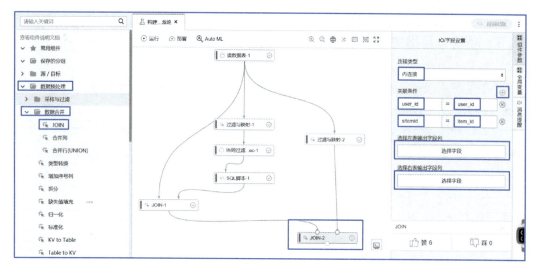

图 9-24 配置“JOIN-2”组件

单击“JOIN-2”组件，按如图 9-24 所示配置连接类型及关联条件，并按如图 9-25 和图 9-26 所示，选择左表及右表输出字段。

右击“JOIN-2”组件选择“执行到此处”菜单项，待执行结束后，查看“JOIN-2”组件数据，输出结果如图 9-27 所示。

如图 9-27 所示数据为推荐商品与实际购买商品相符合的用户购物记录，即推荐命中的购物记录。

图 9-25　"JOIN-2"组件左表输出字段

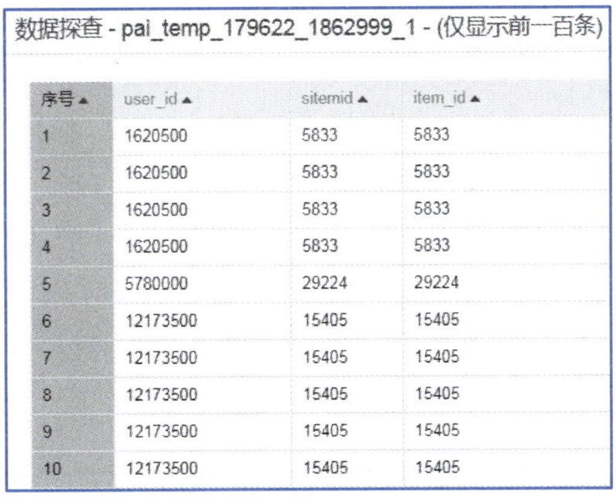

图 9-26　"JOIN-2"组件右表输出字段

图 9-27　"JOIN-2"组件输出结果

9.4.4　统计商品推荐命中率

① 在左侧"组件"列表中，单击"工具"组，拖动"SQL 脚本"组件到画布，如

图 9-28 所示。

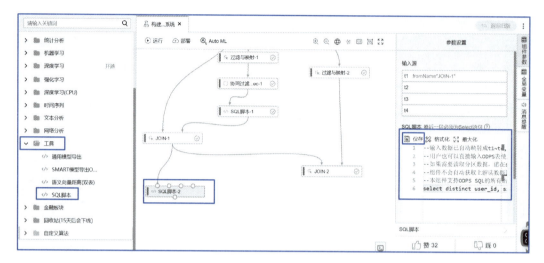

图 9-28 配置"SQL 脚本-2"组件

将"JOIN-1"组件的输出连线到"SQL 脚本-2"组件的第一个输入桩，并在右侧"SQL 脚本"编辑区域内输入如下 SQL 语句。

SELECT DISTINCT user_id, sitemid FROM $ {t1} WHERE sitemid IS NOT NULL；

单击"保存"按钮后，右击"SQL 脚本-2"组件选择"执行到此处"菜单项，待执行结束后，右击"SQL 脚本-2"组件，选择"查看数据"菜单项，输出结果如图 9-29 所示，此为去重后的用户商品推荐记录。

数据探查 - pai_temp_179622_1863000_1 - (仅显示前一百条)

序号	user_id	sitemid
1	10000250	10741
2	10000250	14573
3	10000250	1539
4	10000250	19339
5	10000250	19523
6	10000250	22204
7	10000250	22556
8	10000250	2613
9	10000250	5131
10	10000250	8851

图 9-29 "SQL 脚本-2"组件输出结果

在左侧"组件"列表中，单击"统计分析"组，拖动"全表统计"组件到画布，如图 9-30 所示。

连线"SQL 脚本-2"组件的输出为"全表统计-1"组件的输入，右击"全表统计-1"组件选择"执行到此处"菜单项，待执行成功后，右击"全表统计-1"组件选择"查看数据"菜单项，输出结果如图 9-31 所示。

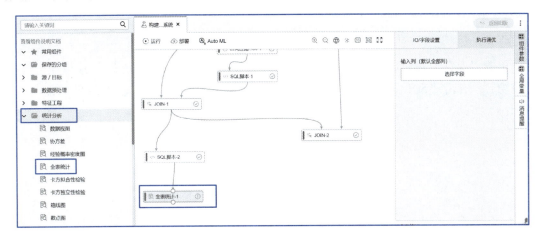

图 9-30　添加"全表统计-1"组件

序号 ▲	colname ▲	datatype ▲	totalcount ▲	count ▲	missingcount ▲	nancount ▲	positiveinfinitycount ▲	negativeinfinitycount ▲	min ▲	max ▲	m
1	sitemid	string	25466	25466	0	0	0	0	-	-	-
2	user_id	string	25466	25466	0	0	0	0	-	-	-

图 9-31　"全表统计-1"组件输出结果

如图 9-31 所示 totalcount 字段中的数据，即为根据 7 月份之前的购物行为生成的推荐列表去重后的数量，在本例中为 25 466 条。

在左侧"组件"列表中，单击"工具"组，拖动"SQL 脚本"组件到画布，如图 9-32 所示。

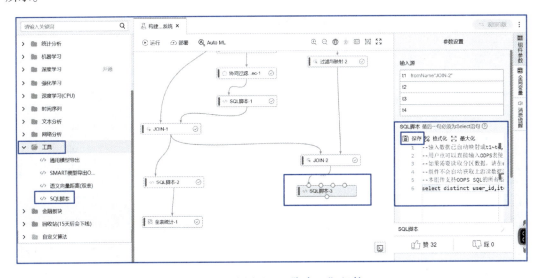

图 9-32　配置"SQL 脚本-3"组件

将“JOIN-2”组件的输出连线到“SQL 脚本-3”组件的第一个输入桩，并在右侧“SQL 脚本”编辑区域内输入如下语句。

```
SELECT DISTINCT user_id,item_id,sitemid FROM ${t1};
```

单击“保存”按钮后右击“SQL 脚本-3”组件，选择“执行到此处”菜单项，待执行成功后，右击“SQL 脚本-3”组件选择“查看数据”菜单项，输出结果如图 9-33 所示。

数据探查 - pai_temp_179622_1863003_1 - (仅显示前一百条)

序号	user_id	item_id	sitemid
1	10054250	1079	1079
2	10054250	19660	19660
3	10261750	17061	17061
4	10309250	11734	11734
5	11158000	21930	21930
6	11493000	12453	12453
7	12004000	15307	15307
8	12173500	15405	15405
9	12215000	8637	8637
10	12371000	12394	12394

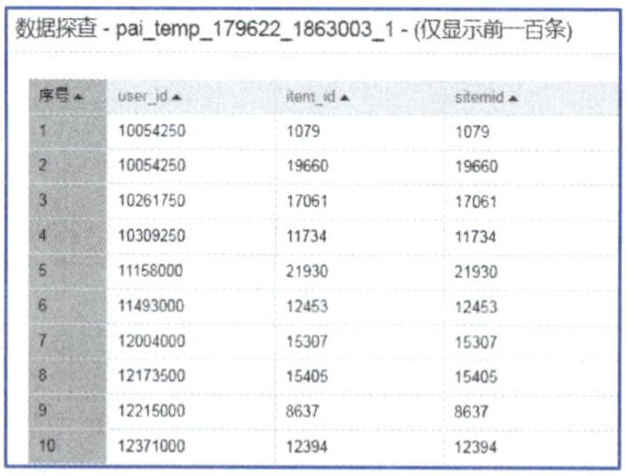

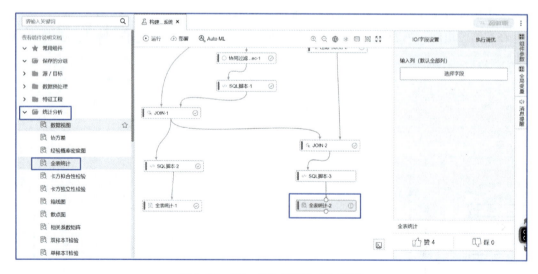

图 9-33 “SQL 脚本-3”组件输出结果

如图 9-33 所示数据为用户 7 月份之后经过去重的实际推荐命中的购物行为记录。

② 在左侧“组件”列表中，单击“统计分析”组，拖动“全表统计”组件到画布中，如图 9-34 所示。

图 9-34 添加“全表统计-2”组件

连线“SQL 脚本-3”脚本的输出到“全表统计-2”组件的输入，然后右击“全表统计-2”组件，选择“执行到此处”菜单项，待执行成功后右击“全表统计-2”组件，选择“查看数据”菜单项，输出结果如图 9-35 所示。

数据探查 - pai_temp_91137_1198930_1 - (仅显示前一百条)

序号	colname	datatype	totalcount	count	missingcount	nancount	positiveinfinitycount	negativeinfinitycount	min	max	m
1	item_id	string	59	59	0	0	0	0	-	-	-
2	sitemid	string	59	59	0	0	0	0	-	-	-
3	user_id	string	59	59	0	0	0	0	-	-	-

图 9-35　“全表统计-2”组件输出结果

如图 9-35 所示 totalcount 字段显示数据即为命中的条数，本例中为 59 条。因此在本例中，推荐命中率为 $59\div25\,466\times100\%=0.23\%$。

9.4.5　结果分析

在本章实例中，用户推荐命中数（59 条）较少，命中率（0.23%）较低，原因分析如下：

① 实例重点介绍了构建商品推荐系统的基本流程，对时间序列等影响商品推荐命中率的诸多因素未纳入到建模过程中。

② 实例仅考虑了商品的关联性，未考虑推荐商品诸如“是否高频商品”等属性。商品属性对商品的推荐成功率影响较大，例如用户本月购买了手机，因手机为低频消费品，次月该用户继续购买手机的概率就大大降低了。

③ 实例仅使用了协同过滤一种算法，可考虑结合使用其他诸如特征工程、回归分析等机器学习方法，进一步提升商品推荐命中率。

9.5　本章小结

本章通过一个电商网站购物数据案例，详细介绍了如何在阿里云机器学习 PAI 平台上通过协同过滤算法组件构建商品推荐系统，并针对用户过往的消费行为，进行个性化商品推荐。智能商品推荐系统的建设是一个较复杂的系统工程，需要处理海量历史数据，深度挖掘用户、商品潜在的特征信息，综合关联规则、协同过滤算法等多种数据分析方法和手段，并结合具体的业务开展实施。本章实例只对商品推荐系统中最核心的工作流程作了介绍，有兴趣的读者可基于本章实例数据，完善数据挖掘过程，进一步提升商品推荐命中率。

第 10 章 综合实战——O2O优惠券使用预测分析

线上到线下（Online to Offline，O2O）模式是一种流行的新商业模式，通过线上营销和线上购买带动了线下经营和线下消费。一套完整的 O2O 商业流程包含了引流、转化、消费、反馈、存留等 5 个阶段。其中在引流和转化阶段，发放电子优惠券已被证实是一种可行的促销手段。但 O2O 优惠券的发放需要一定的成本和代价，大面积的滥发优惠券不仅对客户造成了困扰，同时也增加了企业的营销成本。因此构建 O2O 优惠券预测分析模型，为发放 O2O 优惠券筛选高质量目标客户，已成为电商平台一项重要的研究课题。通过本章实例的学习，读者可了解和掌握如何在阿里云 MaxCompute 平台中对海量数据样本集进行特征工程处理，同时体验基于阿里云机器学习 PAI 平台，利用二分类算法及评估组件，快速构建 O2O 优惠券预测分析模型，以指导 O2O 优惠券的有效发放，使其产生的商业效益最大化。

10.1 案例背景

随着移动智能设备的完善和普及，"移动互联网+各行各业"已进入高速发展阶段，其中以 O2O 消费最为吸引眼球。据不完全统计，O2O 行业估值上亿的创业公司至少有 10 家，也不乏百亿巨头的身影。O2O 行业天然关联数亿消费者，各类 App 每天记录了超过百亿条用户行为和位置记录，已成为大数据科研和商业化运营的最佳结合点之一。一套完整的 O2O 商业流程包含了引流、转化、消费、反馈、存留等 5 个阶段。例如，某位客户需要吃午饭，可能打开手机里的口碑 App（引流），选定一家餐馆（转换），根据 App 导航前往餐馆用餐（消费），并对餐馆的饭菜质量、服务态度等作出评价（反馈），客户对该餐馆较为满意，后续会再次进行消费（存留）。

以优惠券盘活老客户或吸引新客户进店消费是 O2O 的一种重要的营销方式。基于优惠券的营销策略不仅有利于拉动客户二次进店，让客户产生"价格实惠"的良好感知，同时优惠券可作为广告宣传信息的有效载体，驱动客户产生更多的消费行为。然而优惠券如果采用随机投放的方式，不仅会对多数用户造成无意义的干扰，同时也会降低相关商家的品牌声誉，并增加其营销成本。针对特定用户进行个性化优惠券投放可以有效提高优惠券核销率（被使用的优惠券占比），让潜在目标用户产生线下消费行为，不但满足了用户的真实需求，也赋予了商家更强的营销能力。本章实例即是针对 O2O 场景相关的丰富数据，希望通过分析建模，精准预测用户是否会在领取优惠券的 15 天内使用该优惠券进行线下消费。

实例所用的数据包括 3 张表，分别是用户线下消费和 O2O 优惠券领取行为表（数据文件：o2o_train_off.csv，记录条数：1 754 884）、用户线上优惠券领取和购物行为表（数据文件：o2o_train_online.csv，记录条数：11 429 826）、用户 O2O 优惠券使用待预测样本表（数据文件：o2o_prediction.csv，记录条数：113 640）。各表字段说明见表 10-1~表 10-3。

> 实验手册 16
> O2O 优惠券使用预测分析

表 10-1　用户线下消费和 O2O 优惠券领取行为（o2o_train_off.csv）

字　段	含　义
User_id	用户 ID
Merchant_id	商户 ID
Coupon_id	优惠券 ID，注意该字段如果为 null 表示无优惠券消费，此时 Discount_rate 和 Date_received 字段无意义
Discount_rate	优惠率，注意如果该字段为 0 到 1 的小数，代表折扣率；该字段为 "$x:y$" 的形式，表示满 x 元减 y 元
Distance	该用户经常活动的地点离该商户最近门店距离是 $x×500$ 米（如果是连锁店，则取最近的一家门店），$x/in[0,10]$，null 表示无此信息，0 表示距离小于 500 米，10 表示距离不小于 5 千米
Date_received	领取优惠券日期
Date	消费日期，注意如果 Date＝null & Coupon_id！＝null，该记录表示领取优惠券但没有使用，即负样本；如果 Date！＝null & Coupon_id＝null，则表示普通消费日期；如果 Date！＝null & Coupon_id！＝null，则表示用优惠券消费日期，即正样本

表 10-2　用户线上优惠券领取和购物行为（o2o_train_online.csv）

字　段	含　义
User_id	用户 ID
Merchant_id	商户 ID
Action	0：点击，1：购买，2：领券
Coupon_id	优惠券 ID，注意该字段如果为 null 表示无优惠券消费，此时 Discount_rate 和 Date_received 字段无意义
Discount_rate	优惠率，注意如果该字段为 0 到 1 的小数，代表折扣率；该字段为 "$x:y$" 的形式，表示满 x 元减 y 元；该字段为 "fixed" 表示限时低价优惠

续表

字　段	含　义
Date_received	领取优惠券日期
Date	消费日期，注意如果 Date＝null & Coupon_id！＝null，该记录表示领取优惠券但没有使用；如果 Date！＝null & Coupon_id＝null，则表示普通消费日期；如果 Date！＝null & Coupon_id！＝null，则表示用优惠券消费日期

表 10-3　用户 O2O 优惠券使用待预测样本（o2o_prediction.csv）

字　段	含　义
User_id	用户 ID
Merchant_id	商户 ID
Coupon_id	优惠券 ID
Discount_rate	优惠率，注意如果该字段为 0 到 1 的小数，代表折扣率；该字段为 "$x:y$" 的形式，表示满 x 元减 y 元
Distance	该用户经常活动的地点离该商户最近门店距离是 $x \times 500$ 米（如果是连锁店，则取最近的一家门店），$x/\text{in}[0,10]$，null 表示无此信息，0 表示距离小于 500 米，10 表示距离不小于 5 千米
Date_received	领取优惠券日期

10.2　思路及流程

本章实例需要根据用户在 2016 年 1 月 1 日至 2016 年 6 月 30 日之间真实线下消费行为（涉及表：o2o_train_off），并结合其期间线上消费习惯（涉及表：o2o_train_online），预测用户在 2016 年 7 月领取 O2O 优惠券后 15 天以内的使用情况（涉及表：o2o_prediction）。因为用户领取了 O2O 优惠券后的 15 天内要么使用了优惠券进行线下消费，要么没有使用优惠券，因此该问题可以转换为二分类问题。

一种简单的分析思路是对 o2o_train_off 表数据进行处理，筛选领取优惠券后 15 天以内有使用的记录标记为正样本，15 天以内未使用优惠券的记录标记为负样本，以 Discount_rate、Distance 等字段为特征，采用逻辑回归等算法构建预测模型，对表 o2o_prediction 中记录进行预测。但一般来说，若采用上述简单的处理方式建模，模型预测效果极差，基本不可用。究其原因有如下几点：

① o2o_train_off 表中字段数较少，需要开展特征工程，构造诸如用户领取优惠券次数、用户优惠券核销率等特征，使得特征建模更加完备。

② 用户线上消费习惯和线下消费习惯往往存在一定的联系性。例如某位用户在日常的网购活动中倾向于使用优惠券进行购物，在 O2O 场景中，该用户使用 O2O 优惠券进行

线下消费的概率也会增大，因此在建模过程中应该对 o2o_train_online 表数据进行处理，设计用户线上消费特征。

③ 面向电商购物消费场景的建模，因考虑到购物消费活动在时间上的阶段性，使用的训练数据集时间跨度不能过长。例如分析未来 1 个月用户的消费行为，一种较好的选择是利用近 3 个月甚至 1 个月的用户消费数据进行建模，历史过于长久的样本数据反而会造成预测模型准确性下降。

因此在本例中的问题确定为二分类问题后，围绕用户使用优惠券的情景建立特征变量，结合实际业务场景，主要建立商家、优惠券、用户、用户–商家交互、用户–优惠券交互、用户线上特征等 6 大类特征。之后根据这些特征建立分类模型，预测用户在领取优惠券 15 天以内的使用情况。本例的难点和工作量主要集中在特征工程上，具体的建模分析流程如图 10-1 所示。

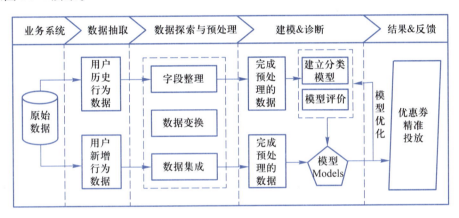

图 10-1　数据建模流程图

10.3　案例实施

10.3.1　安装配置客户端

本章实例所用数据量较大，需要通过 MaxCompute 平台客户端工具 odpscmd_public 将本地 CSV 文件导入 MaxCompute 平台后台表中。在实例正式开始之前，先确保本机电脑已安装 Java 运行环境（注：Java 8 或以上版本，因工具 odpscmd_public 依赖 Java 环境），并将客户端压缩包 odpscmd_public.zip 拷贝并解压至本机，编辑客户端工具 conf 目录下的 odps_config.ini 文件，修改 project_name、access_id、access_key 等选项。双击运行客户端工具 bin 目录下的 odpscmd.bat 文件，若出现如图 10-2 所示的窗口界面信息，则表示客户端工具 odpscmd_public 配置成功。

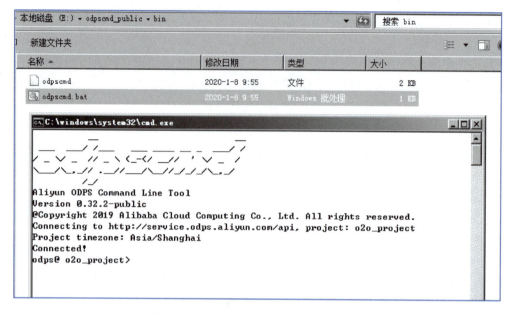

图 10-2　测试客户端工具 odpscmd_public

10.3.2　数据准备

1. 创建并导入数据表 o2o_train_online

通过客户端 odpscmd_public，使用 SQL 语句建表，如图 10-3 所示，并使用 tunnel upload 命令上传并导入数据文件 o2o_train_online.csv。建表 SQL 语句如下。

```
CREATE TABLE o2o_train_online (
user_id string,
merchant_id string,
action string,
coupon_id string,
discount_rate string,
date_received string,
date string
);
```

tunnel upload 命令示例如下，如图 10-4 所示。

```
tunnel upload E:\data_test\o2o_train_online.csv o2o_train_online;
```

上传成功后，可以使用如下 SQL 语句，预览数据，如图 10-5 所示。

```
SELECT * FROM o2o_train_online LIMIT 10;
```

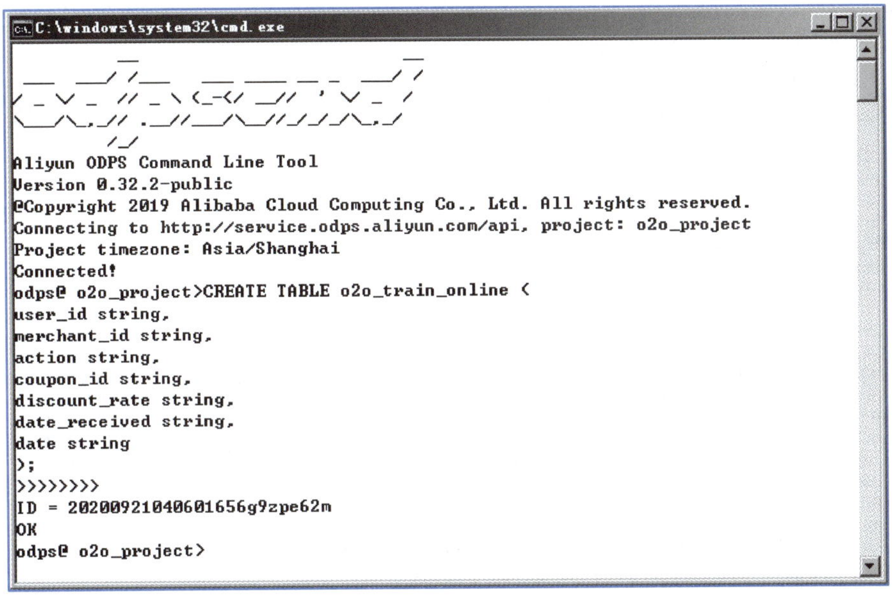

```
C:\windows\system32\cmd.exe
Aliyun ODPS Command Line Tool
Version 0.32.2-public
@Copyright 2019 Alibaba Cloud Computing Co., Ltd. All rights reserved.
Connecting to http://service.odps.aliyun.com/api, project: o2o_project
Project timezone: Asia/Shanghai
Connected!
odps@ o2o_project>CREATE TABLE o2o_train_online (
user_id string,
merchant_id string,
action string,
coupon_id string,
discount_rate string,
date_received string,
date string
);
>>>>>>>>
ID = 20200921040601656g9zpe62m
OK
odps@ o2o_project>
```

图 10-3　使用工具 odpscmd_public 建表

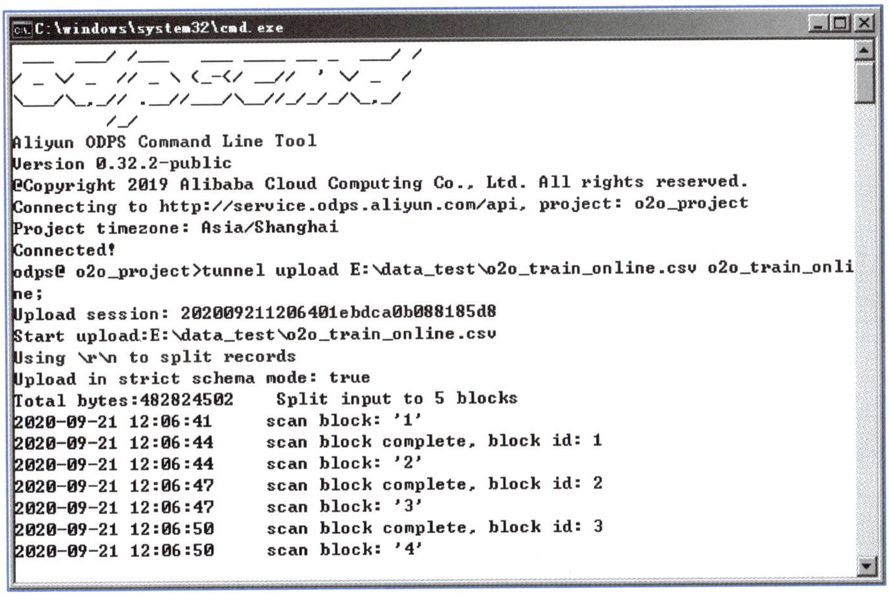

```
C:\windows\system32\cmd.exe
Aliyun ODPS Command Line Tool
Version 0.32.2-public
@Copyright 2019 Alibaba Cloud Computing Co., Ltd. All rights reserved.
Connecting to http://service.odps.aliyun.com/api, project: o2o_project
Project timezone: Asia/Shanghai
Connected!
odps@ o2o_project>tunnel upload E:\data_test\o2o_train_online.csv o2o_train_onli
ne;
Upload session: 202009211206401ebdca0b088185d8
Start upload:E:\data_test\o2o_train_online.csv
Using \r\n to split records
Upload in strict schema mode: true
Total bytes:482824502    Split input to 5 blocks
2020-09-21 12:06:41     scan block: '1'
2020-09-21 12:06:44     scan block complete, block id: 1
2020-09-21 12:06:44     scan block: '2'
2020-09-21 12:06:47     scan block complete, block id: 2
2020-09-21 12:06:47     scan block: '3'
2020-09-21 12:06:50     scan block complete, block id: 3
2020-09-21 12:06:50     scan block: '4'
```

图 10-4　使用工具 odpscmd_public 导入 CSV 文件

2. 创建并导入数据表 o2o_train_off

通过客户端 odpscmd_public，使用 SQL 语句建表，并使用 tunnel upload 命令导入数据文件 o2o_train_off. csv。建表 SQL 语句如下。

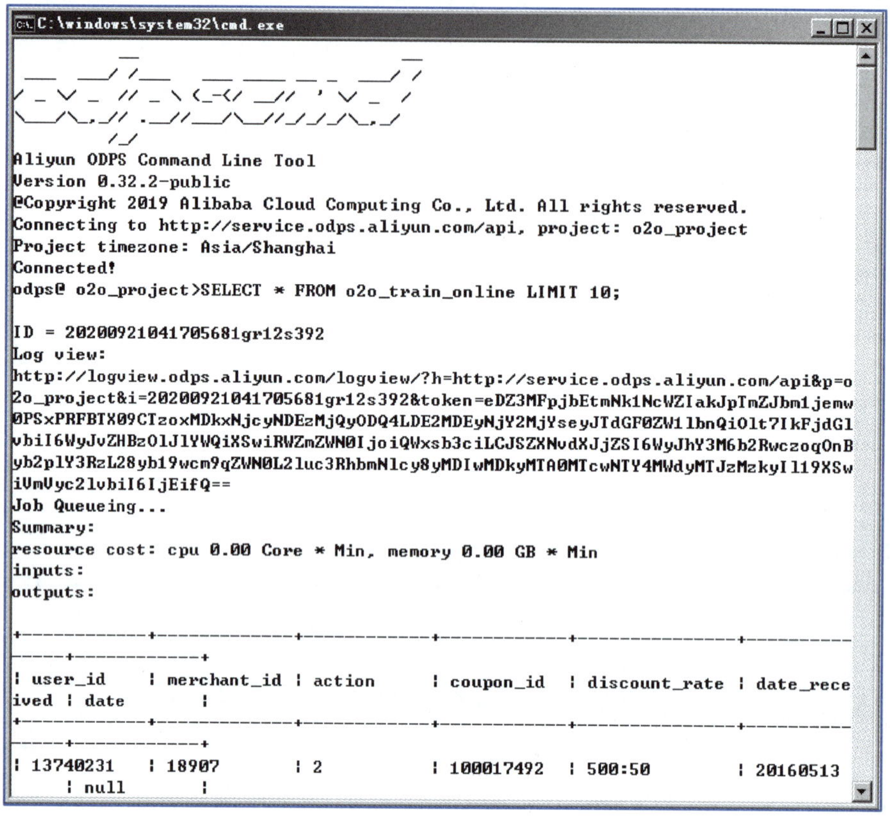

图 10-5　使用工具 odpscmd_public 查询表数据

```
CREATE TABLE o2o_train_off (

    user_id string,

    merchant_id string,

    coupon_id string,

    discount_rate string,

    distance string,

    date_received string,

    date string

);
```

tunnel upload 命令示例如下。

```
tunnel upload E:\data_test\o2o_train_off. csv o2o_train_off;
```

3. 创建并导入数据表 o2o_prediction

通过客户端 odpscmd_public，使用 SQL 语句建表，并使用 tunnel upload 命令导入数据
文件 o2o_prediction. csv。建表 SQL 语句如下。

```
CREATE TABLE o2o_prediction（
user_id string,
merchant_id string,
coupon_id string,
discount_rate string,
distance string,
date_received string
）;
```

tunnel upload 命令示例如下：

```
tunnel upload E：\data_test\o2o_prediction. csv o2o_prediction；
```

10.3.3　划分数据集

在本章实例中，数据集如果采用简单的随机划分方式构建模型，将导致较严重的过拟合问题，应采用滑窗方式划分数据。经过测试，一种较好的划分方案见表 10-4，利用客户近 100 天的线上线下特征，构建分类模型，预测未来 1 个月内用户在规定时间内使用 O2O 优惠券的情况。为了确保模型的准确性，按照时间连续性划分了 3 个数据集：训练集 1、训练集 2、测试集。其中：

① 针对训练集 1，通过线下线上特征 feature1、online_feature1 以及带分类标签（是否在 15 天内使用优惠券）的 dataset1，构建预测模型。

② 针对训练集 2，利用线下线上特征 feature2、online_feature2 以及带分类标签的 dataset2，对①中模型进行评估，检查模型是否满足预期，是否足够精确。

③ 若模型满足预期，则使用测试集线上线下特征 feature3、online_feature3，基于①中模型对待预测样本 dataset3 进行预测，得出预测结果。

表 10-4　数据划分方案

数据集	feature 区间	label 区间
训练集 1	feature1、online_feature1：20160101~20160413	dataset1：20160414~20160514
训练集 2	feature2、online_feature2：20160201~20160514	dataset2：20160515~20160615
测试集	feature3、online_feature3：20160315~20160630	dataset3：20160701~20160731

根据数据划分方案，打开阿里云 DataWorks 平台，进入相应"数据开发"工作区，在"临时查询"中新建 ODPS SQL 脚本文件，命名为"数据划分"，编辑并执行如下 SQL 语句。

```
-- 训练集 1-线下特征
CREATE TABLE IF NOT EXISTS feature1
```

```
AS
SELECT *
FROM o2o_train_off
WHERE ('20160101' <= date
        AND date <= '20160413')
    OR (date = 'null'
        AND '20160101' <= date_received
        AND date_received <= '20160413');
```

-- 训练集 1-线上特征
```
CREATE TABLE IF NOT EXISTS online_feature1
AS
SELECT *
FROM o2o_train_online
WHERE ('20160101' <= date
        AND date <= '20160413')
    OR (date = 'null'
        AND '20160101' <= date_received
        AND date_received <= '20160413');
```

-- 训练集 1-预测样本
```
CREATE TABLE IF NOT EXISTS dataset1
AS
SELECT *
FROM o2o_train_off
WHERE '20160414' <= date_received
    AND date_received <= '20160514';
```

-- 训练集 2-线下特征
```
CREATE TABLE IF NOT EXISTS feature2
AS
SELECT *
FROM o2o_train_off
WHERE ('20160201' <= date
        AND date <= '20160514')
    OR (date = 'null'
        AND '20160201' <= date_received
        AND date_received <= '20160514');
```

```
-- 训练集 2-线上特征
CREATE TABLE IF NOT EXISTS online_feature2
AS
SELECT *
FROM o2o_train_online
WHERE ('20160201' <= date
        AND date <= '20160514')
    OR (date = 'null'
        AND '20160201' <= date_received
        AND date_received <= '20160514');


-- 训练集 2-预测样本
CREATE TABLE IF NOT EXISTS dataset2
AS
SELECT *
FROM o2o_train_off
WHERE '20160515' <= date_received
    AND date_received <= '20160615';


-- 测试集-线下特征
CREATE TABLE IF NOT EXISTS feature3
AS
SELECT *
FROM o2o_train_off
WHERE ('20160315' <= date
        AND date <= '20160630')
    OR (date = 'null'
        AND '20160315' <= date_received
        AND date_received <= '20160630');


-- 测试集-线上特征
CREATE TABLE IF NOT EXISTS online_feature3
AS
SELECT *
FROM o2o_train_online
WHERE ('20160315' <= date
        AND date <= '20160630')
```

```
    OR ( date = 'null'
        AND '20160315' <= date_received
        AND date_received <= '20160630' ) ;


-- 测试集-预测样本
CREATE TABLE IF NOT EXISTS dataset3
AS
SELECT *
FROM o2o_prediction ;
```

10.3.4　特征工程

特征工程既是本章实例开发的重点，也是难点。原始数据集字段数量较少，需要深度挖掘相关特征，以使得所设计和开发的预测模型具有较高的准确性。通过对实例数据进行背景分析，结合相关业务知识，需要创建商家、优惠券、用户、用户-商家交互、用户-优惠券交互、用户线上特征等 6 大类特征。

1. 商家相关特征

从商家维度出发，可以根据 merchant_id 字段进行汇总，计算每个商家发放的 O2O 优惠券数量、核销情况等信息作为特征，结合本例业务特点，商家相关特征见表 10-5。

表 10-5　商家相关特征

字　　段	含　　义	备　　注
merchant_id	商家 ID	关键字
distinct_coupon_count	商家发放的优惠券不同类别数	
merchant_avg_distance	商家优惠券被使用时用户与商家距离的均值	
merchant_median_distance	商家优惠券被使用时用户与商家距离的中位值	
merchant_max_distance	商家优惠券被使用时用户与商家距离的最大值	
merchant_min_distance	商家优惠券被使用时用户与商家距离的最小值	
merchant_user_buy_count	在该商家消费过的不同用户数	
total_coupon	商家总共发放的优惠券数	
total_sales	商家总销量	
sales_use_coupon	商家被使用的优惠券数	

续表

字　　段	含　　义	备　　注
coupon_rate	使用商家优惠券消费占总消费的比重	sales_use_coupon/total_sales
transform_rate	商家优惠券核销率	sales_use_coupon/total_coupon

　　商家相关特征通过在 DataWorks 平台中创建并执行临时 SQL 脚本生成，针对划分的数据集——训练集 1、训练集 2、测试集，商家特征分别存储在表 d1_f1、d2_f1、d3_f1 中。其中生成表 d1_f1 的 SQL 语句如下：

```
-- 提取所需字段到临时表 merchant1
CREATE TABLE merchant1
AS
SELECT merchant_id, user_id, coupon_id, distance, date_received
    , date
FROM feature1;
-- 商家总共发生的消费行为数(total_sales)
CREATE TABLE d1_f1_t1
AS
SELECT merchant_id, SUM(cnt) AS total_sales
FROM (
    SELECT merchant_id, 1 AS cnt
    FROM merchant1
    WHERE date != "null"
) t
GROUP BY merchant_id;
-- 商家被使用的优惠券数(sales_use_coupon)
CREATE TABLE d1_f1_t2
AS
SELECT merchant_id, SUM(cnt) AS sales_use_coupon
FROM (
    SELECT merchant_id, 1 AS cnt
    FROM merchant1
    WHERE date != "null"
        AND coupon_id != "null"
) t
GROUP BY merchant_id;
-- 商家总共发放的优惠券数(total_coupon)
CREATE TABLE d1_f1_t3
```

```
AS
SELECT merchant_id, SUM(cnt) AS total_coupon
FROM (
    SELECT merchant_id, 1 AS cnt
    FROM merchant1
    WHERE coupon_id != "null"
) t
GROUP BY merchant_id;
```
-- 商家发放的优惠券不同类别数(distinct_coupon_count)
```
CREATE TABLE d1_f1_t4
AS
SELECT merchant_id, COUNT( * ) AS distinct_coupon_count
FROM (
    SELECT DISTINCT merchant_id, coupon_id
    FROM merchant1
    WHERE coupon_id != "null"
) t
GROUP BY merchant_id;
```
/* 商家优惠券被使用时用户与商家距离的平均值(merchant_avg_distance)、中位值(merchant_median_distance)、最大值(merchant_max_distance)、最小值(merchant_min_distance) */
```
CREATE TABLE d1_f1_t5
AS
SELECT merchant_id, AVG(distance) AS merchant_avg_distance, median(distance) AS merchant_me-
dian_distance
    , MAX(distance) AS merchant_max_distance, MIN(distance) AS merchant_min_distance
FROM (
    SELECT merchant_id, distance
    FROM merchant1
    WHERE date != "null"
        AND coupon_id != "null"
        AND distance != "null"
) t
GROUP BY merchant_id;
```
-- 消费过商家的不同用户数目(merchant_user_buy_count)
```
CREATE TABLE d1_f1_t6
AS
SELECT merchant_id, COUNT( * ) AS merchant_user_buy_count
FROM (
```

```
        SELECT DISTINCT merchant_id, user_id
        FROM merchant1
        WHERE date != "null"
) t
GROUP BY merchant_id;
-- 对于测试集 1,商家相关特征整理到表 d1_f1 中
CREATE TABLE d1_f1
AS
SELECT merchant_id, distinct_coupon_count, merchant_avg_distance, merchant_median_distance, CAST
(merchant_max_distance AS bigint) AS merchant_max_distance
    , CAST(merchant_min_distance AS bigint) AS merchant_min_distance, merchant_user_buy_count,
sales_use_coupon, transform_rate, coupon_rate
    , CASE
        WHEN total_coupon IS NULL THEN 0.0
        ELSE total_coupon
    END AS total_coupon
    , CASE
        WHEN total_sales IS NULL THEN 0.0
        ELSE total_sales
    END AS total_sales
FROM (
    SELECT tt.*, tt.sales_use_coupon / tt.total_coupon AS transform_rate, tt.sales_use_coupon /
tt.total_sales AS coupon_rate
    FROM (
        SELECT merchant_id, total_sales, total_coupon, distinct_coupon_count, merchant_avg_distance
            , merchant_median_distance, merchant_max_distance, merchant_min_distance, merchant_
user_buy_count
            , CASE
                WHEN sales_use_coupon IS NULL THEN 0.0
                ELSE sales_use_coupon
            END AS sales_use_coupon
        FROM (
            SELECT k.*, l.merchant_user_buy_count
            FROM (
                SELECT i.*, j.merchant_avg_distance, j.merchant_median_distance, j.merchant_
max_distance, j.merchant_min_distance
                FROM (
                    SELECT g.*, h.distinct_coupon_count
```

```
                      FROM (
                          SELECT e. * , f. total_coupon
                          FROM (
                              SELECT c. * , d. sales_use_coupon
                              FROM (
                                  SELECT a. * , b. total_sales
                                  FROM (
                                      SELECT DISTINCT merchant_id
                                      FROM merchant1
                                  ) a
                                      LEFT JOIN d1_f1_t1 b ON a. merchant_id = b. merchant_id
                              ) c
                                  LEFT JOIN d1_f1_t2 d ON c. merchant_id = d. merchant_id
                          ) e
                              LEFT JOIN d1_f1_t3 f ON e. merchant_id = f. merchant_id
                      ) g
                          LEFT JOIN d1_f1_t4 h ON g. merchant_id = h. merchant_id
                  ) i
                      LEFT JOIN d1_f1_t5 j ON i. merchant_id = j. merchant_id
              ) k
                  LEFT JOIN d1_f1_t6 l ON k. merchant_id = l. merchant_id
          ) t
      ) tt
) ttt;
```

2. 优惠券相关特征

从优惠券维度出发，可以提取 O2O 优惠券发放的星期、月份、优惠力度、核销数量等信息作为特征，结合本例业务特点，优惠券相关特征见表 10-6。此处需要注意的是本例中 O2O 优惠券的原始折扣率字段（discount_rate）有两种形式，一种是满减类型，例如"100:10"，表示消费满 100 元减 10 元；一种是单个数值形式，例如"0.8"，表示打 8 折。在正式建模前需要统一折扣率。本书采取的方案是对于满减类型，换算成单个数值形式，例如"100:10"，按（100-10）/100，换算为 0.9。

表 10-6 优惠券相关特征

字　　段	含　　义	备　　注
user_id	用户 ID	
coupon_id	优惠券 ID	

续表

字　　段	含　　义	备　　注
merchant_id	商家 ID	
date_received	领取优惠券日期	
date	消费日期	
days_distance	优惠券已领取天数	
day_of_week	优惠券发放星期	
day_of_month	优惠券发放月份	
is_man_jian	优惠券是否为满减类型	
distance	优惠券被使用时用户与商家的距离	
discount_man	满 discount_man 元	
discount_jian	减 discount_jian 元	
discount_rate	统一折扣率	对于满减类型的优惠券,例如满 100 元减 10 元,折扣率为 0.9
coupon_count	优惠券发放数量	
label_coupon_feature_receive_count	针对 label 区间中的优惠券在 feature 区间中被领取的数目	
label_coupon_feature_buy_count	针对 label 区间中的优惠券在 feature 区间中被消费的数目	
label_coupon_feature_rate	针对 label 区间中的优惠券在 feature 区间中的核销率	label_coupon_feature_buy_count/ label_coupon_feature_receive_count

优惠券相关特征通过在 DataWorks 平台中创建并执行临时 SQL 脚本生成,针对划分的数据集——训练集 1、训练集 2、测试集,优惠券特征分别存储在表 d1_f2、d2_f2、d3_f2 中。其中生成表 d1_f2 的 SQL 语句如下。

```
/ *统一折扣率(discount_rate)、优惠券已领取天数(days_distance)、优惠券发放星期(day_of_week)、
优惠券发放月份(day_of_month)、优惠券是否为满减类型(is_man_jian),满多少元(discount_jian),减
多少元(discount_jian) */
CREATE TABLE d1_f2_t1
AS
SELECT t. user_id, t. coupon_id, t. merchant_id, t. date_received, t. date
    , t. days_distance, t. day_of_week, t. day_of_month, t. is_man_jian, t. discount_man
    , t. discount_jian, t. distance
    , CASE
        WHEN is_man_jian = 1 THEN 1. 0 - discount_jian / discount_man
```

```
            ELSE discount_rate
        END AS discount_rate
FROM (
    SELECT user_id, coupon_id, merchant_id, date_received, date
        , discount_rate
        , CASE
            WHEN distance = "null" THEN -1
            ELSE CAST(distance AS bigint)
        END AS distance
        , datediff(to_date(date_received, "yyyymmdd"), to_date("20160413", "yyyymmdd"),
"dd") AS days_distance
        , weekday(to_date(date_received, "yyyymmdd")) AS day_of_week
        , CAST(substr(date_received, 7, 2) AS bigint) AS day_of_month
        , CASE
            WHEN instr(discount_rate, ":") = 0 THEN 0
            ELSE 1
        END AS is_man_jian
        , CASE
            WHEN instr(discount_rate, ":") = 0 THEN -1
            ELSE split_part(discount_rate, ":", 1)
        END AS discount_man
        , CASE
            WHEN instr(discount_rate, ":") = 0 THEN -1
            ELSE split_part(discount_rate, ":", 2)
        END AS discount_jian
    FROM dataset1
) t;


-- 优惠券发放数量(coupon_count)
CREATE TABLE d1_f2_t2
AS
SELECT coupon_id, SUM(cnt) AS coupon_count
FROM (
    SELECT coupon_id, 1 AS cnt
    FROM dataset1
) t
GROUP BY coupon_id;
```

```
-- 针对 dataset1 中的优惠券在 feature1 中被领取的数目
CREATE TABLE d1_f2_t3
AS
SELECT coupon_id, SUM(cnt) AS label_coupon_feature_receive_count
FROM (
    SELECT a.coupon_id
        , CASE
            WHEN b.cnt IS NULL THEN 0
            ELSE 1
        END AS cnt
    FROM (
        SELECT DISTINCT coupon_id
        FROM dataset1
    ) a
        LEFT JOIN (
            SELECT coupon_id, 1 AS cnt
            FROM feature1
        ) b
        ON a.coupon_id = b.coupon_id
) t
GROUP BY coupon_id;

-- 针对 dataset1 中的优惠券在 feature1 中被消费的数目
CREATE TABLE d1_f2_t4
AS
SELECT coupon_id, SUM(cnt) AS label_coupon_feature_buy_count
FROM (
    SELECT a.coupon_id
        , CASE
            WHEN b.cnt IS NULL THEN 0
            ELSE 1
        END AS cnt
    FROM (
        SELECT DISTINCT coupon_id
        FROM dataset1
    ) a
        LEFT JOIN (
            SELECT coupon_id, 1 AS cnt
```

```
            FROM feature1
            WHERE coupon_id ! = "null"
                AND date ! = "null"
        ) b
        ON a. coupon_id = b. coupon_id
) t
GROUP BY coupon_id;


-- 对于测试集 1,优惠券相关特征整理到表 d1_f2 中
CREATE TABLE d1_f2
AS
SELECT e. * , f. label_coupon_feature_buy_count
    , CASE
        WHEN e. label_coupon_feature_receive_count = 0 THEN −1
        ELSE f. label_coupon_feature_buy_count / e. label_coupon_feature_receive_count
    END AS label_coupon_feature_rate
FROM (
        SELECT c. * , d. label_coupon_feature_receive_count
        FROM (
            SELECT a. user_id, a. coupon_id, a. merchant_id, a. date_received, a. date
                , a. days_distance, a. day_of_week, a. day_of_month, a. is_man_jian, a. distance
                , CAST( a. discount_man AS double) AS discount_man, CAST( a. discount_jian AS
double) AS discount_jian, CAST( a. discount_rate AS double) AS discount_rate, b. coupon_count
            FROM d1_f2_t1 a
                JOIN d1_f2_t2 b ON a. coupon_id = b. coupon_id
        ) c
            LEFT JOIN d1_f2_t3 d ON c. coupon_id = d. coupon_id
) e
    LEFT JOIN d1_f2_t4 f ON e. coupon_id = f. coupon_id;
```

3. 用户相关特征

从用户维度出发，可以根据 user_id 字段进行汇总，计算每个用户消费次数、领取 O2O 优惠券数量、核销情况等信息作为特征，结合本例业务特点，用户相关特征见表 10-7。

表 10-7　用户相关特征

字　　段	含　　义	备　　注
user_id	用户 ID	关键字
user_avg_distance	用户使用优惠券消费的商家与用户距离的平均值	

续表

字　　段	含　　义	备　　注
user_min_distance	用户使用优惠券消费的商家与用户距离的最小值	
user_max_distance	用户使用优惠券消费的商家与用户距离的最大值	
user_median_distance	用户使用优惠券消费的商家与用户距离的中位值	
avg_diff_date_datereceived	领取到使用优惠券间隔天数的平均值	
min_diff_date_datereceived	领取到使用优惠券间隔天数的最小值	
max_diff_date_datereceived	领取到使用优惠券间隔天数的最大值	
count_merchant	用户消费过的不重复商家数	
buy_total	用户消费总次数	
coupon_received	用户领取的优惠券数量	
buy_use_coupon	用户核销优惠券的数量	
buy_use_coupon_rate	用户核销优惠券占总消费次数比重	buy_use_coupon/buy_total
user_coupon_transform_rate	用户优惠券核销率	buy_use_coupon/coupon_received

　　用户相关特征通过在 DataWorks 平台中创建并执行临时 SQL 脚本生成，针对划分的数据集——训练集 1、训练集 2、测试集，用户特征分别存储在表 d1_f3、d2_f3、d3_f3 中。其中生成表 d1_f3 的 SQL 语句如下。

```
-- 提取所需字段到临时表 user1
CREATE TABLE user1
AS
SELECT user_id, merchant_id, coupon_id, discount_rate, distance, date_received, date
FROM feature1;

-- 用户消费过的不重复商家数（count_merchant）
CREATE TABLE d1_f3_t1
AS
SELECT user_id, COUNT( * ) AS count_merchant
FROM (
    SELECT DISTINCT user_id, merchant_id
    FROM user1
```

```
        WHERE date ! = "null"
) t
GROUP BY user_id;


/ * 用户使用优惠券的商家距离用户距离的平均值(user_avg_distance)、最小值(user_min_distance)、
最大值(user_max_distance)、中位值(user_median_distance) * /
CREATE TABLE d1_f3_t2
AS
SELECT user_id, AVG(distance) AS user_avg_distance, MIN(distance) AS user_min_distance,
MAX(distance) AS user_max_distance, median(distance) AS user_median_distance
FROM (
        SELECT user_id, distance
        FROM user1
        WHERE date ! = "null"
                AND coupon_id ! = "null"
                AND distance ! = "null"
) t
GROUP BY user_id;


-- 用户核销优惠券的数量(buy_use_coupon)
CREATE TABLE d1_f3_t3
AS
SELECT user_id, COUNT( * ) AS buy_use_coupon
FROM (
        SELECT user_id
        FROM user1
        WHERE date ! = "null"
                AND coupon_id ! = "null"
) t
GROUP BY user_id;


-- 用户总共消费次数(buy_total)
CREATE TABLE d1_f3_t4
AS
SELECT user_id, COUNT( * ) AS buy_total
FROM (
        SELECT user_id
        FROM user1
```

```
        WHERE date != "null"
) t
GROUP BY user_id;


-- 用户获得的优惠券数量(coupon_received)
CREATE TABLE d1_f3_t5
AS
SELECT user_id, COUNT( * ) AS coupon_received
FROM (
        SELECT user_id
        FROM user1
        WHERE coupon_id != "null"
) t
GROUP BY user_id;
```

/ * 用户从领取到使用优惠券天数的平均值(avg_diff_date_datereceived)、最小值(min_diff_date_dater-
eceived)、最大值(max_diff_date_datereceived) * /

```
CREATE TABLE d1_f3_t6
AS
SELECT user_id, AVG(day_gap) AS avg_diff_date_datereceived, MIN(day_gap) AS min_diff_date_dater-
eceived
        , MAX(day_gap) AS max_diff_date_datereceived
FROM (
        SELECT user_id
                , datediff(to_date(date_received, "yyyymmdd"), to_date(date, "yyyymmdd"), "dd") AS
day_gap
        FROM user1
        WHERE date != "null"
                AND date_received != "null"
) t
GROUP BY user_id;
```

-- 对于测试集 1,用户相关特征整理到表 d1_f3 中

```
CREATE TABLE d1_f3
AS
SELECT user_id, user_avg_distance, CAST(user_min_distance AS double) AS user_min_distance, CAST
(user_max_distance AS double) AS user_max_distance, user_median_distance
        , abs(avg_diff_date_datereceived) AS avg_diff_date_datereceived, abs(min_diff_date_datereceived)
```

```
AS min_diff_date_datereceived
    , abs(max_diff_date_datereceived) AS max_diff_date_datereceived, buy_use_coupon, buy_use_
coupon_rate
    , user_coupon_transform_rate
    , CASE
        WHEN count_merchant IS NULL THEN 0.0
        ELSE count_merchant
    END AS count_merchant
    , CASE
        WHEN buy_total IS NULL THEN 0.0
        ELSE buy_total
    END AS buy_total
    , CASE
        WHEN coupon_received IS NULL THEN 0.0
        ELSE coupon_received
    END AS coupon_received
FROM (
    SELECT tt. * , tt.buy_use_coupon / tt.buy_total AS buy_use_coupon_rate, tt.buy_use_coupon /
tt.coupon_received AS user_coupon_transform_rate
    FROM (
        SELECT user_id, count_merchant, user_avg_distance, user_min_distance, user_max_distance
            , user_median_distance, buy_total, coupon_received, avg_diff_date_datereceived, min_diff_
date_datereceived
            , max_diff_date_datereceived
            , CASE
                WHEN buy_use_coupon IS NULL THEN 0.0
                ELSE buy_use_coupon
            END AS buy_use_coupon
        FROM (
            SELECT k. * , l.avg_diff_date_datereceived, l.min_diff_date_datereceived, l.max_diff_
date_datereceived
            FROM (
                SELECT i. * , j.coupon_received
                FROM (
                    SELECT g. * , h.buy_total
                    FROM (
                        SELECT e. * , f.buy_use_coupon
                        FROM (
```

```
                    SELECT c. *, d. user_avg_distance, d. user_min_distance, d. user_
max_distance, d. user_median_distance
                        FROM (
                            SELECT a. *, b. count_merchant
                            FROM (
                                SELECT DISTINCT user_id
                                FROM user1
                            ) a
                                LEFT JOIN d1_f3_t1 b ON a. user_id = b. user_id
                        ) c
                            LEFT JOIN d1_f3_t2 d ON c. user_id = d. user_id
                        ) e
                            LEFT JOIN d1_f3_t3 f ON e. user_id = f. user_id
                        ) g
                            LEFT JOIN d1_f3_t4 h ON g. user_id = h. user_id
                        ) i
                            LEFT JOIN d1_f3_t5 j ON i. user_id = j. user_id
                        ) k
                        LEFT JOIN d1_f3_t6 l ON k. user_id = l. user_id
                    ) t
                ) tt
            ) ttt;
```

4. 用户商家交互特征

从用户及商家组合维度出发，可以根据 user_id、merchant_id 字段进行汇总，计算用户在特定商家领取和使用 O2O 优惠券次数等信息作为特征，结合本例业务特点，用户商家交互特征见表 10-8。

表 10-8　用户商家交互特征

字　　段	含　　义	备　　注
user_id	用户 ID	
merchant_id	商家 ID	
user_merchant_buy_use_coupon	用户领取商家的优惠券后核销数	
user_merchant_buy_common	用户未使用优惠券消费次数	
user_merchant_buy_total	用户在商家的消费次数	user_merchant_buy_use_coupon +user_merchant_buy_common
user_merchant_received	用户领取商家的优惠券次数	

续表

字　　段	含　　义	备　　注
user_merchant_any	用户与商家产生交互的次数	领取优惠券或产生消费
user_merchant_coupon_transform_rate	用户对商家优惠券的核销率	user_merchant_buy_use_coupon/ user_merchant_received
user_merchant_coupon_buy_rate	用户对商家使用优惠券的消费占比	user_merchant_buy_use_coupon/ user_merchant_buy_total
user_merchant_common_buy_rate	用户对商家未使用优惠券的消费占比	user_merchant_buy_common/ user_merchant_buy_total
user_merchant_rate	用户对商家产生交互行为中消费行为占比	user_merchant_buy_total/user_merchant_any

　　用户商家交互特征通过在 DataWorks 平台中创建并执行临时 SQL 脚本生成,针对划分的数据集——训练集 1、训练集 2、测试集,用户商家交互特征分别存储在表 d1_f4、d2_f4、d3_f4 中。其中生成表 d1_f4 的 SQL 语句如下。

```
-- 用户在商家的消费次数(user_merchant_buy_total)
CREATE TABLE d1_f4_t1 AS
SELECT user_id,merchant_id,count( * ) AS user_merchant_buy_total FROM
( SELECT user_id,merchant_id FROM feature1 WHERE date! ="null" )t
GROUP BY user_id,merchant_id;


-- 用户领取商家的优惠券次数(user_merchant_received)
CREATE TABLE d1_f4_t2 AS
SELECT user_id,merchant_id,count( * ) AS user_merchant_received FROM
( SELECT user_id,merchant_id FROM feature1 WHERE coupon_id! ="null" )t
GROUP BY user_id,merchant_id;


-- 用户领取商家的优惠券后核销次数(user_merchant_buy_use_coupon)
CREATE TABLE d1_f4_t3 AS
SELECT user_id,merchant_id,count( * ) AS user_merchant_buy_use_coupon FROM
( SELECT user_id,merchant_id FROM feature1 WHERE date! ="null"  AND date_received! ="null" )t
GROUP BY user_id,merchant_id;


-- 用户与商家产生交互的次数(user_merchant_any)
CREATE TABLE d1_f4_t4 AS
SELECT user_id,merchant_id,count( * ) AS user_merchant_any FROM
( SELECT user_id,merchant_id FROM feature1 )t
GROUP BY user_id,merchant_id;
```

-- 用户未领取商家优惠券消费次数(user_merchant_buy_common)
CREATE TABLE d1_f4_t5 AS
SELECT user_id,merchant_id,count(*) AS user_merchant_buy_common FROM
(SELECT user_id,merchant_id FROM feature1 WHERE date!="null" AND coupon_id=="null")t
GROUP BY user_id,merchant_id;

/ *用户对商家优惠券的核销率(user_merchant_coupon_transform_rate)、用户对商家使用优惠券的消
费占比(user_merchant_coupon_buy_rate)、用户对商家不使用优惠券的消费占比(user_merchant_
common_buy_rate)、用户对商家进行交互活动中消费行为占比(user_merchant_rate) */
CREATE TABLE d1_f4 AS
SELECT user_id,merchant_id,user_merchant_buy_use_coupon,user_merchant_buy_common,
user_merchant_coupon_transform_rate,user_merchant_coupon_buy_rate,user_merchant_common_buy_rate,
user_merchant_rate,
　　　　CASE WHEN user_merchant_buy_total IS NULL THEN 0.0 ELSE　user_merchant_buy_total
END AS user_merchant_buy_total,
　　　　CASE WHEN user_merchant_received IS NULL THEN 0.0 ELSE　user_merchant_received END
AS user_merchant_received,
　　　　CASE WHEN user_merchant_any IS NULL THEN 0.0 ELSE　user_merchant_any END AS user_
merchant_any
FROM
(
　SELECT tt. * ,tt.user_merchant_buy_use_coupon/tt.user_merchant_received AS user_merchant_coupon_
transform_rate,
　　　　tt.user_merchant_buy_use_coupon/tt.user_merchant_buy_total AS user_merchant_coupon_
buy_rate,
　　　　tt.user_merchant_buy_common/tt.user_merchant_buy_total AS user_merchant_common_buy_rate,
　　　　tt.user_merchant_buy_total/tt.user_merchant_any AS user_merchant_rate
　FROM
　(
　　　SELECT user_id,merchant_id,user_merchant_buy_total,user_merchant_received,user_merchant_
any,
　　　　CASE WHEN user_merchant_buy_use_coupon IS NULL THEN 0.0 ELSE　user_merchant_
buy_use_coupon END AS user_merchant_buy_use_coupon,
　　　　CASE WHEN user_merchant_buy_common IS NULL THEN 0.0 ELSE　user_merchant_buy_
common END AS user_merchant_buy_common
　　　FROM
　　　(

```
        SELECT i. * ,j. user_merchant_buy_common FROM
    (
        SELECT g. * ,h. user_merchant_any FROM
        (
            SELECT e. * ,f. user_merchant_buy_use_coupon FROM
            (
                SELECT c. * ,d. user_merchant_received FROM
                (
                    SELECT a. * ,b. user_merchant_buy_total FROM
                    (SELECT distinct user_id, merchant_id FROM feature1) a LEFT OUTER
JOIN d1_f4_t1 b
                    ON a. user_id=b. user_id AND a. merchant_id=b. merchant_id
                )c LEFT OUTER JOIN d1_f4_t2 d
                ON c. user_id=d. user_id AND c. merchant_id=d. merchant_id
            )e LEFT OUTER JOIN d1_f4_t3 f
            ON e. user_id=f. user_id AND e. merchant_id=f. merchant_id
        )g  LEFT OUTER JOIN d1_f4_t4 h
        ON g. user_id=h. user_id AND g. merchant_id=h. merchant_id
    )i LEFT OUTER JOIN d1_f4_t5 j
    ON i. user_id=j. user_id AND i. merchant_id=j. merchant_id
    )t
  )tt
)ttt;
```

5. 用户优惠券交互特征

从用户、O2O 优惠券组合维度出发，可以根据 user_id、coupon_id 字段进行汇总，计算每个用户领取特定 O2O 优惠券数量、核销情况等信息作为特征，结合本例业务特点，用户优惠券交互特征见表 10-9。

表 10-9   用户优惠券交互特征

字　　　段	含　　义	备　　注
user_id	用户 ID	
coupon_id	优惠券 ID	
label_user_coupon_feature_receive_count	对标签区间里的 user_coupon，特征区间里用户领取过该 coupon 次数	
label_user_coupon_feature_buy_count	对标签区间里的 user_coupon，特征区间里用户用该 coupon 消费过次数	

续表

字　　段	含　　义	备　　注
label_user_coupon_feature_rate	对标签区间里的 user_coupon，特征区间里用户对该 coupon 的核销率	label_user_coupon_feature_buy_count/label_user_coupon_feature_receive_count

　　用户优惠券交互特征通过在 DataWorks 平台中创建并执行临时 SQL 脚本生成，针对划分的数据集——训练集 1、训练集 2、测试集，用户优惠券交互特征分别存储在表 d1_f6、d2_f6、d3_f6 中。其中生成表 d1_f6 的 SQL 语句如下。

```
/*对标签区间里的 user_coupon,特征区间里用户领取过该 coupon 次数(label_user_coupon_feature_receive_count)*/
CREATE TABLE d1_f6_t1
AS
SELECT user_id, coupon_id, SUM(cnt) AS label_user_coupon_feature_receive_count
FROM (
    SELECT a. user_id, a. coupon_id
        , CASE
            WHEN b. cnt IS NULL THEN 0
            ELSE 1
        END AS cnt
    FROM (
        SELECT DISTINCT user_id, coupon_id
        FROM dataset1
    ) a
        LEFT JOIN (
            SELECT user_id, coupon_id, 1 AS cnt
            FROM feature1
        ) b
        ON a. user_id = b. user_id
            AND a. coupon_id = b. coupon_id
) t
GROUP BY user_id, coupon_id;


/*对标签区间里的 user_coupon,特征区间里用户用该 coupon 消费过次数(label_user_coupon_feature_buy_count)*/
CREATE TABLE d1_f6_t2
AS
SELECT user_id, coupon_id, SUM(cnt) AS label_user_coupon_feature_buy_count
```

```
FROM (
    SELECT a. user_id, a. coupon_id
        , CASE
            WHEN b. cnt IS NULL THEN 0
            ELSE 1
        END AS cnt
    FROM (
        SELECT DISTINCT user_id, coupon_id
        FROM dataset1
    ) a
    LEFT JOIN (
        SELECT user_id, coupon_id, 1 AS cnt
        FROM feature1
        WHERE date ! = "null"
            AND coupon_id ! = "null"
    ) b
    ON a. user_id = b. user_id
        AND a. coupon_id = b. coupon_id
) t
GROUP BY user_id, coupon_id;


/ * label_user_coupon_feature_rate(对标签区间里的 user_coupon,特征区间里用户对该 coupon 的核
销率)* /
CREATE TABLE d1_f6
AS
SELECT a. * , b. label_user_coupon_feature_buy_count
    , CASE
        WHEN a. label_user_coupon_feature_receive_count = 0 THEN −1
        ELSE b. label_user_coupon_feature_buy_count / a. label_user_coupon_feature_receive_count
    END AS label_user_coupon_feature_rate
FROM d1_f6_t1 a
    LEFT JOIN d1_f6_t2 b
    ON a. user_id = b. user_id
        AND a. coupon_id = b. coupon_id;
```

6. 用户线上特征

从用户线上消费维度出发,可以对用户线上购物数据进行处理,计算每个用户线上购物次数、领取和使用优惠券次数等信息作为特征,结合本例业务特点,用户线上特征见

表 10-10。需要注意的是，本例中的 O2O 优惠券（来自表 o2o _ train _ online、o2o _ prediction）和线上优惠券（来自表 o2o_train_online）不同，二者不存在交集，实则对应两种不同形式业务：一种类似口碑 App 应用场景，用户通过手机线上领取优惠券，线下到实体店消费；一种类似淘宝 App 应用场景，用户进入线上店铺，领取满减优惠券，在网络上直接完成下单，通过快递获取商品。在本例中之所以要使用用户线上消费数据，是因为考虑到如果用户存在使用优惠券进行网购的习惯，当领取 O2O 优惠券后，也会更倾向于使用该券进行线下消费。

表 10-10　用户线上特征

字　段	含　义	备　注
user_id	用户 ID	主键
online_buy_total	用户线上购买次数	
online_buy_use_coupon	用户线上使用优惠券购买次数	
online_buy_use_fixed	用户线上通过限时低价活动购买次数	
online_coupon_received	用户线上领取优惠券次数	
online_buy_merchant_count	用户线上购买过的不重复商家数	
online_action_merchant_count	用户线上产生过交互的不重复商家数	交互行为包括点击、购买或领券等
online_buy_use_coupon_fixed	用户线上通过优惠券或限时低价活动消费次数	online_buy_use_coupon + online_buy_use_fixed
online_buy_use_coupon_rate	用户线上使用优惠券次数占总消费次数比重	online_buy_use_coupon / online_buy_total
online_buy_use_fixed_rate	用户线上通过限时低价活动消费次数占总消费次数比重	online_buy_use_fixed / online_buy_total
online_buy_use_coupon_fixed_rate	用户线上通过优惠券或限时低价活动消费次数占比	(online _ buy _ use _ coupon + online_buy_use_fixed) / online_buy_total
online_coupon_transform_rate	用户线上优惠券核销率	online_buy_use_coupon / online_coupon_received

用户线上特征通过在 DataWorks 平台中创建并执行临时 SQL 脚本生成，针对划分的数据集——训练集 1、训练集 2、测试集，用户线上特征分别存储在表 d1_f7、d2_f7、d3_f7 中。其中生成表 d1_f7 的 SQL 语句如下。

```
-- 用户线上购买次数(online_buy_total)
CREATE TABLE d1_f7_t1
AS
SELECT user_id, COUNT( * ) AS online_buy_total
```

```
FROM (
    SELECT user_id
    FROM online_feature1
    WHERE action = 1
) t
GROUP BY user_id;
```

-- 用户线上使用优惠券购买次数(online_buy_use_coupon)
```
CREATE TABLE d1_f7_t2
AS
SELECT user_id, COUNT( * ) AS online_buy_use_coupon
FROM (
    SELECT user_id
    FROM online_feature1
    WHERE action = 1
        AND coupon_id ! = " null"
        AND coupon_id ! = " fixed"
) t
GROUP BY user_id;
```

-- 用户线上通过限时低价活动购买次数(online_buy_use_fixed)
```
CREATE TABLE d1_f7_t3
AS
SELECT user_id, COUNT( * ) AS online_buy_use_fixed
FROM (
    SELECT user_id
    FROM online_feature1
    WHERE action = 1
        AND coupon_id = " fixed"
) t
GROUP BY user_id;
```

-- 用户线上领取优惠券次数(online_coupon_received)
```
CREATE TABLE d1_f7_t4
AS
SELECT user_id, COUNT( * ) AS online_coupon_received
FROM (
    SELECT user_id
```

```
        FROM online_feature1
        WHERE coupon_id ! = "null"
            AND coupon_id ! = "fixed"
) t
GROUP BY user_id;


-- 用户线上购买过的不重复商家数(online_buy_merchant_count)
CREATE TABLE d1_f7_t5
AS
SELECT user_id, COUNT( * ) AS online_buy_merchant_count
FROM (
    SELECT DISTINCT user_id, merchant_id
    FROM online_feature1
    WHERE action = 1
) t
GROUP BY user_id;


-- 用户线上产生过交互的不重复商家数(online_action_merchant_count)
CREATE TABLE d1_f7_t6
AS
SELECT user_id, COUNT( * ) AS online_action_merchant_count
FROM (
    SELECT DISTINCT user_id, merchant_id
    FROM online_feature1
) t
GROUP BY user_id;


/* 用户线上通过优惠券或限时低价活动消费次数(online_buy_use_coupon_fixed)、用户线上使用优惠
券次数占总消费次数比重(online_buy_use_coupon_rate)、用户线上通过限时低价活动消费次数占总
消费次数比重(online_buy_use_fixed_rate)、用户线上通过优惠券或限时低价活动消费次数占比
(online_buy_use_coupon_fixed_rate)、用户线上优惠券核销率(online_coupon_transform_rate) */
CREATE TABLE d1_f7
AS
SELECT t. * , t. online_buy_use_coupon + t. online_buy_use_fixed AS online_buy_use_coupon_fixed
    , CASE
        WHEN t. online_buy_total = 0 THEN −1
        ELSE t. online_buy_use_coupon / t. online_buy_total
    END AS online_buy_use_coupon_rate
```

```
            , CASE
                WHEN t. online_buy_total = 0 THEN -1
                ELSE t. online_buy_use_fixed / t. online_buy_total
            END AS online_buy_use_fixed_rate
            , CASE
                WHEN t. online_buy_total = 0 THEN -1
                ELSE (t. online_buy_use_coupon + t. online_buy_use_fixed) / t. online_buy_total
            END AS online_buy_use_coupon_fixed_rate
            , CASE
                WHEN t. online_coupon_received = 0 THEN -1
                ELSE t. online_buy_use_coupon / t. online_coupon_received
            END AS online_coupon_transform_rate
    FROM (
        SELECT a. user_id
            , CASE
                WHEN b. online_buy_total IS NULL THEN 0
                ELSE b. online_buy_total
            END AS online_buy_total
            , CASE
                WHEN c. online_buy_use_coupon IS NULL THEN 0
                ELSE c. online_buy_use_coupon
            END AS online_buy_use_coupon
            , CASE
                WHEN d. online_buy_use_fixed IS NULL THEN 0
                ELSE d. online_buy_use_fixed
            END AS online_buy_use_fixed
            , CASE
                WHEN e. online_coupon_received IS NULL THEN 0
                ELSE e. online_coupon_received
            END AS online_coupon_received
            , CASE
                WHEN f. online_buy_merchant_count IS NULL THEN 0
                ELSE f. online_buy_merchant_count
            END AS online_buy_merchant_count
            , CASE
                WHEN g. online_action_merchant_count IS NULL THEN 0
                ELSE g. online_action_merchant_count
            END AS online_action_merchant_count
```

```
FROM (
    SELECT DISTINCT user_id
    FROM online_feature1
) a
    LEFT JOIN d1_f7_t1 b ON a.user_id = b.user_id
    LEFT JOIN d1_f7_t2 c ON a.user_id = c.user_id
    LEFT JOIN d1_f7_t3 d ON a.user_id = d.user_id
    LEFT JOIN d1_f7_t4 e ON a.user_id = e.user_id
    LEFT JOIN d1_f7_t5 f ON a.user_id = f.user_id
    LEFT JOIN d1_f7_t6 g ON a.user_id = g.user_id
) t;
```

7. 合并所有特征

通过前述步骤，已从商家、优惠券、用户、用户-商家、用户-优惠券、用户线上特征等多个角度构造了特征，并针对划分的数据集——训练集 1、训练集 2、测试集，分别存储在不同的临时表中。现在需要经过多层子查询嵌套将前述 6 类特征进行合并，分别存储在表 d1、d2 及 d3 中。其中生成 d1 表的 SQL 语句如下。

需要注意的是，结合生活实际，考虑到"优惠券领取的星期"是较重要的信息，如用户周末领取 O2O 优惠券，立即进行消费的可能性较大。因此，在本例中构造了 day_of_week 字段表示优惠券是星期几领取的（用数字 0~6 表征周一到周日），但是存在类别型数据的离散值问题，如"星期一"和"星期三"之间并没有数值大小的关系，但是若单纯用数字表示，星期一为数字 0，星期三为数字 2，0 和 2 之间有数值大小关系。这样一来可能会影响模型的准确性。本例使用 One-Hot 编码解决这个问题，用 weekday1、weekday2……weekday7 等 7 个字段来表示星期几。这 7 个字段在每条记录中，最多只有 1 个字段为 1，其他均为 0。例如星期一在记录中被表示为：weekday1=1，weekday2=0……weekday7=0。

```
-- 合并所有特征
CREATE TABLE d1
AS
SELECT t. *
    , CASE day_of_week
        WHEN 0 THEN 1
        ELSE 0
    END AS weekday1
    , CASE day_of_week
        WHEN 1 THEN 1
        ELSE 0
    END AS weekday2
```

```
    , CASE day_of_week
        WHEN 2 THEN 1
        ELSE 0
    END AS weekday3
    , CASE day_of_week
        WHEN 3 THEN 1
        ELSE 0
    END AS weekday4
    , CASE day_of_week
        WHEN 4 THEN 1
        ELSE 0
    END AS weekday5
    , CASE day_of_week
        WHEN 5 THEN 1
        ELSE 0
    END AS weekday6
    , CASE day_of_week
        WHEN 6 THEN 1
        ELSE 0
    END AS weekday7
FROM (
    SELECT k. * , l. online_buy_total, l. online_buy_use_coupon, l. online_buy_use_fixed, l. online_cou-
pon_received, l. online_buy_merchant_count, l. online_action_merchant_count, l. online_buy_use_coupon_
fixed, l. online_buy_use_coupon_rate, l. online_buy_use_fixed_rate, l. online_buy_use_coupon_fixed_rate,
l. online_coupon_transform_rate
    FROM (
        SELECT g. * , j. label_user_coupon_feature_receive_count, j. label_user_coupon_feature_buy_
count, j. label_user_coupon_feature_rate
        FROM (
            SELECT e. * , f. user_merchant_buy_total, f. user_merchant_received, f. user_merchant_
any, f. user_merchant_buy_use_coupon, f. user_merchant_buy_common, f. user_merchant_coupon_
transform_rate, f. user_merchant_coupon_buy_rate, f. user_merchant_common_buy_rate, f. user_merchant_
rate
            FROM (
                SELECT c. * , d. user_avg_distance, d. user_min_distance, d. user_max_distance,
d. user_median_distance, d. avg_diff_date_datereceived, d. min_diff_date_datereceived, d. max_diff_date_
datereceived, d. buy_use_coupon, d. buy_use_coupon_rate, d. user_coupon_transform_rate, d. count_mer-
chant, d. buy_total, d. coupon_received
```

```
        FROM (
            SELECT a. * , b. distinct_coupon_count, b. merchant_avg_distance, b. merchant_
median_distance, b. merchant_max_distance, b. merchant_user_buy_count, b. merchant_min_distance,
b. sales_use_coupon, b. transform_rate, b. coupon_rate, b. total_coupon, b. total_sales
                FROM d1_f2 a
                    LEFT JOIN d1_f1 b ON a. merchant_id = b. merchant_id
            ) c
                LEFT JOIN d1_f3 d ON c. user_id = d. user_id
            ) e
            LEFT JOIN d1_f4 f
            ON e. user_id = f. user_id
                AND e. merchant_id = f. merchant_id
        ) g
        LEFT JOIN d1_f6 j
        ON g. user_id = j. user_id
            AND g. coupon_id = j. coupon_id
    ) k
        LEFT JOIN d1_f7 l ON k. user_id = l. user_id
) t;
```

8. 为 d1 和 d2 添加 label

由于 d1、d2 数据集用于本地训练与测试，需要为其添加 label 字段，对应 SQL 语句如下。

```
-- 训练集 1,添加标签 label(是否在领取优惠券 15 天内消费)
CREATE TABLE d1_train
AS
SELECT *
    , CASE
        WHEN date ! = 'null'
        AND date_received ! = 'null'
        AND datediff( TO_DATE( date, 'yyyymmdd' ), TO_DATE( date_received, 'yyyymmdd' ), 'dd' )
<= 15 THEN 1
        ELSE 0
    END AS label
FROM d1;

-- 训练集 2,添加标签 label(是否在领取优惠券 15 天内消费)
CREATE TABLE d2_train
```

```
AS
SELECT *
    , CASE
        WHEN date != 'null'
        AND date_received != 'null'
        AND datediff( TO_DATE( date, 'yyyymmdd' ), TO_DATE( date_received, 'yyyymmdd' ), 'dd' )
<= 15 THEN 1
        ELSE 0
    END AS label
FROM d2;
```

10.3.5　使用 PAI 平台训练模型

登录阿里云机器学习 PAI 平台，在"可视化建模"栏目中进入相关项目，新建空白实验。在上述步骤中，通过特征工程，创建并融合了所需的特征，构造了 3 个数据集：d1_train、d2_train、d3。其中 d1_train 和 d2_train 为带结果标签的测试数据集，d3 为待预测的数据集。通过数据集 d1_train 构建预测模型，并使用 d2_train 评估模型。若模型评估结果达到预期效果，则使用所构建的模型对 d3 进行预测。

构建实例流程如图 10-6 所示。

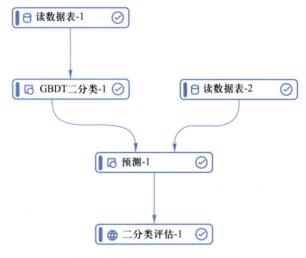

图 10-6　PAI 平台实验流程图

①"读数据表-1"组件，读取的数据表表名为 d1_train。

②"GBDT 二分类-1"组件，选择特征列为所有 BIGINT 和 DOUBLE 类型的字段（注意：需要剔除字段 label，因为 label 为结果标签字段），标签列设置为字段 label。

③"读数据表-2"组件，读取的数据表表名为 d2_train。

④ "预测-1"组件设置特征列与 "GBDT 二分类-1"组件一致，同时原样输出列选择字段 user_id、merchant_id、coupon_id、label 等。

⑤ "二分类评估-1"组件设置标签列为字段 label。组件搭建完毕后点击 "运行"按钮。因为该实例涉及数据量较大，需要等待较长的时间才能执行完毕。

本次实例中选择的分类算法为梯度提升决策树（Gradient Boosting Decision Tree，GBDT）算法，它是一种基于 Boosting 思想的迭代决策树算法。GBDT 融合多个分类器，通过比较每次迭代的损失函数梯度，逐步建立高精准度的模型，可用来处理回归和分类问题，因在性能和速度上表现良好，近年来被广泛使用。GBDT 算法原理较为复杂，受篇幅影响不在本书中详细展开。此外阿里云机器学习 PAI 平台已自带经过优化的 GBDT 算法组件，操作简单，可直接使用。

10.3.6　评估模型

本章实例为二分类问题，使用 AUC（Area Under Curve，ROC 曲线下方的面积大小）值进行评估。实例所用数据正负样本比例在 1∶9 左右，是一个典型的类别不均衡问题，如果使用分类准确率作为评估标准，只需要全部预测为 "负"，准确率即可达到 90%，这不是期望的结果。因此，对于类别不均衡的二分类问题，一种比较有效的方式是使用 AUC 作为评估标准。一般而言，AUC 值为 0.5 的时候，认为结果为随机猜测，AUC 值与 0.5 之间的差值越大，效果越好。一般 AUC 值在 0.5~1 之间为正向预测，在 0~0.5 之间为反向预测。如图 10-7 所示，本例中 AUC 值约为 0.78，模型评估较好，可用于对 d3 待预测数据集进行 O2O 优惠券使用预测，此处不再展开。

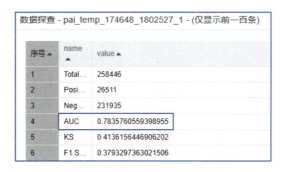

图 10-7　二分类模型 AUC 值

10.4　本章小结

本章通过 O2O 优惠券使用预测分析案例，详细介绍了如何通过客户端工具 odpscmd_

public 将海量数据导入 MaxCompute 平台，并通过编写 SQL 语句，开展特征工程。本章实例特征工程较复杂，为充分挖掘数据潜在特征，分别构造了商家、优惠券、用户、用户-商家交互、用户-优惠券交互、用户线上特征等 6 大类特征。同时利用阿里云机器学习 PAI 平台中的 GBDT 二分类组件，快速构建分类模型，通过用户历史线上线下优惠券消费情况，预测未来优惠券使用情况。此外，本案例为阿里云天池大数据竞赛"学习赛"中的题目，有兴趣的读者可以登录相关网站，注册并参赛，体验大数据竞赛的乐趣。

参考文献

[1] 杨旭. 机器学习在线：解析阿里云机器学习平台 [M]. 北京：电子工业出版社，2017.

[2] 欧高炎，朱占星，董彬，等. 数据科学导引 [M]. 北京：高等教育出版社，2017.

[3] 王宏志，李春静. Hadoop 集群程序设计与开发 [M]. 北京：人民邮电出版社，2018.

[4] Dawn Griffiths. 深入浅出统计学 [M]. 李芳，译. 北京：电子工业出版社，2018.

[5] 杨刚，杨凯. 大数据关键处理技术综述 [J]. 计算机与数字工程，2016，044 (4)：694-699.

[6] 焦嘉烽，李云. 大数据下的典型机器学习平台综述 [J]. 计算机应用，2017，37 (11)：3039-3047，3052.

[7] 王振武. 数据挖掘算法原理与实现 [M]. 2 版. 北京：清华大学出版社，2017.

[8] 喻梅，于健. 数据分析与数据挖掘 [M]. 北京：清华大学出版社，2018.

[9] 王宏志. 大数据分析原理与实践 [M]. 北京：机械工业出版社，2017.

[10] 郭冬萌. 个性化推荐系统中的推荐算法研究 [D]. 北京：北京交通大学，2017.

[11] 刘芝怡. 关联规则挖掘算法的分析、优化及应用 [D]. 苏州：苏州大学，2008.

[12] 雷明. 机器学习：原理、算法与应用 [M]. 北京：清华大学出版社，2019.

[13] 高阳团. 推荐系统开发实战 [M]. 北京：电子工业出版社，2019.

[14] 王国霞，刘贺平. 个性化推荐系统综述 [J]. 计算机工程与应用，2012，48 (7)：66-76.

[15] 吴芝新. 简析 O2O 电子商务模式 [J]. 重庆科技学院学报（社会科学版），2012 (13)：73-74.

郑重声明

高等教育出版社依法对本书享有专有出版权。任何未经许可的复制、销售行为均违反《中华人民共和国著作权法》，其行为人将承担相应的民事责任和行政责任；构成犯罪的，将被依法追究刑事责任。为了维护市场秩序，保护读者的合法权益，避免读者误用盗版书造成不良后果，我社将配合行政执法部门和司法机关对违法犯罪的单位和个人进行严厉打击。社会各界人士如发现上述侵权行为，希望及时举报，我社将奖励举报有功人员。

反盗版举报电话　（010）58581999　58582371

反盗版举报邮箱　dd@hep.com.cn

通信地址　北京市西城区德外大街 4 号
　　　　　高等教育出版社法律事务部

邮政编码　100120

读者意见反馈

为收集对教材的意见建议,进一步完善教材编写并做好服务工作,读者可将对本教材的意见建议通过如下渠道反馈至我社。

咨询电话　400-810-0598

反馈邮箱　gjdzfwb@pub.hep.cn

通信地址　北京市朝阳区惠新东街 4 号富盛大厦 1 座
　　　　　高等教育出版社总编辑办公室

邮政编码　100029